Meyer · Visualisierung von Informationen

Jörn-Axel Meyer

Visualisierung von Informationen

Verhaltenswissenschaftliche Grundregeln
für das Management

Prof. Dr. Jörn-Axel Meyer lehrt am Stiftungslehrstuhl für „Allgemeine Betriebswirtschaftslehre, insbesondere kleinere und mittlere Unternehmen" an der Bildungswissenschaftlichen Hochschule Flensburg – Universität.

Die Deutsche Bibliothek - CIP-Einheitsaufnahme
Meyer, Jörn-Axel:
Visualisierung von Informationen : Verhaltenswissenschaftliche Grundregeln für das Management / Jörn-Axel Meyer.

ISBN 978-3-409-11413-4   ISBN 978-3-663-11762-9 (eBook)
DOI 10.1007/978-3-663-11762-9

Alle Rechte vorbehalten

© Springer Fachmedien Wiesbaden 1999
Ursprünglich erschienen bei Betriebswirtschaftlicher Verlag Dr. Th. Gabler GmbH, Wiesbaden, 1999

Lektorat: Ralf Wettlaufer / Ulrike Lörcher

Das Werk einschließlich aller seiner Teile ist urheberrechtlich geschützt. Jede Verwertung außerhalb der engen Grenzen des Urheberrechtsgesetzes ist ohne Zustimmung des Verlages unzulässig und strafbar. Das gilt insbesondere für Vervielfältigungen, Übersetzungen, Mikroverfilmungen und die Einspeicherung und Verarbeitung in elektronischen Systemen.

http://www.gabler-online.de

Höchste inhaltliche und technische Qualität unserer Produkte ist unser Ziel. Bei der Produktion und Verbreitung unserer Bücher wollen wir die Umwelt schonen: Dieses Buch ist auf säurefreiem und chlorfrei gebleichtem Papier gedruckt. Die Einschweißfolie besteht aus Polyäthylen und damit aus organischen Grundstoffen, die weder bei der Herstellung noch bei der Verbrennung Schadstoffe freisetzen.

Die Wiedergabe von Gebrauchsnamen, Handelsnamen, Warenbezeichnungen usw. in diesem Werk berechtigt auch ohne besondere Kennzeichnung nicht zu der Annahme, daß solche Namen im Sinne der Warenzeichen- und Markenschutz-Gesetzgebung als frei zu betrachten wären und daher von jedermann benutzt werden dürften.

ISBN 978-3-409-11413-4

Inhalt

Inhalt 5

Abbildungsverzeichnis 7

Tabellenverzeichnis 10

Kapitel 1: Einführung statt Vorwort 11

Kapitel 2: Begriffe und Formen der Visualisierung 17
   2.1 Überblick 17
   2.2 Informationen als Objekt der Visualisierung 18
      2.2.1 Information und weitere Begriffe 18
      2.2.2 Angebot, Nachfrage und Überschuß von Informationen 24
   2.3 Bestimmungsparameter visueller Darstellungen 28
   2.4 Visualisierung - Eine Begriffsbestimmung 31
   2.5 Zusammenfassung 36

Kapitel 3: Formen visueller Informationsdarstellungen 39
   3.1 Überblick 39
   3.2 Visuelle Darstellungsformen 41
      3.2.1 Starre Bilder 41
         3.2.1.1 Graphiken 41
         3.2.1.2 Pictogramme 63
         3.2.1.3 Abbildungen 64
      3.2.2 Bewegte Bilder 66
         3.2.2.1 Animationen 66
         3.2.2.2 Film und Video 69
      3.2.3 Ausgewählte komplexe Bildkonzepte 69
         3.2.3.1 Multimediale Darstellungen 69
         3.2.3.2 Virtuelle Realität 71
         3.2.3.3 Prozeßvisualisierung 73

Kapitel 4: Ziele und Wirkungen der Visualisierung 77
   4.1 Überblick 77
   4.2 Ziele und Rahmenbedingungen visueller Information 78
      4.2.1 Ziele der Visualisierung 78
      4.2.2 Rahmenbedingungen der Visualisierung 83
   4.3 Aufnahme und Verarbeitung visueller Informationen durch den Menschen 85
      4.3.1 Informations- und Entscheidungsverhaltensforschung - Ein kurzer Abriß .. 85

  4.3.2 Informationsverhalten 88
  4.3.3 Informationsaufnahme 89
  4.3.4 Informationsverarbeitung 94
  4.3.5 Informationsspeicherung 95
  4.3.6 Entscheidungsverhalten 98
 4.4 Forschung zur Visualisierung 107
  4.4.1 Empirische Studien zum Einsatz visueller Darstellungen 107
  4.4.2 Beiträge aus angrenzenden Forschungsgebieten 115
   4.4.2.1 Beiträge aus der Akzeptanz- und Implementierungsforschung 115
   4.4.2.2 Beiträge aus der Softwareergonomieforschung 118
   4.4.2.3 Beiträge aus der Konsumentenforschung 119
  4.4.3 Fazit aus der Visualisierungsforschung 121

Kapitel 5: Einsatz der Visualisierung 125
 5.1 Überblick 125
 5.2 Technische Regeln der Visualisierung 126
 5.3 Verhaltenswissenschaftliche Regeln der Visualisierung 131
  5.3.1 Überblick 131
  5.3.2 Grundregeln und -strategien der Visualisierung 132
  5.3.3 Trend-Regeln der Visualisierung 138
  5.3.4 Spezielle Einzelregeln 142
 5.4 Der Visualisierungsprozeß - Ein Leitfaden zur Erstellung von Bildern 143
 5.5 Anmerkungen zum EDV-Einsatz für die Visualisierung 147
  5.5.1 Überblick 147
  5.5.2 Zur Historie der Visualisierung in der Computertechnik 147
  5.5.3 Visualisierungssysteme 149
  5.5.4 Bedienelemente als Beispiele für Visualisierung 150
  5.5.5 IVE - Verbindung von visuellen Bedienelementen und visueller Informationsdarstellung 153
  5.5.6 Ausgewählte Anwendungsbeispiele für Visualisierungssysteme 155
 5.6 Kosten der Visualisierung 162
 5.7 Gefahren der Visualisierung 167

Kapitel 6: Kurz-Kompendium zum Nachschlagen 175

Literatur 185

Sachverzeichnis 220

Abbildungsverzeichnis

Abb. 1:   Semiotische Ebenen des Informationsbegriffes 18
Abb. 2:   Anweisungs- und Datencharakter von Informationen 20
Abb. 3:   Informationspyramide 20
Abb. 4:   Transformationsprozesse Wissen - Information 21
Abb. 5:   Repräsentationsformen von Informationen 22
Abb. 6:   Bestimmungsparameter des Informationsbegriffes 23
Abb. 7:   Wissen, Daten und Information 24
Abb. 8:   Informationsachfrage und - bedarf 25
Abb. 9:   Vom Informationsangebot bis zur -überlastung 27
Abb. 10: Visualisierung - Begriffszuordnung 34
Abb. 11: Klassifizierung bildlicher Darstellungsformen 40
Abb. 12: Arten von Graphiken 41
Abb. 13: Balkendiagramm 42
Abb. 14: Säulendiagramme 2D / 2½D 43
Abb. 15: Pseudo-3D-Säulendiagramm 44
Abb. 16: 2D-Kurvendiagramm 45
Abb. 17: (pseudo-)3D-Oberfläche 45
Abb. 18: Graphische Darstellung einer einfachen Regressionsanalyse 46
Abb. 19: Fiktives Positionierungsmodell 46
Abb. 20: Graphische Darstellung mehrerer nicht unabhängiger Dimensionen 47
Abb. 21: 2D-Kreisdiagramm 48
Abb. 22: 2½D-Kreisdiagramm 48
Abb. 23: Rating-Skala 49
Abb. 24: Profildarstellung 49
Abb. 25: Umsatzentwicklung von sechs Produkten 50
Abb. 26: Gray Scale Chart 51
Abb. 27: "V" icon 51
Abb. 28: Verbunddiagramm 52
Abb. 29: Flächendiagramm 52
Abb. 30: Portfolio mit Marktwachstum und relativem Marktanteil 53
Abb. 31: Bildstatistik 54
Abb. 32: Beispiel einer modifizierten Bildstatistik 54
Abb. 33: Netzdiagramm 55
Abb. 34: Chernoff-Face 56

Abb. 35: Beispiel für eine Hyperbox	57
Abb. 36: Organigramm	58
Abb. 37: Beispiel für ein Strukturdiagramm	58
Abb. 38: Graphische Darstellung eines Kausalnetzmodells	59
Abb. 39: Morphologischer Kasten	60
Abb. 40: Entscheidungsbaum	60
Abb. 41: Sankey-Diagramm	61
Abb. 42: Comic und Multiple	62
Abb. 43: ProzeßPictogramm	63
Abb. 44: Beispiele für Pictogramme	64
Abb. 45: Photo versus photorealistische Abbildung	65
Abb. 46: Ansichten bei der Drehung eines pseudo-3D-Säulendiagramms nach links	67
Abb. 47: Systematisierung des Begriffs VR-Systeme	71
Abb. 48: Anwendungsparameter für eine Visualisierung im Marketing	83
Abb. 49: Zusammenhang zwischen Informations- und Entscheidungsverhalten	87
Abb. 50: Darstellung von Entscheidungsalternativen nach Schilling et.al.	100
Abb. 51: Darstellung zweier Alternativen und Erfüllung ihrer Ziele	100
Abb. 52: Abgrenzung: Routine- und Exzeptionalentscheidungen	105
Abb. 53: Kausalmodell der Visualisierungswirkung	112
Abb. 54: Gesamtkonzept der Einflüsse und Wirkungen visueller Informationsdarstellungen (PSA-Modell)	124
Abb. 55: Beispiel für Verletzung des Minimalprinzips	133
Abb. 56: Beispiel für Verletzung des Authentizitätsprinzips	134
Abb. 57: Beispiel für Konsistenzstrategie.	135
Abb. 58: Beispiele für Inkonsistenzstrategie.	136
Abb. 59: Vorgehensweise zur Auswahl und Gestaltung visueller Darstellungen	144
Abb. 60 : "Rechenschiebermodell"	152
Abb. 61: Kraftstoffverbrauch, insbesondere Diesel, nach Regionen	158
Abb. 62: Funktionalitätsentwicklung ausgewählter Standardsoftware	160
Abb. 63: Erweiterung des Funktionsumfanges statistischer Standardsoftware	161
Abb. 64: Beispiel für Emotionalisierungswirkung	167
Abb. 65: Beispiel für verfehlte Inkonsistenzstrategie	168
Abb. 66: Beispiele für Scheinwirkungen	168

Abb. 67: Beispiel für Verzerrung durch schlechte Ablesbarkeit 169
Abb. 68: Beispiel für Überbewertungsgefahr 170
Abb. 69: Beispiel für falsche Wahl der Diagrammform 170
Abb. 70: Beispiel für schöne statt zweckmäßige Darstellung 171

Tabellenverzeichnis

Tab. 1: Merkmale visueller Darstellungen 28
Tab. 2: Ausprägungen und Skalenwerte 34
Tab. 3: Klassifikation von Instrumenten zur Prozeßvisualisierung 76
Tab. 4: Zielsetzungen der Visualisierung nach Krömker 78
Tab. 5: Synopse unterschiedlicher Phasenmodelle des Informations-verhaltens 86
Tab. 6: Beiträge zur Informations- und Entscheidungsverhaltensforschung 88
Tab. 7: Teilprozesse der Informationsverarbeitung 89
Tab. 8: Arten von Augenbewegungen 92
Tab. 9: Lerntheorien – eine Übersicht 96
Tab. 10: Modelle zur Informationsspeicherung und Wissensrepräsentation 97
Tab. 11: Der Entscheidungsprozeß als Verhaltenskontinuum (Phasenmodell) 103
Tab. 12: Arten von Entscheidungen 104
Tab. 13: Systematik der empirischen Forschung (nach Disziplinen) 108
Tab. 14: Vergleich der „Graphik vs. Tabelle"-Studien 110
Tab. 15: Überblick: Ergebnisse der „Graphik vs. Tabelle"-Studien 110
Tab. 16: Dimensionen der Visualisierungsform und des Aufgabentyps 114
Tab. 17: „Cognitive Fit" zwischen Visualisierungsform und Aufgabentyp 114
Tab. 18: Akzeptanzbeeinflussende Variablen 117
Tab. 19: Wesentliche Einflußfaktoren der Visualisierungswirkung im PSA-Bezugsrahmen 123
Tab. 20: Charakterisierung visueller Darstellung - Technische Regeln ihrer Anwendung 130
Tab. 21: Strategiematrix 137
Tab. 22: Spezifische Regeln je nach Person, Situation und Aufgabe (Teil 1) 138
Tab. 23: Spezifische Regeln je nach Person, Situation und Aufgabe (Teil 2) 139
Tab. 24: Spezifische Regeln je nach Person, Situation und Aufgabe (Teil 3) 140
Tab. 25: Spezifische Regeln je nach Person, Situation und Aufgabe (Teil 4) 141
Tab. 26: Kostenbestandteile der Visualisierung 163
Tab. 27: Strukturierung der Gefahren der Visualisierung 173

Kapitel 1: Einführung statt Vorwort

Warum sollte man sich mit Visualisierung beschäftigen?

„Ein Bild sagt mehr als 1000 Worte". Würde diese „Weisheit" zutreffen, so könnte der Text des vorliegenden Buches auch aus 45 Bildern bestehen. Ob diese geeignet sind, den Inhalt des Buches vollständig wiederzugeben, kann bezweifelt werden.

Dennoch gibt es gibt viele Hinweise, daß bildliche Informationen besser, d.h. schneller und vollständiger aufgenommen und verarbeitet werden als z.B. Text, Zahlen oder akustisch dargebotene Informationen. Mittels Visualisierung soll die Aufnahme von Informationen erleichtert und ein Engpaß in der menschlichen Informationsverarbeitung überwunden werden. Und dies scheint in Zeiten der weiteren Computerisierung notwendig zu sein.

Denn Scannertechnik und mobile Erfassungsgeräte haben die Gewinnung von Informationen effizienter gemacht und rechnergestützte Informationssysteme lassen die Abfrage großer Datenbestände zu. Kabel- und Satellitenfernsehen versorgen Konsumenten mit einer Vielzahl von Werbeinformationen, die mittels Computerunterstützung schneller und mit geringeren Kosten hergestellt werden können. Diese Entwicklungen führen zu einer "Informationsflut", die nicht nur Vorteile, sondern auch erhebliche Probleme für Konsumenten wie für Manager mit sich bringen. Es ist die große Fülle an Informationen bei gleichzeitig unzureichender Aufbereitung, die beim Rezipienten zu Überlastung und ggf. Ablehnung der angebotenen Informationen führt.

Die Überlegenheit von bildlichen Informationen gegenüber textlichen kann jeder Leser an einem einfachen Beispiel erleben: Erinnern Sie sich bitte zum einen an Bücher, die Sie in der Jugendzeit gelesen haben und zum anderen an Bildergeschichten oder Filme, die Sie zur selben Zeit sahen. Sie werden feststellen, daß Sie sich nur an wenige Zitate aus den Büchern erinnern können, wohl aber an einen großen Teil der Bilder und Szenen der Filme. Wenn Sie sich die Filme oder Bildergeschichten nochmals ansehen, so werden Sie wahrscheinlich nahezu alle Bilder wiedererkennen. Nicht so bei ausgewählten Textstellen aus den früheren Büchern.

Problem 1: Bilder werden vielfach nach dem eigenen Geschmack und nach den technischen Möglichkeiten erstellt

Bilder sind als Form der Präsentation von Informationen sehr beliebt, sei es z.B. als Graphiken in Vorträgen oder Printvorlagen oder als Filmberichte. Aber reicht es allein aus, die zu vermittelnden Informationen in Bilder umzusetzen? Sollten nicht vielmehr Regeln angewendet werden, um den Rezipienten ein für sie adäquates Bild zu bieten. Aber wer nicht Maler, Graphiker oder Filmemacher ist, der wird selten nach Regeln für die Gestaltung einer bildlichen Vorlage suchen und diese anwenden, sondern nach eigenem Empfinden und Geschmack vorgehen.

Hier sind in der Gesellschaft erstaunliche Gewohnheiten zu erkennen: Während es üblich ist, als Verfasser eines Textes diesen einer anderen Person zum „Gegenlesen" zu geben, um Verständnis und Klarheit der Schrift prüfen zu lassen, ist dies für erstellte Graphiken unüblich. Und während in der Schule über viele Jahre hinweg Textstile und eloquente Formulierungen gelehrt werden, wird der Frage, welche Informationen in welcher Form am besten visuell darzustellen sind kaum Aufmerksamkeit gewidmet.

Problem 2: Regeln zur Gestaltung von Bildern orientieren sich nicht an den psychologischen Prozessen beim Rezipienten

Wer dennoch Hilfe sucht, findet sie insbesondere in populärwissenschaftlichen Regelwerken. Sie sind leicht zu verstehen und einfach umzusetzen. Sie geben künstlerische Ansichten, praktische Erfahrungen oder Anleitungen aus dem Graphikerhandwerk wieder. Doch künstlerische wie geschmackliche Anforderungen können nur bedingt für die Gestaltung visueller Vorlagen herangezogen werden.

Sie vernachlässigen den Umstand, daß Bilder für die Präsentation von Informationen so beliebt sind, weil die Rezipienten diese besser als Text aufnehmen, verstehen und im Gedächtnis behalten, was in erster Linie auf psychologische, also Verhaltensprozesse im Menschen zurückgeht. Der Erfolg von Bildern ist dadurch bestimmt, daß es gelingt, diese Prozesse durch die adäquate Gestaltung der Bilder bestmöglich auszunutzen.

Regeln der Visualisierung von Informationen sollten also die entsprechenden Erkenntnisse aus den Verhaltenswissenschaften aufgreifen anstatt sich an Geschmack und Mode und Schönheit - was auch immer dies sein mag - zu orientieren.

Ziel und Inhalt dieses verhaltenswissenschaftlichen Lehrbuchs

Soll mit dem Einsatz von Bildern beim Rezipienten der größt mögliche Verstehens- und Erinnerungserfolg erreicht werden, so ist Erstellung von visuellen Darstellungen - im Sinne einer „Kundenorientierung" - nicht von den technischen Möglichkeiten und dem eigenen Sinn für das Schöne, und damit vom Angebot an Informationen her zu bestimmen, sondern vielmehr von der Nachfrageseite, d.h. den Rezipienten. Und das sind verhaltenswissenschaftliche Regeln. Bilder sind also, insbesondere wenn sie Informationen für Entscheidungen transportieren, primär an Regeln entlang zu gestalten, die die Aufnahme, die Erinnerung und das Verständnis der per Bild gegebenen Informationen beim Entscheider fördern.

Für die Marktkommunikation von Unternehmen, insb. der Werbemittelgestaltung gibt es seit Kroeber-Riel 1993 bereits ein entsprechendes Lehrbuch, in dem aus der Sicht der Verhaltenswissenschaftler und nicht aus der Sicht der Graphiker argumentiert wird. Für Entscheidungsvorlagen im Management gab es dies bisher nicht.

Damit ergibt sich das Ziel des vorliegenden Lehrbuches. Es stellt nicht einfach Regeln der Gestaltung visueller Informationen „aus dem Bauch heraus" auf, sondern trägt die bisherigen verhaltenswissenschaftlichen Erkenntnisse zur Visualisierung zusammen und vereinigt sie in einem neuen Regelwerk. Dies wird um eine konkrete Anleitung zur Gestaltung von visuellen Vorlagen, dem Visualisierungsprozeß ergänzt. Eine weitestgehend vollständige Aufstellung visueller Darstellungsformen sowie einige Ausführungen über die Computerunterstützung der Visualisierung vervollständigen die Schrift. Im einzelnen werden die folgenden Themen behandelt:

- Kapitel 2 beschäftigt sich mit den grundlegenden Begriffen zu Information und Visualisierung sowie deren Beziehungen zueinander.
- Kapitel 3 stellt die wesentlichen Formen und Grundtypen visueller Darstellung systematisch dar.
- Kapitel 4 gibt Hintergründe zur Aufnahme und Verarbeitung visueller Darstellungen durch den Betrachter und weist auf Kosten und Gefahren der Visualisierung hin.

- Kapitel 5 beinhaltet die Regeln der Visualisierung und den Visualisierungsprozeß sowie Hilfsmittel zur Realisierung.
- Kapitel 6 stellt eine Zusammenfassung zum Nachschlagen dar und gibt zudem Hinweise für eine professionelle Visualisierung.

Wer ist Adressat eines solchen Lehrbuches?

Jeder, der Informationen für dritte aufbereitet, der Sachinformationen und nicht Unterhaltung geben möchte, der nicht aus werblichen oder künstlerischen Motiven heraus „visualisiert", sollte sich mit verhaltenswissenschaftlichen Regeln auseinandersetzen. Dabei sind u.a. drei grobe Gruppen von Lesern zu unterscheiden ...

... diejenigen, die lediglich die Formen und Regeln der Visualisierung schnell und kompakt erlernen wollen,

... diejenigen, die sich auch für die verhaltenswissenschaftlichen Hintergründe der Visualisierung interessieren und

... diejenigen, die nach einer ersten Lektüre nur noch einzelne Regeln nachschlagen wollen.

Für alle drei Gruppen ist dieses Buch geeignet: Dem akribischen Leser dieses Buches wird die Lektüre aller Kapitel empfohlen, da er so einen umfassenden Einblick in die Visualisierungsproblematik erhält. Denn vielfach wird es nicht einfach ausreichen, Regeln einzustudieren und anzuwenden, sondern vielmehr ein grundsätzliches Verständnis für die Materie zu entwickeln. Wer also nicht nur gelegentlich, sondern beruflich Bilder für das Management erstellt (z.B. als Graphik- und Internetprogrammierer oder als betrieblicher Analyst), dem sei dieser sorgfältige Weg angeraten.

Wer hingegen nur gelegentlich Daten in visueller Form aufbereitet, der kann ohne den roten Faden der Schrift zu verlieren, die Kapitel 2 und 4 im Eilverfahren durcharbeiten oder gar überspringen.

Zum Nachschlagen ist das Kapitel 6 angefügt, daß die zuvor zusammengeführten Regeln nochmals in einem kompletten Kompendium nebeneinanderstellt.

Die untenstehende Abbildung zeigt die Wahl der Kapitel je nach Interesse des Lesers. Zur Orientierung wird diese Darstellung am Anfang jedes Hauptkapitels nochmals gezeigt.

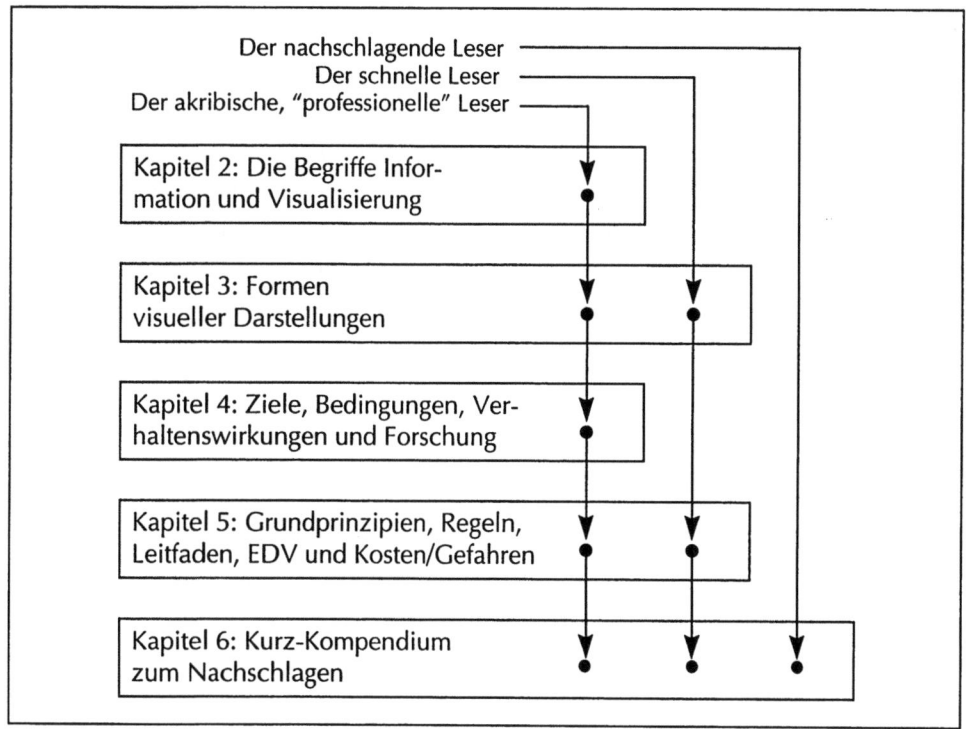

Warum ein komplettes Lehrbuch der Visualisierung?

Trotz dieser Unterscheidung sei allen Lesern die Literatur aller Kapitel empfohlen. Obwohl aus der Wissenschaft abgeleitet, hat sich der Verfasser bemüht, den Stoff in einfachem und leichtem Stil zu verfassen und - natürlich - mit Bildern und Beispielen auszustatten.

Einige Leser mögen sich daher fragen, warum vor der Gestaltung einer einfachen Graphik ein komplettes Lehrbuch durchzuarbeiten ist. Die Antwort wurde oben bereits schon gegeben: Während man viele Jahre gelernt hat, sich auszudrücken und dies im täglichen Leben als Routine verwendet, so hat dies in aller Regel für die eigene Visualisierungsfähigkeiten nicht stattgefunden. Auch diese sind zu lernen und zu verinnerlichen. Der später gezeigte Visualisierungsprozeß wird dazu genauso zu verinnerlichen sein, wie die Erstellung eines Geschäftsbriefes. Die vielen Regeln sind sicherlich nicht so zu verstehen, daß sie allzeit präsent sind, ihr Studium ist aber dazu geeignet, ein neues Gefühl für die Gestaltung von Graphiken etc. zu entwickeln, ähnlich wie man ein wichtiges Verkaufstelefonat nach einem Telefonverkaufsseminar ganz anders als früher vorbereitet.

Danksagung

Nachdem Hintergrund und Notwendigkeit sowie Ziel und Inhalt dargelegt wurden, soll einigen Personen gedankt werden, die neben dem Verfasser zum Gelingen der Schrift beigetragen haben. Das sind Zuarbeiter, die die verschiedenen Quellen entdeckt, beschafft und vorsortiert haben. Dank zudem an die Mitarbeiter Stefan Thode, Markus Schwering, Guido Müller und Viola Carstens in Flensburg für die Prüfung von Text und Literatur sowie einige Bilder, Carsten Meyer für das Lesen großer Textteile (nach der alten Rechtschreibung) und dem Verlag für die kooperative Zusammenarbeit.

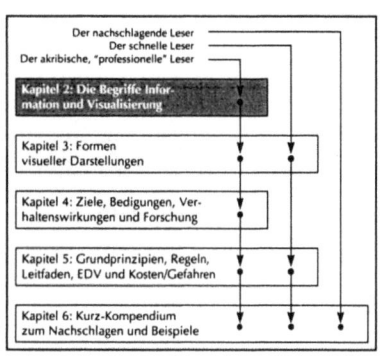

Kapitel 2:
Begriffe und Formen der Visualisierung

2.1 Überblick

Was ist eine bildliche Darstellung? Ist bereits eine Formatierung eines Textes ein Bild? Wann kann die Darstellung von Informationen als bildlich beschrieben werden, wann hört die reine textliche Darstellung auf? Ist Visualisierung der Prozeß der Erstellung von Bildern oder dessen Ergebnis? Gibt es eine Steigerung von „bildlich"?

In der Literatur wie auch im allgemeinen Sprachgebrauch werden die Begriffe bildlich, Bild, visuell, Visualisierung etc. offenkundig sehr unterschiedlich verstanden und verwendet.

Das folgende Kapitel widmet sich daher der Definition und Beschreibung der wesentlichen Begriffe zur Visualisierung. Es wird mit dem Begriff Information begonnen, der z.B. von Nachrichten oder Daten abgegrenzt wird. Informationsangebot, -nachfrage, -überschuß und -überlastung werden ebenso erläutert. Sodann werden gemeinsame, grundlegende Eigenschaften aller visuellen Darstellungen zusammengetragen und abschließend eine Definition für visuelle Informationen und deren Erstellung - die Visualisierung - vorgestellt.

2.2 Informationen als Objekt der Visualisierung

Bilder sind eine Präsentationsform von Informationen. Somit beschäftigt sich diese Schrift mit Informationen. In der Literatur bestehen aber recht unterschiedliche Auffassungen und Vermischungen mit anderen Begriffen. Hier soll daher der Begriff Information und Begriffe in seinem Umfeld kurz erläutert und abgegrenzt werden.

2.2.1 Information und weitere Begriffe

Information vs. Signale und Nachrichten

Die Semiotik als Teilgebiet der Linguistik - der Wissenschaft von der Sprache - untersucht die Eignung von Zeichenreihen für die Kommunikation auf syntaktischer, semantischer und pragmatischer Ebene. Der Informationsbegriff kann hieraus bestimmt werden.

Sprache ist eine Form der Übermittlung von Denkinhalten. Sie kodiert Denkinhalte in Zeichenreihen, die Nachrichten. Deren physikalische Erscheinungsform ist das Signal (Kuhlen 1986, S. 7). Den semiotischen Stufen Syntaktik, Semantik und Pragmatik werden die Begriffe Signal, Nachricht und Information zugeordnet. Informationen bestehen demnach aus einem physikalischen Träger (dem Signal), haben eine Bedeutung (Semantik) und tragen zur Erweiterung des Wissens des Empfängers bei (Brönimann 1970, S. 24) (Abb. 1).

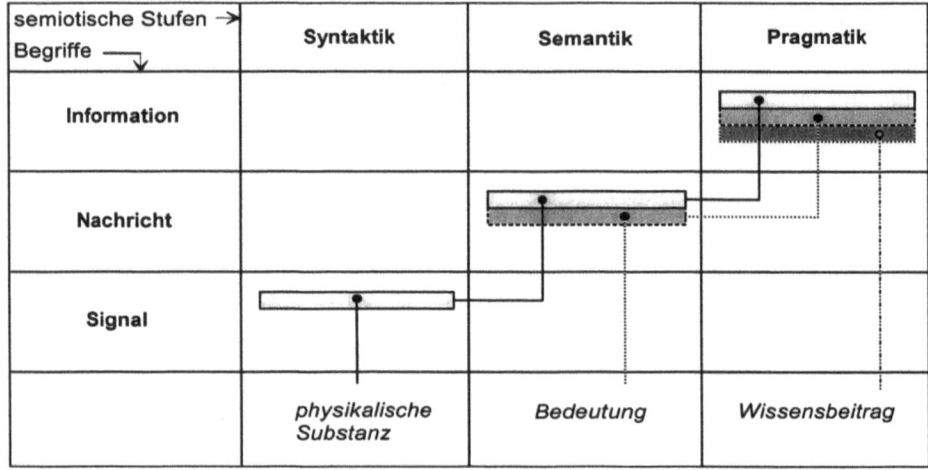

Abb. 1: Semiotische Ebenen des Informationsbegriffes

Auf der syntaktischen Ebene werden die Beziehungen von akustischen, optischen oder elektronischen Zeichen- oder Signalfolgen und ihre strukturellen Eigenschaften mit dem Ziel einer zuverlässigen Kodierung betrachtet. Eine optimale Kodierung erfolgt dann, wenn lediglich die notwendige Zeichenzahl übertragen wird. Um eine gewisse Störungsresistenz zu erreichen, werden jedoch Redundanzen akzeptiert (Michel, Novak 1977, S.155). Kombinationen von Zeichen und Zeichenfolgen in ihrer syntaktischen Struktur sind Träger von Bedeutungen (semantische Ebene). Diese Kombinationen von Signalen werden als Nachrichten bezeichnet, die wiederum als Träger von potentiellen Informationen anzusehen sind (Dworatschek 1971, S. 46). Sender und Empfänger von Nachrichten verfolgen mit der Übermittlung individuelle Ziele (pragmatische Ebene). Bestehen klare Ziele über die Nutzung der übermittelten Nachrichten und wird mit diesen ein Zweck verfolgt, so handelt es sich - im Sinne der Semiotik - um Information (Mag 1977, S. 45).

Informationen vs. Daten

Informationen weisen zwei Eigenschaften auf, die zur Bestimmung des Begriffes Daten herangezogen werden können. Einerseits besitzen Informationen einen Anweisungs- oder Befehlscharakter, andererseits beschreiben und unterrichten sie und werden als Daten bezeichnet (Dworatschek 1971, S. 52). Weiter kann eine Abgrenzung nach der Form der Informationen vorgenommen werden: Danach sind Daten Informationen, die in einer bestimmten, für maschinelle Verarbeitung vereinbarten Formatierung vorliegen (Horvath 1990, S. 633). Daten können nach Ordnungs- und Mengeninformationen differenziert werden. Daneben treten Anweisungen auch als Steuerungsinformationen auf.

Abbildung 2 zeigt die Einordnung von Ordnungs-, Mengen- und Steuerungsinformationen in den Entscheidungsprozeß. Daten dienen sowohl der Entscheidungsfindung als auch der Zielvorgabe zur Entscheidungsdurchsetzung, die wiederum von Anweisungen gesteuert wird. Der Dualismus von Daten und Anweisungen wird in der Funktionsweise von Computern deutlich: In Datenbankprogrammen beispielsweise werden passive Daten mit Hilfe von Anweisungen manipuliert. Daten und Anweisungen werden jedoch zusammen im Hauptspeicher des Computers verwaltet. Auf syntaktischer Ebene bestehen somit zwischen ihnen keine Unterschiede. Letztere werden jedoch auf semantischer und pragmatischer Ebene deutlich, da Anweisungen imperativen, also vorschreibenden, Daten jedoch deskriptiven, also beschreibenden Charakter besitzen (Dworatschek 1971, S. 54).

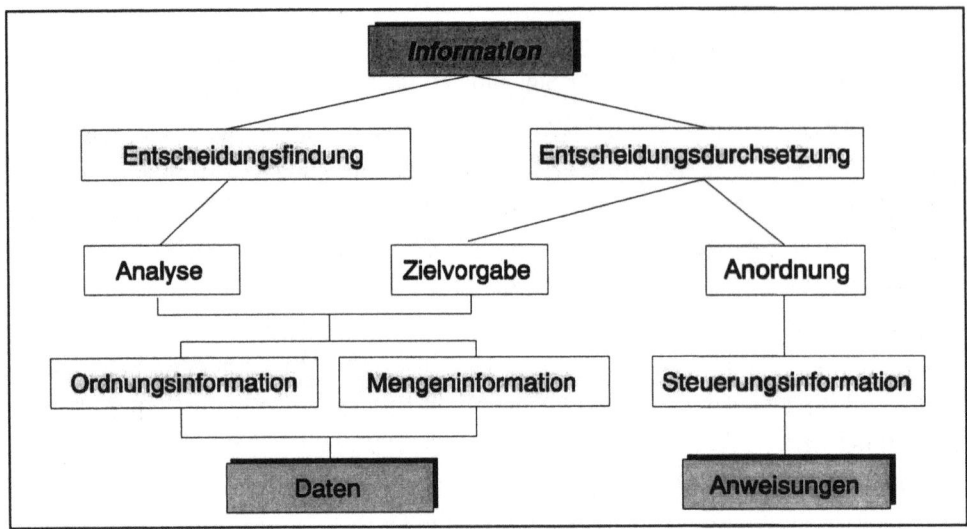

Abb. 2: Anweisungs- und Datencharakter von Informationen

Die Informationsmanagementtheorie liefert eine andere Abgrenzung der Begriffe Information und Daten nach ihrer Verarbeitung. Zur Illustration wird eine Pyramide vorgeschlagen, die nach den Planungsebenen strategisch, dispositiv und operativ gegliedert ist (Abb. 3).

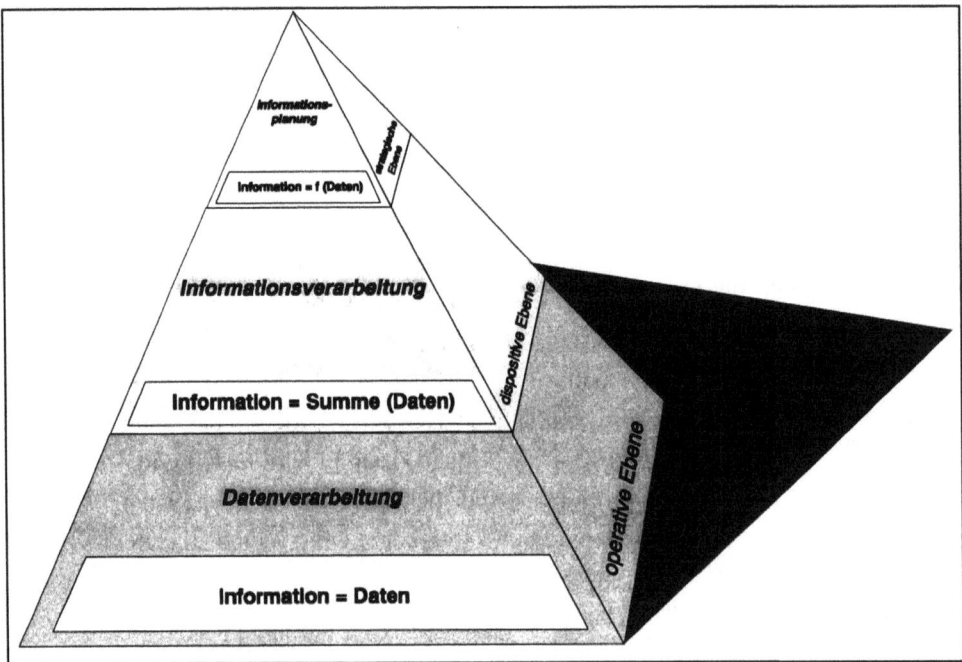

Abb. 3: Informationspyramide

Auf der operativen Ebene werden Daten verarbeitet, die gleichbedeutend mit Informationen und in Beziehung zu konkreten Anwendungssystemen zu setzen sind. Danach sind Daten Objekte einer Verarbeitung, die in vereinbarten Strukturen abgelegt werden. Auf der dispositiven Ebene werden diejenigen Informationen verarbeitet, die aus Daten verdichtet oder selektiert wurden. Unter Informationen verstehen Heinrich/Burgholzer (1988, S. 141) die Summe von Daten, die unabhängig vom konkreten Anwendungssystem gesehen und bereitgestellt werden, wohingegen Daten in diesen verarbeitet werden. Auf der strategischen Ebene stellen Informationen eine Funktion von Daten dar, die in Bezug zu einer konkreten Aufgabenstellung zu setzen sind. Diese Auffassung von Daten entspricht der semantischen Definition von Informationen. Daten werden nach dieser Auffassung durch eine aufgabenspezifische Selektion und Verarbeitung zu entscheidungsrelevanten Informationen.

Der Informationsbegriff in der Betriebswirtschaftslehre

Für Managemententscheidungen erscheint es sinnvoll, die syntaktische und semantische Betrachtungsebene außer acht zu lassen und die pragmatische Ebene heranzuziehen (Gaul/Both 1990, S. 77). Ausschlaggebend für Entscheidungen sind nicht die Zeichenzusammensetzung, deren Kodierung oder die Bedeutung von Nachrichten, sondern die zweckgebundene Bereitstellung von Nachrichten, die eine Entscheidung ermöglicht. Demnach sind Informationen Aussagen, die den Erkenntnis- und Wissensstand eines Informationsverwenders über einen Informationsgegenstand in einer individuellen Situation und unter gegebenen Umweltrahmenbedingungen zur Erfüllung eines Zweckes verbessern (Szyperski 1980, Sp. 904).

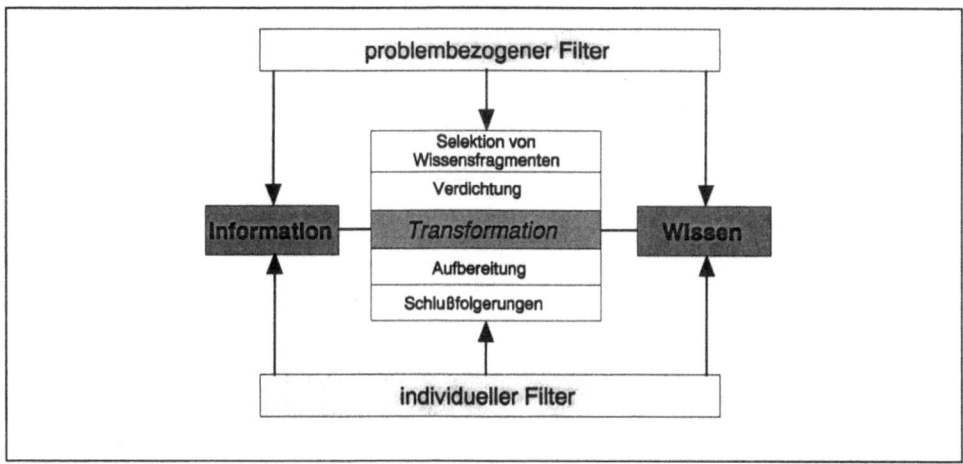

Abb. 4: Transformationsprozesse Wissen - Information

Neben die Zweckgebundenheit von Informationen tritt in diesem Verständnis die Vermittlung von Wissen. Wittmann versteht unter Informationen zweckbezogenes, entscheidungsrelevantes Wissen (Wittmann 1959, S. 50). Kuhlen definiert Wissen als die Ressource, aus der durch Transformation Informationen abgeleitet werden (Kuhlen 1986, S. 3). Informationen erhöhen den Wert des existierenden Wissens bzw. reaktivieren vorhandenes, aber bisher passives Wissen. Aus dieser Beziehung lassen sich Transformationsprozesse ableiten. Diese Prozesse werden von einem problembezogenen und einem individuellen Filter beeinflußt (vgl. Abb. 4 (in Anlehnung an Kuhlen 1986, S. 3)).

Informationen nach deren Repräsentationsform

Die Form der Repräsentation kann als weiteres Kriterium zur Beschreibung und Abgrenzung von Informationen herangezogen werden (vgl. Abb. 5). Die Unterscheidung in Ton- und Bildinformationen orientiert sich an auditorischer und visueller Wahrnehmung.

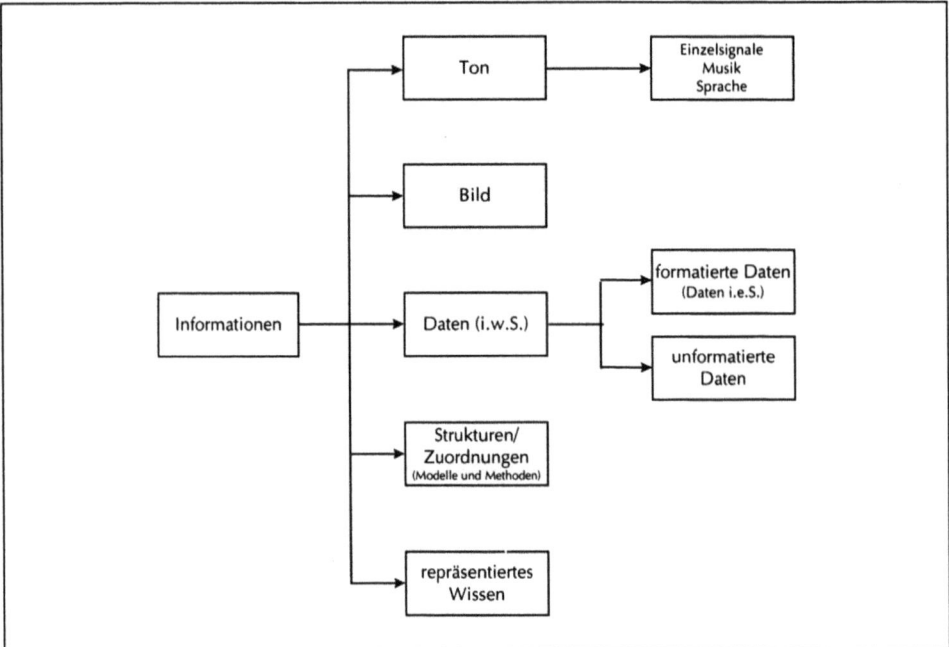

Abb. 5: Repräsentationsformen von Informationen

Unter Toninformationen werden Einzeltonsignale, Musik und Sprache subsumiert. Daten im weiteren Sinne umfassen formatierte Daten (Daten im engeren Sinne: Einzelworte und Zahlen) und unformatierte Daten (Text). Strukturen und Zuordnungen repräsentieren Informationen zur Gestaltung von Methoden und Modellen. Weiterhin können Informationen repräsentiertes Wissen darstellen, wie es innerhalb von Expertensystemen in Form von Wissensbasen existiert.

Diese Übersicht wird später wieder aufgegriffen, um Bildinformationen weiter in starre Bilder, Bewegtbilder und komplexe Bildkonzepte zu strukturieren.

Der Informationsbegriff - Zusammenfassung

Abbildung 6 gibt eine Zusammenfassung über die verwendeten Informationsbegriffe und ihre Zuordnung zu den semiotischen Ebenen. Sie verdeutlicht insbesondere die Abgrenzung zu Nachrichten und Daten. Wissen als Denkinhalt wird in Signale kodiert und als Nachricht übertragen, die als Daten verarbeitet werden. Daten werden zu Informationen, wenn auf Empfängerseite eine Zweckorientierung vorliegt (pragmatische Zuordnung).

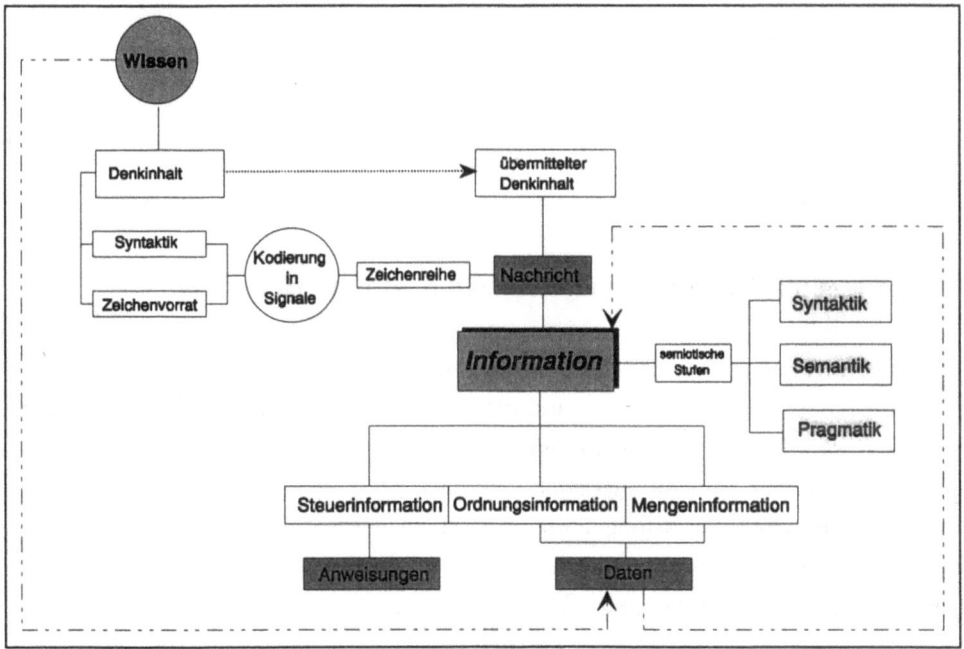

Abb. 6: Bestimmungsparameter des Informationsbegriffes

Teile des über die Realität gesammelten Wissens werden in Form von Daten gespeichert und verarbeitet. Aus diesem "Datenpool" werden Informationen extrahiert und bilden das Informationsangebot. Aus dem Informationsangebot wählt der Aufgabenträger einen zweckorientierten Ausschnitt, der in Form der Informationsnachfrage artikuliert wird (vgl. Abb. 7).

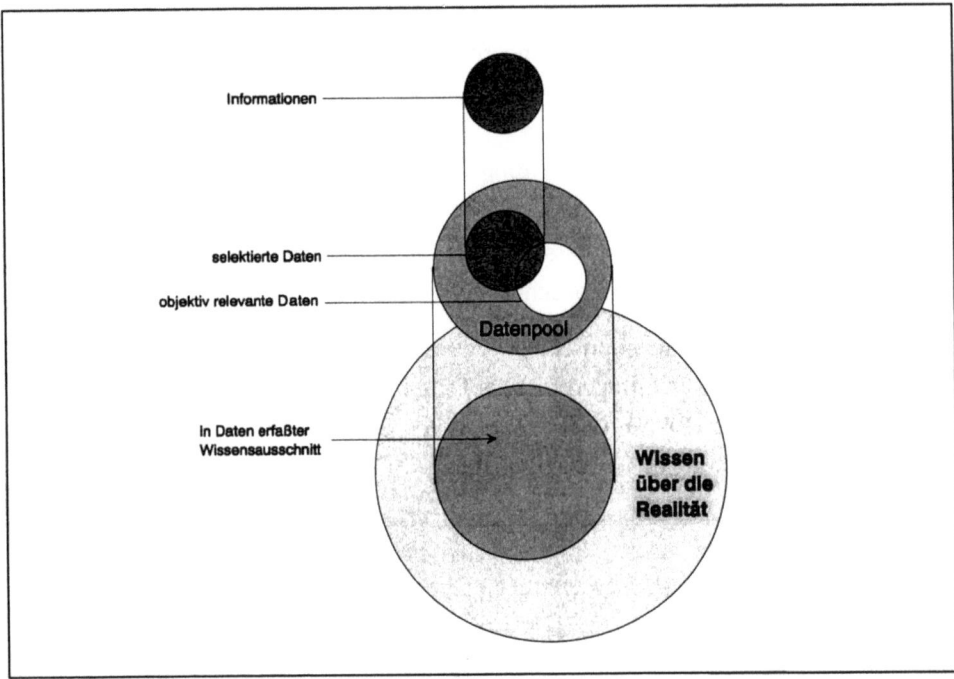

Abb. 7: Wissen, Daten und Information

2.2.2 Angebot, Nachfrage und Überschuß von Informationen

Die für den Menschen verfügbare Informationsmenge wächst in einem beachtlichen Tempo. Eine steigende Produktion und die daraus resultierende Informationsmenge (oft auch als „Flut" bezeichnet) werden als Gefahr für die Qualität von Entscheidungen gerade im Management angesehen (Hering 1986, S.9). Dabei wird von Informationsflut, -überschuß, -belastung und -überlastung gesprochen oder auch die englischsprachigen Pendants information load, information overload und data explosion. Hier soll nun eine Begriffsklärung vorgenommen werden.

Informationsangebot, -nachfrage und -bedarf

Die notwendigen Informationen, die sich aus Entscheidungsproblemen und Aufgaben ableiten lassen, werden als Informationsbedarf, und diejenigen, die sich aus dem Bewußtsein des Aufgabenträgers ableiten lassen, als Informationsbedürfnis bezeichnet (Horvath 1990, S. 368) (vgl. Abb. 8). Das Informationsbedürfnis wird durch die Informationsnachfrage artikuliert, die auf ein Informationsangebot trifft. Nimmt der Informationsnachfrager das Angebot auf, wird er zum Informationskonsumenten.

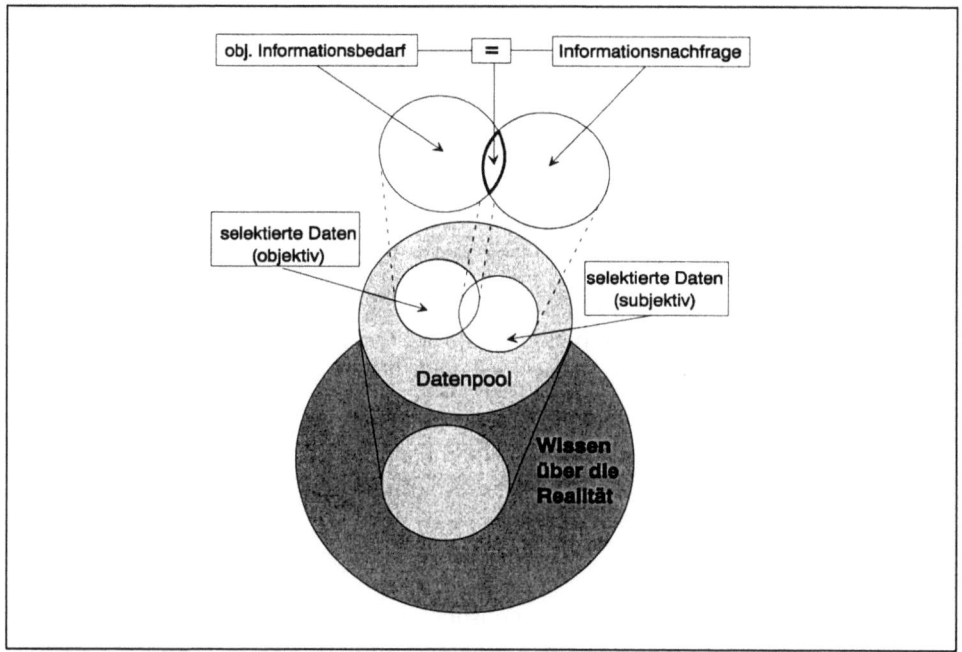

Abb. 8: Informationsnachfrage und - bedarf

Das Angebot an Informationen ist die für den individuellen Fall zur Verfügung stehende Informationsmenge aus dem Umfeld des Nachfragers. Diese Informationen können entweder gezielt durch den Nachfrager gesucht werden (der Nachfrager informiert sich, z.B. durch Einsicht von Unterlagen) oder werden unaufgefordert angeboten (der Nachfrager wird den Informationen mehr oder weniger freiwillig ausgesetzt, z.B. der Werbung in seinem direkten Umfeld). Als Quellen kommen alle gesellschaftlichen Informationsressourcen in Frage, die gezielt oder unaufgefordert dem Informationsnachfrager angeboten werden. Je nach Umfeld und Suchverhalten des Nachfragers ergibt sich somit eine große Fülle von Informationen, populär als Informationsflut bezeichnet. Nach Ansicht vieler Autoren führt ein großes Informationsangebot zu Informationsüberschuß und -überlastung (Meyer 1998, S. 200):

- Die Produktion und das Angebot von Informationen ist größer als deren Konsum. Es entsteht eine Differenz, die nicht wahrgenommen wird. Sie wird als Informationsüberschuß bezeichnet.

- Das Informationsangebot erzeugt Druck auf den Informationskonsumenten, der zu Informationsstreß und damit zu Informationsüberlastung führt.

Informationsüberschuß

Der Informationsüberschuß wird als Anteil der nicht konsumierten Informationen am Gesamtinformationsangebot definiert (vgl. Abb. 9, Kroeber-Riel 1988, S. 182). Kroeber-Riel bezeichnet diesen Informationsüberschuß auch als "Informationsmüll" (1987b, S. 257). Diese nicht konsumierten Informationen werden jedoch nicht vernichtet, sondern gespeichert und archiviert (Reimann 1987, S. 514). Sie veralten zwar, gehen aber in das kollektive Gedächtnis der Gesellschaft ein, besitzen somit einen gesellschaftlichen Wert (Halbwachs 1967, S. 45) und bilden ein beachtliches gesellschaftliches Informationssystem (Luhmann 1986, S. 23). Ein Überangebot an Informationen bietet dem Informationskonsumenten die Chance zur Selektion der Informationen und damit zur Verbesserung seiner Entscheidungen. Andererseits werden die nicht konsumierten Informationen "auf Halde produziert" und verursachen Kosten für deren Beschaffung und Auswahl (Reimann 1987, S.165).

Informationsüberlastung

Jacoby u.a. definieren danach Informationsüberlastung als das Überschreiten der begrenzten menschlichen Informationsverarbeitungskapazität. Sie wird durch eine Informationsbelastung verursacht (Informationsinput in Entscheidungsprozessen), die aufgrund ihrer Größe nicht bzw. nur unvollständig verarbeitet werden kann (Hering 1986, S. 8), es sinkt die Entscheidungseffizienz (Jacoby et.al. 1974, S. 64).

Informationsbelastung und Informationsüberlastung sind voneinander zu unterscheiden. Die Informationsüberlastung entsteht dann, wenn das Informationsangebot aufgrund seiner Größe nicht mehr effizient verarbeitet werden kann. Das Informationsangebot als Informationsbelastung allein ist noch nicht effizienzschädigend. Das Problem besteht in der Menge irrelevanter Informationen innerhalb des Angebotes und der Gefahr, die relevanten Informationen nicht wahrzunehmen (Blumler 1980, S. 23). Daraus folgt, daß zuerst die relevanten und irrelevanten Informationen aus dem Angebot selektiert werden müssen. Erst dann werden die als relevant erkannten Informationen im Entscheidungsprozeß verarbeitet (Hering 1986, S. 9). Informationsüberlastung entsteht also durch die mangelnde Verarbeitungsfähigkeit des Individuums. Sie weist also die folgenden Merkmale auf:

- große Informationsbelastung (Informationsflut),
- Entscheidungssituation und somit Druck, Informationen aufzunehmen,
- begrenzte Verarbeitungskapazität und
- als Folge daraus suboptimales Entscheidungsverhalten und Streß.

Der senkende Einfluß der Informationsüberlastung auf die Entscheidungseffizienz wurde lange kontrovers diskutiert (vgl. Meyer 1996), heute gilt dieser Zusammenhang aber als sicher. Um Informationsüberlastung zu vermeiden, können zwei Wege eingeschlagen werden: Indem die Informationsbelastung reduziert wird (z.B. frühzeitige Selektion der Informationen durch andere Personen) oder die Informationen so aufbereitet werden, daß eine größere Verabeitungsfähigkeit des Menschen genutzt wird, so mittels Visualisierung von Informationen. Im späteren Verlauf des Buches wird gezeigt, wie mittels visuellen Informationsdarstellungen eine Informationsüberlastung reduziert werden kann, sofern deren Gestaltung sich an verhaltenswissenschaftlichen Regeln orientiert. Abbildung 9 stellt den Zusammenhang von Informationsangebot und -überlastung dar:

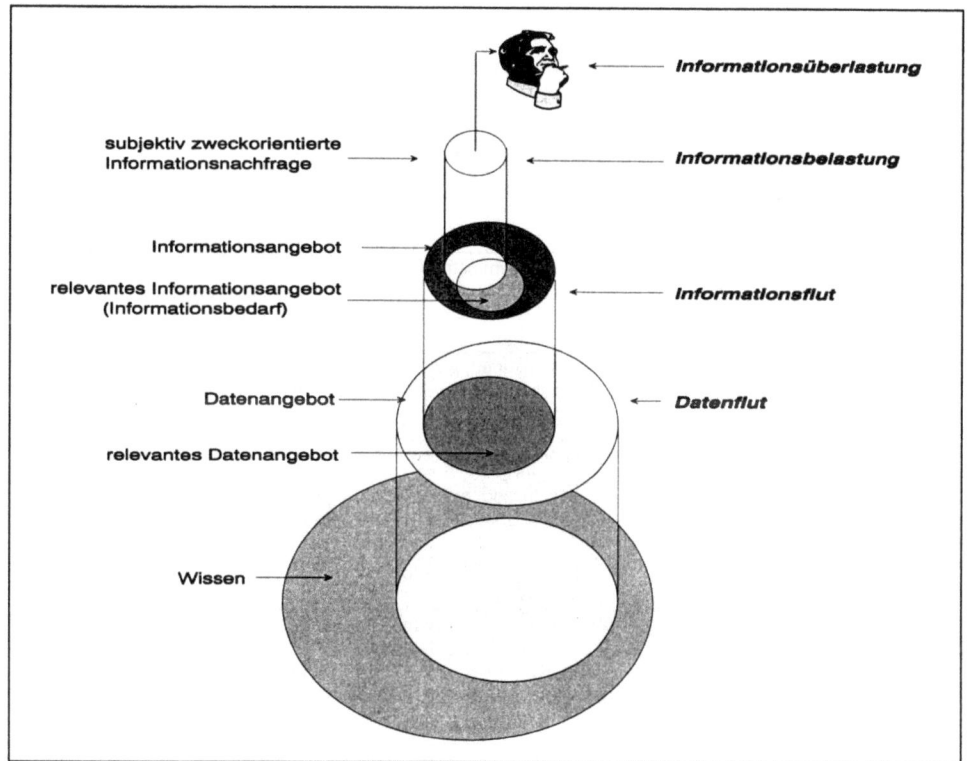

Abb. 9: Vom Informationsangebot bis zur -überlastung

2.3 Bestimmungsparameter visueller Darstellungen

Die Zahl der in der Literatur vorgeschlagenen visuellen Darstellungsformen ist äußerst groß: Es finden sich vielfältige Diagramme in 2D- oder 3D-Form, aber auch Bilder und Filme bis hin zu Systemen mit Interaktion und in Kombination mit Ton, wie Multimedia sowie Virtuelle Realität. Bevor die Begriffe „visuell" und „Visualisierung" definiert werden, sollen daher zunächst gemeinsame Eigenschaften visueller Darstellungen zusammengestellt werden, und wie sie zu messen sind. Tabelle 1 zeigt Merkmale visueller Darstellungen sowie ihre Indikatoren zur Messung.

Merkmale	Untermerkmale	Ausprägungen	Indikatoren
Farbe	• Farbqualität • Farbsättigung • Farbhelligkeit • Farbenvielfalt	• rot, grün, Farbmischungen • verwaschen, verdünnt, Konzentration • hell, dunkel • Zahl	• Wellenlänge • Pigmentkonzentration • Lichtstärke • Farbempfindung • Zahl der gleichzeitig verwendeten Farben aus der Zahl der verfügbaren Farben
Kontrast	• Hell-Dunkel-Kontrast • Farbkontrast • Farbverlauf, Farbübergang	• fließender Übergang, plötzlicher Übergang	• Reflexion des Hintergrundes/ Reflexion des Gegenstandes • Zuordnung der Farben nach Komplementarität • empfundener Kontrast, Verlauf
Auflösung / Schärfe	• Tiefenschärfe • absolute Schärfe	• scharf, unscharf • objektbetonte Schärfe, gleichmäßig verteilte Schärfe	• Bildpunkte pro Fläche • Pixelform • Körnung, ...
Größe absolut / relativ	• Länge • Breite • Höhe/Tiefe	• x Meter • groß, klein, ...	• Längenangabe • wahrgenommene Größe z. B. Verhältnis von Höhe zu Länge oder von Objekt zu Objekt
Form	• beliebig viele Klassifizierungsmöglichkeiten • z.B. Kantenform, Winkeligkeit, Längenausdehnung...	• z. B. symmetrisch, rund, gedrungen...	• Winkel, Länge, ... • Klassifizierungsmuster
Anordnung der Elemente	• Symmetrie • Bestimmtheit / Zufälligkeit • Sortierung • im Raum, in der Ebene	• strukturiert, geordnet, symmetrisch, verstreut,...	• Symmetrie • relative Häufung, Verteilung
Oberfläche	• Struktur, Rauheit • Spiegelung • Krümmung • Form, Farbe...	• rauh, glatt • glänzend, matt • gekrümmt, eben	• (fiktive) Rauhtiefe • Reflexion • Krümmungsverlauf
physikal. Dimension	• Räumlichkeit, Plastizität • zeitliche Veränderung	• 1D-, 2D-, 2½D-, pseudo3D, 3D	• Anzahl der unabhängigen Achsen
Bewegung	• Geschwindigkeit, Beschleunigung • Fluß, Bildübergang • Räumlichkeit • Rhythmus • Dynamik	• schnell, beschleunigt • fließend, Einzelbilder • rhythmisch, nicht-rhythmisch	• m/s • m/s^2 • Bilder pro ZE • Takt • empfundener Bewegungsverlauf (dynamisch, ruhig)

Tab. 1: Merkmale visueller Darstellungen

Die Indikatoren lassen sich physikalisch sowie durch Beobachtung und Befragung messen. Die äußere Erscheinungsform der Visualisierung (Größe, Form, Bewegungsgeschwindigkeit etc.) läßt sich durch physikalische Messung ermitteln. Die subjektive Wirkung, die von einer Visualisierungsform auf den Betrachter ausgeht, läßt sich primär durch Befragung feststellen. Die Meßmethoden weisen in der angegebenen Reihenfolge eine zunehmende Gültigkeit, aber eine abnehmende Meßgenauigkeit auf. Einer Messung der Indikatoren und damit einer Klassifizierung der Darstellungsformen stehen jedoch erhebliche Probleme gegenüber (siehe Meyer 1996, S.16ff.). Auf eine Diskussion soll hier jedoch verzichtet werden.

Vielmehr soll hier eine einfache, an wenigen Dimensionen entlang geführte Charakterisierung visueller Darstellungsformen vorgestellt werden. Denn werden die obigen Merkmale zu unabhängigen Eigenschaftsdimensionen zusammengefaßt, so ergibt dies die folgenden vier Dimensionen mit ihren Ausprägungen:

- Formdimension (Ausprägungen: 1D-, 2D-, 2½D-, pseudo-3D oder 3D-Darstellungen) (dazu später in Kapitel 3),
- Farbdimension (Ausprägungen: s/w(mono), Graustufen, Farbe, ggf. Zahl der Farben oder Graustufen),
- Bewegungsdimension (Ausprägungen: starr, bewegt),
- "Gestalterische Bindung" (Ausprägungen: Form-, Vektor-, Pixelbindung).

Die Unterscheidung nach der letzten Dimension greift die unterschiedlichen Freiheitsgrade in der Gestaltung des Bildes auf. Formbindung bezeichnet die Bindung an ein gegebenes Darstellungsmuster, z.B. Balken- oder Kuchendiagramm. Vektorbindung bedeutet die Bindung an bildliche Objekte, wie Striche, Kreise, Schraffuren etc., wie z.B. bei einfachen Skizzen/Strichzeichnungen. Pixelbindung bedeutet, daß die Darstellung vollständig in einzelne Punkte aufgelöst wird und jeder Punkt in Tönung und Farbe frei gestaltet wird, wie es z.B. bei Fotos der Fall ist.
Diese Unterscheidung findet sich z.B. auch bei Graphiksoftware wieder, die in Zeichen- (vektororientiert) und Malprogrammen (pixelorientiert) differenziert wird (vgl. u.a. Meyer 1991b).

Die vier (Eigenschafts-)Dimensionen visueller Darstellungen sind unabhängig voneinander: Sie bedingen sich nicht gegenseitig und können frei miteinander kombiniert werden. Mit ihnen lassen sich die vielen visuellen Darstellungsformen in sinnvollen größeren Eigenschaftsgruppen zusammenfassen. Lediglich komplexe Bildkonzepte wie Multimedia und Virtuelle Realität werden hierdurch nicht erfaßt. Sie nehmen jedoch auch eine besondere Rolle unter den Darstellungsformen ein: Sie unterscheiden sich durch Eigenschaften wie "Interaktivität" und "Zahl der Medien" (Interaktivität des Benutzers mit der Darstellung. Medien bedeutet hier neben Bild auch Ton) auch andere visuelle Dartellungsformen, die aber nicht zu den obigen "visuellen" Eigenschaften zählen.

2.4 Visualisierung - Eine Begriffsbestimmung

"Visuell" und "Visualisierung" in der Literatur

Der Begriff Visualisierung wurde Mitte der Achtziger Jahre in der Computertechnologie geprägt. Bezeichnete Visualisierung zunächst nur, was jahrelang "Computergraphik" genannt wurde (Rosenblum/Brown 1992), dient Visualisierung heute als Oberbegriff für verschiedene Bereiche der Computertechnik, wie "computer graphics", "image processing", "computer vision", "computer-aided design", "signal processing", "man-machine communication" (McCormick/DeFanti/Brown 1987). Große Bedeutung gewann Visualisierung zunächst in der wissenschaftlichen Anwendung ("scientific visualization"), wie z.B. bei Strömungssimulationen oder der Nachbildung von Molekularstrukturen ("molecular modeling") in der Gentechnologie (Rosenblum/Nielson 1991).

Der Begriff "Visualisierung" ("visualization") bedeutet - sehr allgemein definiert - etwas optisch darzustellen oder sichtbar zu machen (lat. videre = sehen) ("Dudendefinition", Duden 1991). Für die Verwendung in einem Lehrbuch ist diese Definition jedoch zu allgemein und zu wenig zweckgebunden. In der Literatur wird der Begriff Visualisierung auch als Tätigkeit bzw. Prozeß oder als Zustand bzw. Ergebnis aufgefaßt. Visualisierung als Tätigkeit/Prozeß bedeutet die Transformation von Informationen in "visuell Wahrnehmbares" (Brockhaus 1974, S.658). Zwei Definitionen aus der Literatur sollen hier angeführt werden:

Eine informationstechnisch ausgerichtete Auffassung findet sich bei Charwat (vgl. Charwat 1992, S.455). Dort wird unter Visualisierung die Umwandlung von Informationen, die ursprünglich nicht in Bildform vorliegen, in eine meist graphische Darstellung verstanden. Als Informationen gelten dabei alle Arten von Daten, Sachverhalten, Zusammenhängen und sonstigen Informationen. Gleichzeitig wird eine Zweckbindung der Visualisierung herausgestellt: Informationen sollen im Vergleich mit Schriftzeichen übersichtlicher, einprägsamer und leichter wahrnehmbar dargeboten werden. Diese Begriffsbestimmung berücksichtigt also nur solche Informationen, die ursprünglich nicht in Bildform vorliegen. Es fragt sich, ob nicht auch dann von Visualisierung gesprochen werden kann, wenn eine bereits in Bildform vorliegende Information in eine andere, vornehmlich "höhere" Form der Visualisierung überführt wird (z.B. Überführung mehrerer Balkendarstellungen für einzelne Perioden in eine Bewegtdarstellung, die den zeitlichen Verlauf wiedergibt).

Aus obiger Begriffsabgrenzung lassen sich zunächst folgende Charakteristika der Visualisierung ableiten: Durch Visualisierung werden beliebig dargebotene Informationen in eine bildliche Form überführt (gestaltende Funktion der Visualisierung). Durch Visualisierung werden Informationen in eine für die menschliche Wahrnehmung geeignete Form gebracht (Zielorientierung der Visualisierung).

Eine ebenfalls informationstechnische, mehr prozeßorientierte Formulierung des Begriffes wird von Krömker (1992) vorgeschlagen. Danach ist Visualisierung die Sichtbarmachung von Materie, Energie, Informationen oder Prozessen. Im Gegensatz zur vorhergehenden Definition spielt bei Krömker die Herkunft der Daten keine Rolle. Demnach sind optische Erscheinungen das Ergebnis von Visualisierung, die auf den Betrachter einen visuellen Reiz ausüben und durch das visuelle System des Menschen in Elemente der visuellen Wahrnehmung überführt werden. Die Elemente (Form, Farbe, Textur, Bewegung etc.) weisen auf eine mögliche Operationalisierung des Visualisierungsbegriffs.

Demgegenüber kann Visualisierung auch als Ergebnis eines Prozesses, also als Zustand verstanden werden. Diese Begriffsvorstellung muß jedoch abgelehnt werden, da sie sich zu weit mit dem Begriff "visuell" bzw. "bildlich" überschneidet.

"Visuell" - Eine Definition

Obwohl häufig von "visuellen" Informationen in der Literatur gesprochen wird, wird selten der Versuch einer Definition unternommen.

So gibt es außer in den hier genannten Quellen keine, in der explizit problematisiert wurde, wann von visuellen und wann von nicht visuellen Informationen gesprochen werden kann. Es wird auch nicht problematisiert, ob eine solche Dichotomisierung vertretbar ist oder ob vielmehr von einem visuellen Grad oder Ausmaß ausgegangen werden muß.

Meyer (1996, S.15) entwickelte aus der Kritik an bisherigen Definitionsversuchen heraus eine verhaltensorientierte Definition. Grundlage dieser ist die Unterscheidung in ein visuelles und ein semantisches Wahrnehmungssystem, was auf die Dual-Code-Theorie von Paivio (1971 u. 1986) zurückgeht.

Danach ist eine Information visuell ("Visuell" soll hier synonym mit dem Begriff "bildlich" verwendet werden), wenn ihr Inhalt ausschließlich über das visuelle System (i.S.v. Paivio) aufgenommen und zumindest auch als Bild gespeichert wird und nicht aus inneren semantischen (sprachliche Beschreibungen, die innere Bilder hervorrufen), akustischen, geschmackssensorischen/olfaktorischen, oder haptischen Reizen entstanden ist.

Mit dieser Definition wird der Fall ausgeklammert, daß semantische Informationen, die über die Augen aufgenommen werden, als bildlich zu definieren wären. Die Bedeutung dieser zunächst trivial anmutenden Aussage wird ersichtlich, wenn z.B. Text, der ganzheitlich erkannt wird, oder Schriftzeichen, die aus ostasiatischen Kulturkreisen bekannt sind, betrachtet werden. In diesem Fall kann nach Murch/Woodworth (1978, sowie Neisser 1967, in ähnlicher Form auch Kaufman 1974, Rock 1975, Murch 1973, Thompson 1984) davon ausgegangen werden, daß zwar zunächst das Perzept (in der ersten Phase der Wahrnehmung) bildlich kodiert vorliegt, dann aber durch den Vergleich mit den vorhandenen inneren Bildern, hier den Icons (also der einzelne Buchstabe, das einzelne Wort oder Schriftzeichen), eine inhaltliche, semantische Interpretation erfährt und somit zuerst in das semantische Verarbeitungssystem Eingang findet. Dieser Fall wird durch die Definition von Meyer ausgeschlossen.

Visualisierungsgrad und vereinfachter Visualisierungsgrad

So wurde aus verhaltenswissenschaftlicher Sicht definiert, wann eine Information in visueller Form vorliegt und wann nicht. Die Darstellung der unterschiedlichen Funktionen von visuellen Informationen, die Vorstellung der Eigenschaftsdimensionen von Darstellungsformen und deren Ausprägungen zeigen jedoch, daß es nicht ausreicht, nur von visuell bzw. nicht visuell zu sprechen. Vielmehr muß erkannt werden, daß innerhalb der visuellen Darstellungen das Repertoire visueller Merkmale in unterschiedlichem Umfang genutzt wird. Es stellt sich somit die Frage nach einem "Grad der Visualisierung".

Meyer (1996) schlägt nach einer ausführlichen Diskussion ein gültiges - wenn auch grobes - Maß vor, das auf die obigen vier Eigenschaftsdimensionen zurückgeht, der sogn. „vereinfachte Visualisierungsgrad".

Seine Ermittlung besteht darin, die Ausprägungen in eine Ordinalskala (von 0 bis 2) zu überführen und entsprechend zu summieren (vgl. Tab. 2).

Dimension \ Skalenwert	0	1	2
Formdimension	ein-dimensional	zwei-dimensional zweieinhalb-dimensional	pseudo-drei-dimensional drei-dimensional
Farbdimension	s/w (mono)	Graustufen	Farbe
Bewegungsdimension	starr	-	bewegt
Gestalterische Bindung	Formbindung	Vektorbindung	Pixelbindung

Tab. 2: Ausprägungen und Skalenwerte (Meyer 1996)

Es ist nun möglich, den Begriff "Visualisierung" abschließend zu definieren. Er kann nicht nur als Umwandlungsprozeß von nicht-bildlichen in bildliche Informationen verstanden werden (vgl. obige Definition zu "visuell").

Auch eine Überführung von Informationen mit niedrigem Visualisierungsgrad in solche mit einem höherem kann unter den Visualisierungsbegriff gefaßt werden. Die Umwandlung von nicht visuellen Darstellungsformen in visuelle soll im folgenden als Visualisierung i.e.S. bezeichnet werden, wohingegen die Erhöhung des Grades eine Visualisierung i.w.S. darstellen soll (Abb. 10). Die Transformation von Text in Graphik ist ein Beispiel für eine Visualisierung i.e.S., während der Umwandlungsprozeß von starren in bewegte Bilder ein Beispiel zur Visualisierung i.w.S. ist.

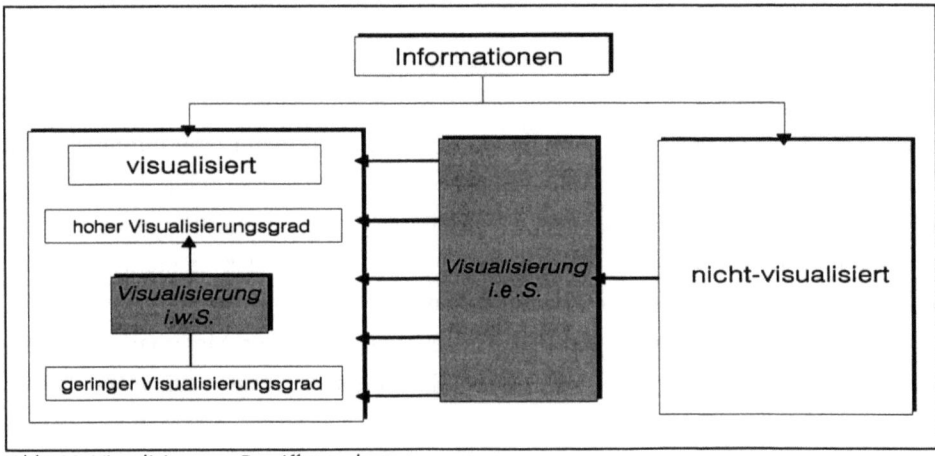

Abb. 10: Visualisierung - Begriffszuordnung

Funktionen der Darstellung von Informationen

Als Ergänzung zu den Definitionen ist abschließend noch die Frage nach der Funktion visueller Informationsdarstellungen zu beantworten. Diese Frage ist noch vor derer nach den Zielen (in Kapitel 4) der Visualisierung zu stellen. Visuelle Informationsdarstellungen können u.E. drei verschiedene Funktionen übernehmen:

- Zum einen können die visuellen Informationen Träger der Kerninformation sein, so z.B. in Diagrammen oder Fotos.
- Darüber hinaus können sie auch nur begleitenden Charakter besitzen, z.B. als Formatierung einer Tabelle oder eines Textes.
- Schließlich können visuelle Darstellungen eine Hilfsmittelfunktion dergestalt erfüllen, daß in EDV-Systemen die Bedienelemente visuelle Informationen tragen und so die Nutzung der Informationen (z.B. in Informationssystemen) unterstützen.

In diesem Lehrbuch soll nur die erstgenannte Funktion beachtet werden, also sollen nur diejenigen visuellen Darstellungen behandelt werden, die auch Träger der Kerninformation sind. Sie werden im anschließenden Kapitel vollständig zusammengestellt. Die Berücksichtigung visueller Informationen als Hilfsmittel verlangt, auch Textinhalte und -gestaltung (d.h. Formatierung von Text und deren Wirkung auf Aussagen) sowie arbeitswissenschaftliche Fragen zu diskutieren. Dies würde jedoch zu weit vom Kernproblem wegführen und soll daher ausgelassen werden.

2.5 Zusammenfassung

In diesem Kapitel wurden die Begriffe „Information", "visuell" und "Visualisierung" definiert. Darüber hinaus wurden die Begriffe Informationsangebot, -nachfrage, -bedürfnis, -flut, -belastung, -überschuß und -überlastung sowie die Begriffe Daten, Signal, Nachricht und Wissen in Beziehung zueinander gesetzt. Auch die gemeinsamen Eigenschaften visueller Darstellungen sowie ein Visualisierungsgrad wurden beschrieben. Folgende Ergebnisse können festgehalten werden:

- **Informationen** sind Aussagen, die den Erkenntnis- und Wissensstand eines Informationsnachfragers über einen Informationsgegenstand in einer individuellen Situation und unter gegebenen Umweltrahmenbedingungen zur Erfüllung eines Zweckes verbessern.

- **Signale** sind die physikalische Erscheinungsform der Sprache und dienen der Übertragung von Informationen.

- **Nachrichten** sind Träger von potentiellen Informationen und entstehen durch die Kombination von Signalen.

- **Daten** sind Informationen, die der Entscheidungsfindung als auch der Zielvorgabe zur Entscheidungsdurchsetzung dienen.

- **Informationsangebot** ist die für den individuellen Fall zur Verfügung stehende Informationsmenge aus dem Umfeld des Nachfragers.

- **Informationsbedarf** ist die Menge an notwendigen Informationen, die sich aus einem Entscheidungsproblem bzw. einer Aufgabe ableiten lassen.

- **Informationsbedürfnis** ist die Menge an notwendigen Informationen, die sich aus dem Bewußtsein eines Aufgabenträgers ableiten lassen.

- **Informationsnachfrage** ist die Artikulation eines Informationsbedürfnisses.

- **Informationskonsum** ist die Aufnahme eines Informationsangebotes durch einen Information.

- **Informationsüberschuß** ist der Anteil nicht konsumierter Informationen am Gesamtinformationsangebot.

- **Informationsbelastung** ist der Informationsinput in Entscheidungsprozessen.

- **Informationsüberlastung** ist das Überschreiten der begrenzten menschlichen Informationsverarbeitungskapazität durch eine zu hohe Informationsbelastung.

- **Darstellungen sind visuell**, wenn ihr Inhalt ausschließlich über das visuelle System (i.S.v. Paivio) aufgenommen und zumindest auch als Bild gespeichert wird und nicht aus inneren semantischen (sprachliche Beschreibungen, die innere Bilder hervorrufen), akustischen, geschmackssensorischen/olfaktorischen, oder haptischen Reizen entstanden ist

- **Visualisierung i.e.S.** ist die Umwandlung von nicht-visuellen Informationen in eine graphische, für die menschliche Wahrnehmung geeignetere Darstellung. **Visualisierung i.w.S.** ist die Erhöhung des Grades der Visualisierung.

- Zu den vier **Eigenschaftsdimensionen** visueller Darstellungen zählen die Formdimension, Farbdimension, Bewegungsdimension und „gestalterische Bindung". Diese Dimensionen bedingen sich nicht gegenseitig und können frei miteinander kombiniert werden.

- Der **Visualisierungsgrad** mißt die Ausprägung visueller Merkmale in einer visuellen Darstellung.

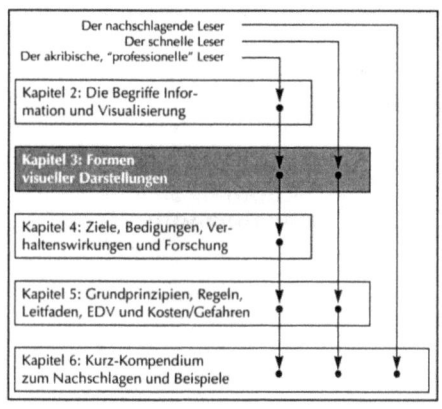

Kapitel 3:
Formen visueller Informationsdarstellungen

3.1 Überblick

In diesem Kapitel wird die Systematisierung bildlicher Darstellungsformen nicht anhand der Eigenschaften, sondern anhand der existierenden Formen vorgenommen.

Zur Beschreibung sollen die bisher in der Literatur genannten Darstellungsformen zunächst klassifiziert werden. Hierzu kann auf die obigen vier Grundeigenschaften als Klassifizierungskriterien zurückgegriffen werden. Dabei wird sinnvollerweise das Kriterium zuerst herangezogen, das die geringste Zahl von Ausprägungen aufweist: So wird zunächst zwischen starren und bewegten Bildern unterschieden. Die entstehenden Gruppen werden nach ihrer Bindung (Form-, Vektor-, Pixelbindung) und schließlich nach der Zahl der Formdimensionen (1D, 2D, 2½D, pseudo-3D, 3D) weiter aufgegliedert. Farbe erscheint als Kriterium ungeeignet, da jede visuelle Darstellung farblich frei gestaltet werden kann und somit über dieses Kriterium keine sinnvolle Differenzierung möglich ist.

Die Beschreibungen im folgenden Kapitel folgen diesem Klassifizierungsschema (Abb. 11). Dabei handelt es sich zunächst noch um eine reine Beschreibung der Darstellungsformen, in Kapitel 5.2 werden diesen dann in einer Tabelle ihre typischen Einsatzgebiete gegenübergestellt.

Die Ausführungen werden um Erläuterungen zu komplexen Bildkonzepten (Multimedia und Virtuelle Realität) und einige Anmerkungen zur Prozeßvisualisierung ergänzt. Letztere sind eine Kombination aus den vorhergehenden Darstellungsformen und kann somit auch zu den komplexen Konzepten gezählt werden.

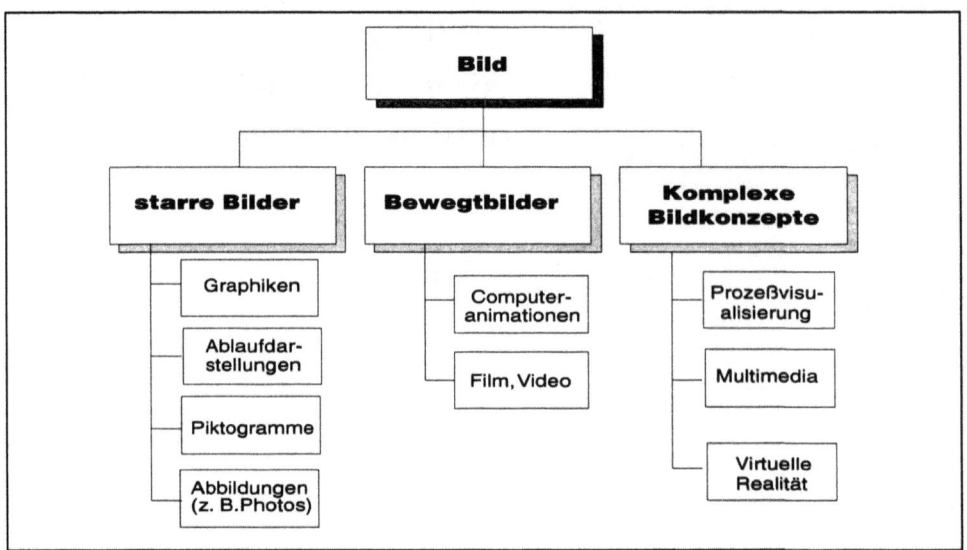
Abb. 11: Klassifizierung bildlicher Darstellungsformen

3.2 Visuelle Darstellungsformen

3.2.1 Starre Bilder

3.2.1.1 Graphiken

Graphiken sind die wohl populärsten bildlichen Darstellungen im Management. Sie verwenden standardisierte Formen aus Linien, Punkten, Koordinatensystemen, Zahlen, Wörtern und Farben und sind somit der Gruppe der formgebundenen Darstellungen zuzuordnen. Abb. 12 gibt - in Anlehnung an die Literatur - einen Überblick über die verschiedenen Formen von Graphiken (Tufte 1983, Maurer/ Carlson 1992, S. 24f., Lohse/Rueter/Biolsi/Walker 1992, Willim 1989, Chernoff 1978, S. 6, Fienberg 1977, Schmid 1954). Wertedarstellungen vergleichen Zahlenwerte, die i.d.R. maximal drei Dimensionen im statistischen Sinn repräsentieren (die Dimensionalität statistischer Daten wird im Zusammenhang mit den Wertedarstellungen erläutert). Für statistische, multidimensionale Daten sind spezielle Darstellungen entwickelt worden. Strukturdarstellungen dienen der Visualisierung von Objektbeziehungen. Im folgenden werden diese Grundtypen von Graphiken beschrieben.

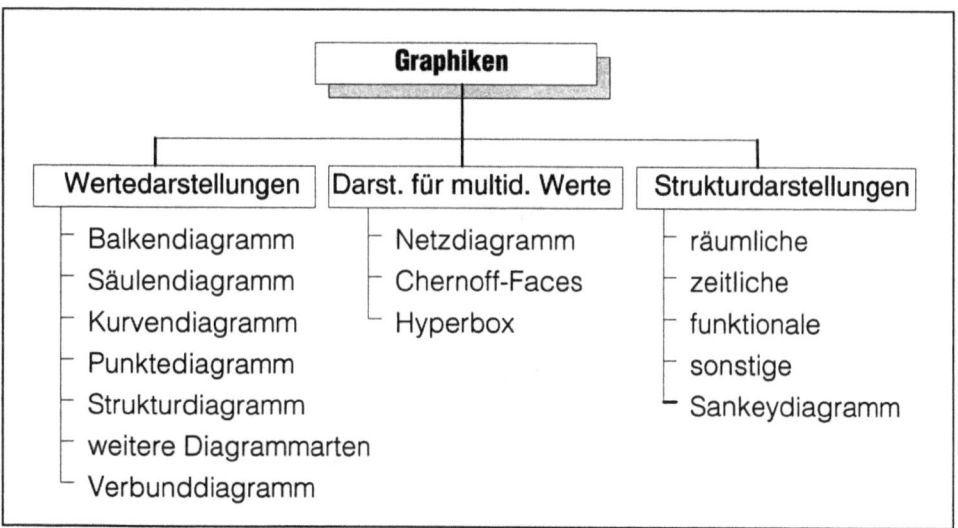

Abb. 12: Arten von Graphiken

3.2.1.1.1 Wertedarstellungen

Ziel von Wertedarstellungen, die vielfach auch als Wirtschaftsgraphiken (Business-Graphics, -Graphiken) bezeichnet werden, ist es, Zahlenwerte und deren Beziehungen untereinander darzustellen. Die vielen möglichen Formen von Wirtschaftsgraphiken lassen sich auf die Grundformen Balkendiagramm, Säulendiagramm, Kurvendiagramm, Punktediagramm und Strukturdiagramm zurückführen (Feeney 1991, S. 140). Kombinationen aus diesen Grundformen werden als Verbunddiagramme bezeichnet.

Balkendiagramm

In Balkendiagrammen werden die Zahlenwerte in horizontale Balken umgesetzt und können so direkt verglichen werden. Dabei können die Balken z.B. links- oder rechtsbündig angeordnet sein. Diese Darstellungsform ist insbesondere für Rangfolge-Vergleiche geeignet (Willim 1989, S. 59 ff.). So ist es ohne Schwierigkeiten möglich, die Werte in eine Reihenfolge zu bringen und zu Aussagen zu kommen wie: "Gemessen an der Umsatzstärke im Jahre 1990 liegt Produkt D vor C, dicht gefolgt von B, während A das umsatzschwächste Produkt ist", oder "im Betrachtungszeitraum von 1990-1993 haben alle Produkte einen starken Umsatzrückgang zu verzeichnen" oder "1991 ist die Rangfolge bzgl. des Umsatzes D, C, B, A" etc. (Abb. 13).

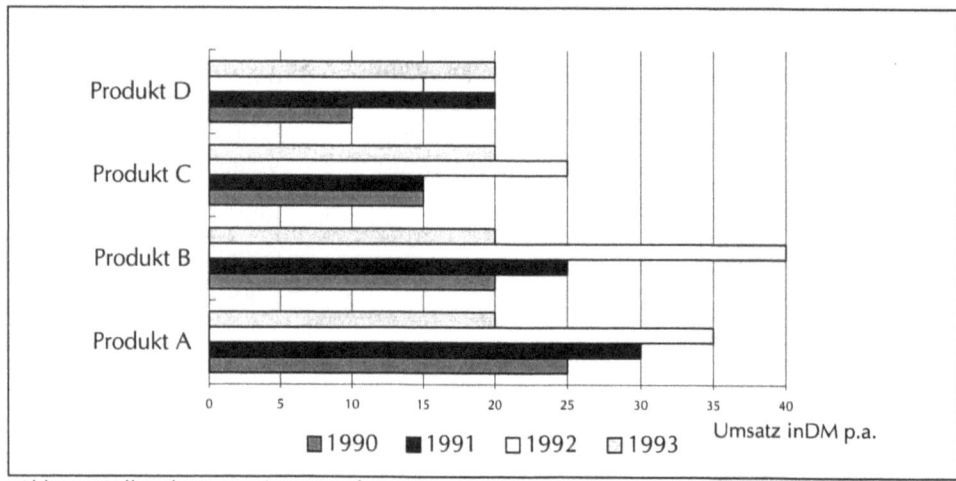

Abb. 13: Balkendiagramm (Umsätze für vier Produkte in den Jahren 1990 bis 1993)

Eine Sonderform des Balkendiagramms ist das *Ganttdiagramm*, das z.B. beim Projektmanagement im Rahmen der Zeitplanung Anwendung findet. Die Anfangs- bzw.

Endpunkte der Balken geben den geplanten Start- bzw. Endtermin der jeweiligen Aktivität an, deren Dauer durch die Länge des Balkens repräsentiert wird (Feeney 1991, S. 140).

Säulendiagramm

Säulendiagramme sind für zwei verschiedene Arten von Vergleichen zweckmäßig: Zeitreihen- und Häufigkeitsvergleiche. Bei Zeitreihen-Vergleichen wird aufgezeigt, wie sich dieselben Positionen über die Zeit verändern. Häufigkeitsverteilungen geben an, "wie oft ein Objekt (Häufigkeit) in einer Reihe aufeinander folgender Größenklassen (Verteilung) auftritt" (Zelasny 1986, S. 41, Willim 1989, S. 58 f.). Da es sich hierbei um ein statistisches Problem handelt, hat die Statistik mit dem *Histogramm* eine eigene Darstellungsform entwickelt. Es unterscheidet sich vom Säulendiagramm dadurch, daß keine Säulen, sondern nur Linien zur Darstellung der Häufigkeiten verwendet werden. Dies hat den Vorteil, daß der Betrachter nicht (unbewußt) die Flächen der Säulen als Repräsentation der Werte ansieht.

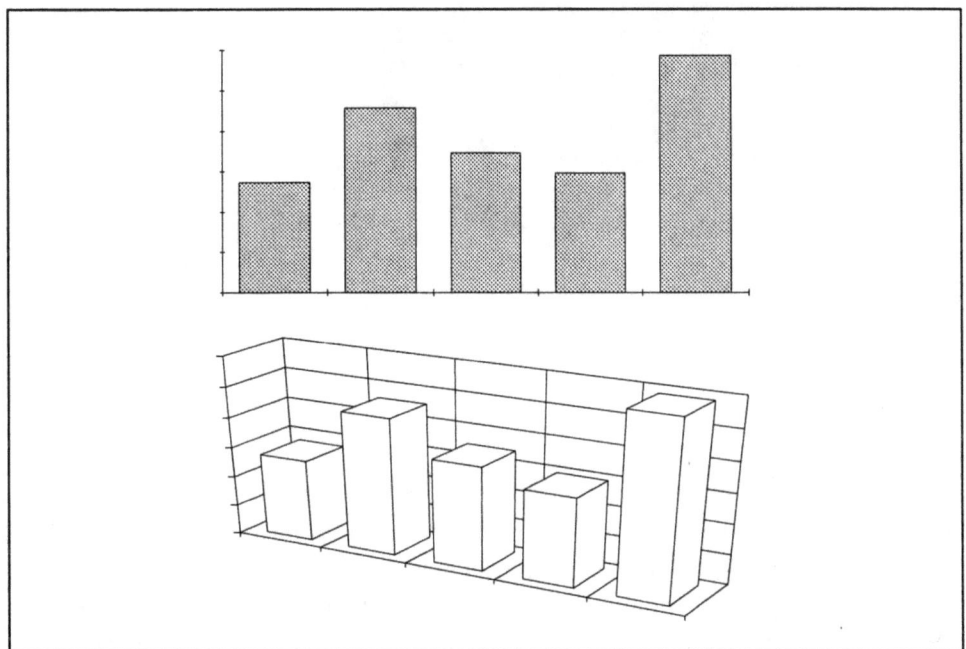

Abb. 14: Säulendiagramme 2D /2½D

Abb. 14 zeigt ein 2D- und ein 2½D-Säulendiagramm. Ein 2½D-Diagramm vermittelt lediglich einen Tiefeneindruck, ohne jedoch die zusätzliche Dimension für Werte zu nutzen. Eine pseudo-3D-Darstellung stellt dagegen die dritte Dimension dar, um sie für weitere Informationen, z.B. eine weitere Rubrik zu verwenden. Ein Beispiel aus der Medienforschung ist das folgende (pseudo-)3D-Säulendiagramm (Abb. 15). Es handelt sich hier um einen zweifachen Häufigkeitsvergleich. Zum einen werden die Häufigkeiten der Befragten (über die Dauer des Fernsehkonsums abgetragen) zwischen drei Altersklassen verglichen. So ist z.B. einfach zu erkennen, wie lange die meisten der untersuchten Personen zwischen 19 und 60 Jahren Fernsehen konsumieren (maximal 1h).

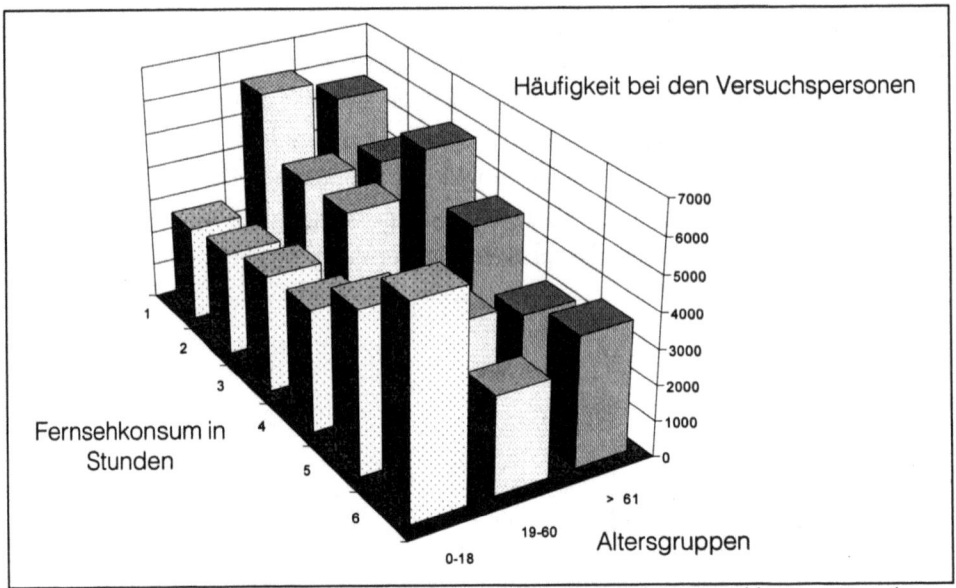

Abb. 15: Pseudo-3D-Säulendiagramm (aus Befragung über den täglichen Fernsehkonsum, Verteilung der Befragten nach Altersgruppen)

Kurvendiagramm

Die Einsatzgebiete des Kurvendiagramms sind vergleichbar mit denen des Säulendiagramms. Ein Kurvendiagramm ist dann vorzuziehen, wenn viele Werte dargestellt werden sollen. Im folgenden sind zwei Formen von Kurvendiagrammen, ein 2D-Kurvendiagramm (Abb. 16) und eine (pseudo-)3D-Oberfläche (Abb. 17), dargestellt. Das 2D-Diagramm zeigt hier die Entwicklung des Marktanteils eines Produktes über die letzten 20 Jahre (Zeitreihenvergleich).

Abb. 16: 2D-Kurvendiagramm

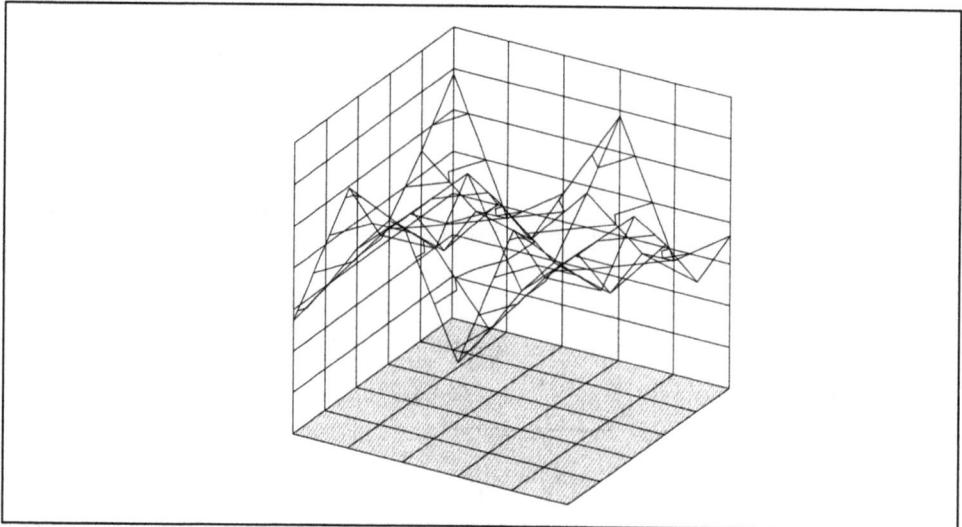
Abb. 17: (pseudo-)3D-Oberfläche

Zusätzlich zu den beiden dargestellten Diagrammen soll hier noch auf Raumlinien-Diagramme hingewiesen werden. Diese zeigen nur einen Ausschnitt (in Linienform) einer 3D-Oberfläche zeigen.

Punktediagramm

Diese Wertedarstellung ist sinnvoll bei Korrelationsvergleichen und zur Clusterbildung anwendbar. Abb. 18 stellt das Ergebnis einer Korrelationsanalyse zweier Variablen, z.B. des Verkaufspreises in Abhängigkeit von den Werbeausgaben, graphisch dar. Die Regressionsgerade ist das Resultat dieser einfachen Korrelationsanalyse und dient zur Vorhersage des erzielbaren Verkaufspreises bei den geplanten Werbeausgaben. Mit Einfügen der Regressionsgeraden wird aus dem Punktediagramm ein Verbunddiagramm.

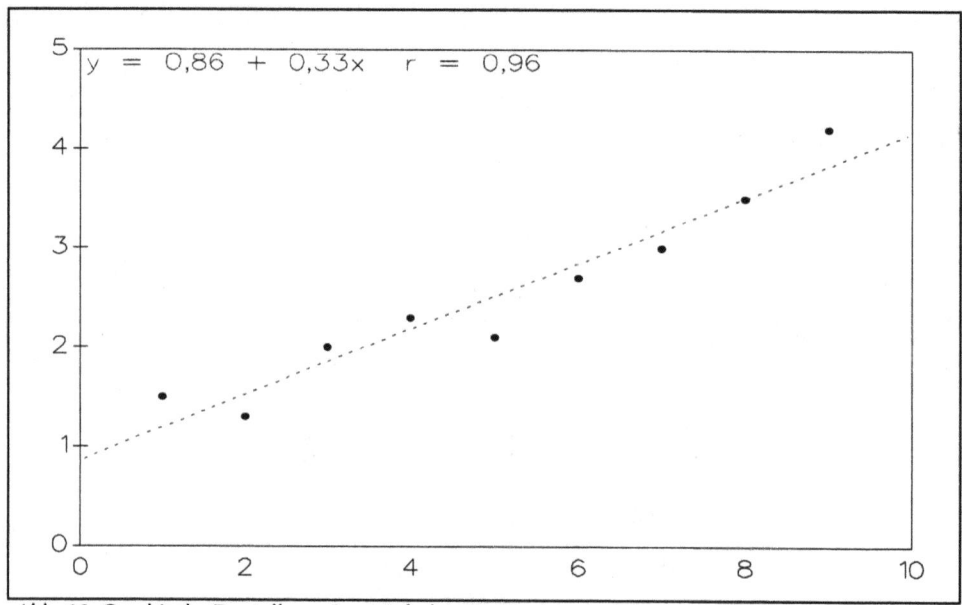

Abb. 18: Graphische Darstellung einer einfachen Regressionsanalyse

Dreidimensionale Punktediagramme können z.B. die Image-Position einer Marke visualisieren. Die drei (fiktiven) Dimensionen Prestige, Ökonomie und Fahrspaß spannen einen Imageraum auf, in dem sich eine Automarke abbilden läßt (Abb. 19).

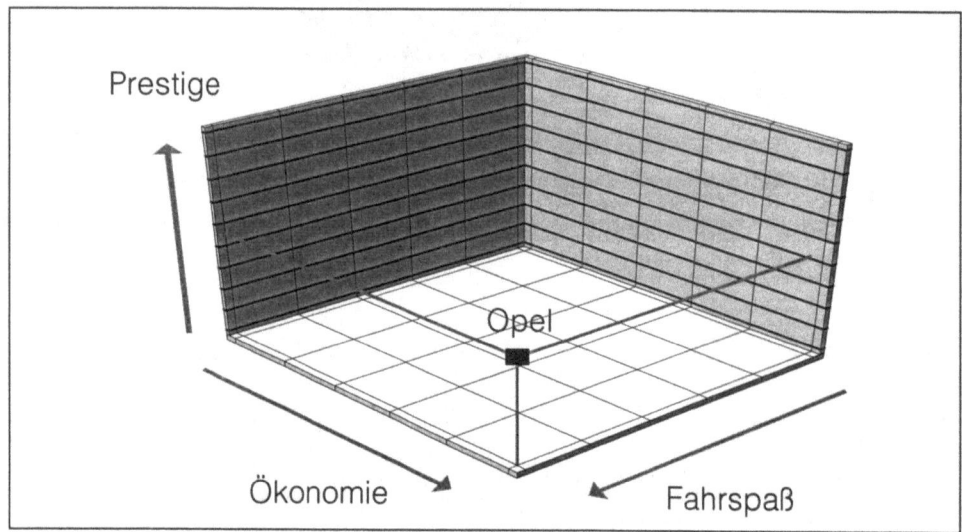

Abb. 19: Fiktives Positionierungsmodell

Sind die Achsen nicht orthogonal abgebildet und existieren mehrere Dimensionen, so können multidimensionale Daten in 2D-Darstellung abgebildet werden, wie z.B. bei einer Faktorenanalyse oder einer Multidimensionalen Skalierung (Abb. 20).

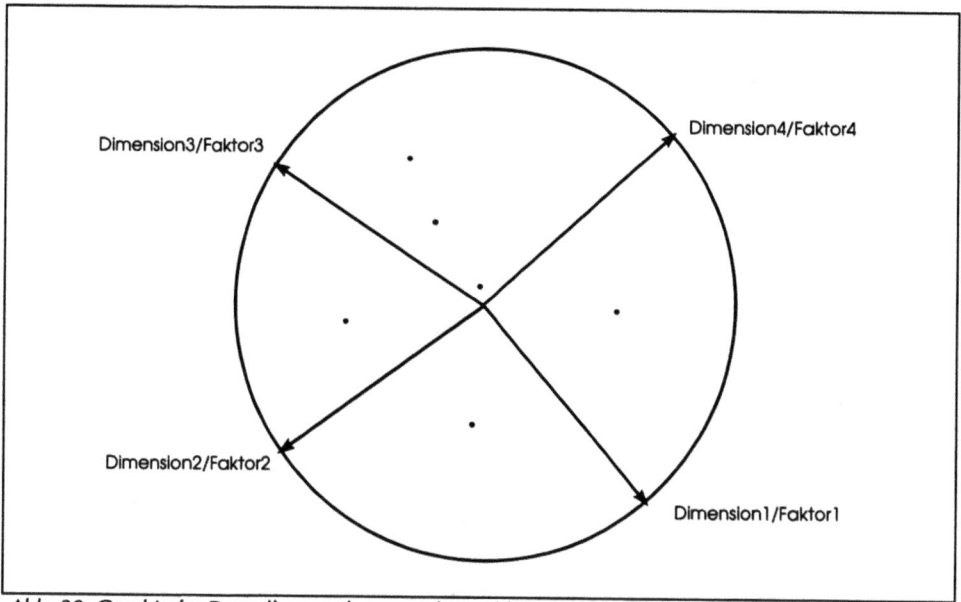

Abb. 20: *Graphische Darstellung mehrerer nicht unabhängiger Dimensionen*

Strukturdiagramm

Mit einem Strukturdiagramm wird die Zusammensetzung eines Gesamtwertes verdeutlicht. Hierbei werden die einzelnen Werte durch Teilflächen eines geometrischen Körpers repräsentiert. Ein Strukturdiagramm ist dann zweckmäßig, wenn "Teile eines Ganzen" dargestellt werden sollen (Zelasny 1986, S. 30). Diese Art des Vergleichs wird auch als Strukturvergleich bezeichnet. Das bekannteste Strukturdiagramm ist das Kreisdiagramm, wobei der Kreis die Gesamtheit der Werte repräsentiert, während die Fläche der Kreissegmente den Anteil der einzelnen Werte am Gesamtwert darstellt.

In den beiden folgenden Diagrammen wird die geographische Absatzstruktur eines Produktes veranschaulicht. Die einzelnen Kreissegmente stellen den Anteil des jeweiligen Bundeslandes an der gesamten Absatzmenge dar. Abb. 21 zeigt ein zweidimensionales Kreisdiagramm, in Abb. 22 ist derselbe Sachverhalt als 2½D-Kreisdiagramm (Kuchendiagramm) dargestellt.

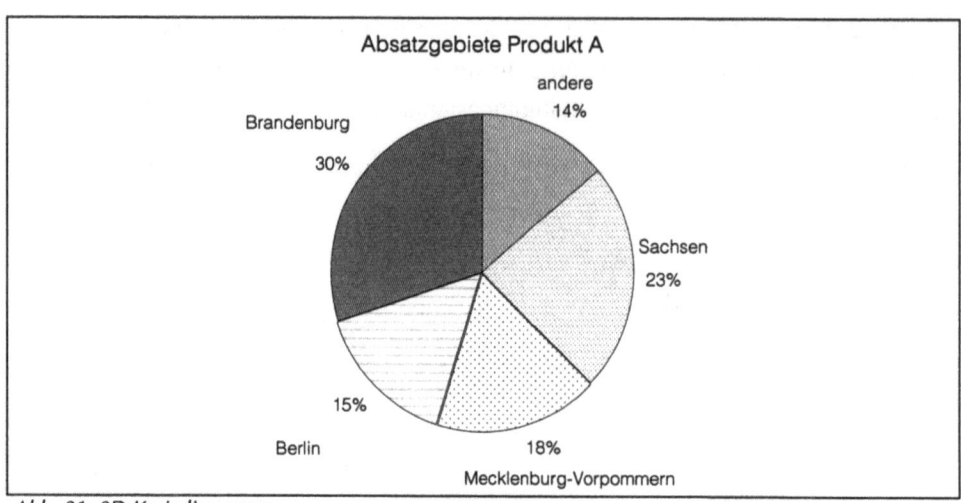
Abb. 21: 2D-Kreisdiagramm

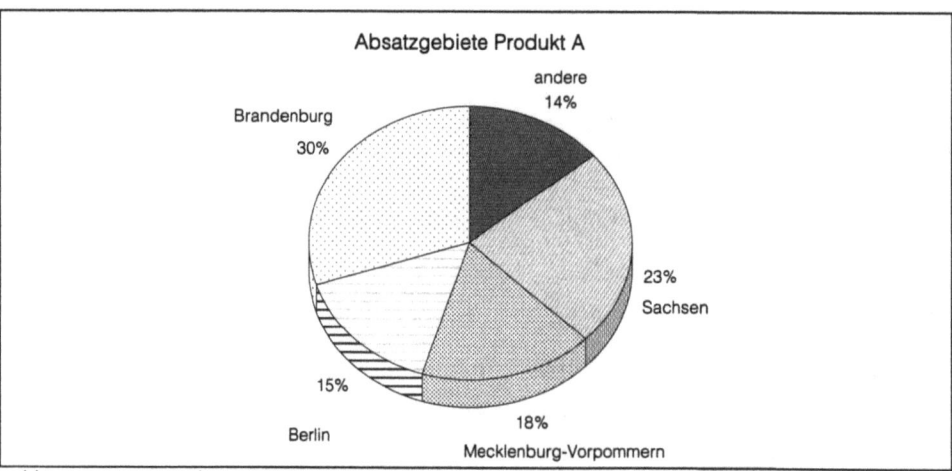
Abb. 22: 2½D-Kreisdiagramm

Nicht nur Stukturdiagramme, sondern auch die übrigen, bislang erläuterten Wertedarstellungen können wahlweise in 2D oder 2½D ausgeführt werden. Ob eine 2D- oder eine 2½D-Darstellung zweckmäßiger ist, hängt vom konkreten Anwendungsfall ab. Grundsätzlich sollten 2½D-Wertedarstellungen jedoch nur dann gewählt werden, wenn zusätzliche Informationen durch die dritte Dimension transportiert werden (dann ist aber auch schon zu fragen, ob eine pseudo-3D-Darstellung sinnvoller ist). Denn mit herkömmlichen Ausgabegeräten wird der Eindruck der Dreidimensionalität nur durch eine perspektivische Verzerrung des zweidimensionalen Bildes erreicht. Dies führt dazu, daß der Betrachter die eigentliche Größe des Wertes schlechter einschätzen kann. Demnach ist in dem konkreten Beispiel der Absatzstruktur des Produktes die 2D-Darstellung vorzuziehen, da die 2½D-Darstellung keine weiteren Informationen liefert. Zusätzlich kann die Größe des Kreises bzw. Kuchens zur Darstellung der absoluten Menge (hier Gesamtumsatz) verwendet werden.

Weitere Diagramme

Ratings sind ein Instrument der Datenerhebung, das in der Marktforschung zur Befragung von Testpersonen herangezogen wird. Die Versuchspersonen beurteilen hierbei Aussagen anhand von *Rating-Skalen*. Eine visualisierte Rating-Skala ist in Abb. 23 dargestellt: Hier wird die statistische Dimension "Zuverlässigkeit eines Autos" bzgl. des Untersuchungsobjektes "Marke XY" abgefragt. Die Auskunftsperson hat vorgegebene Reaktionsmöglichkeiten - in diesem Fall fünf - zur Auswahl. Die Versuchsperson trägt die empfundene Ausprägung des Merkmales direkt in die graphische Darstellung ein.

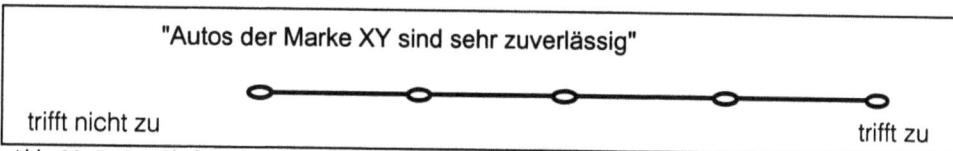

Abb. 23: Rating-Skala

In *Profildarstellungen* sind mehrere Achsen horizontal und parallel angeordnet, auf denen Zahlenwerte abgetragen werden können. Diese Werte werden über die Achsen hinweg verbunden, so daß sich charakteristische Profile ergeben. Als Beispiel ist hier das Ergebnis einer Untersuchung angeführt, in der farbige PCs mit herkömmlichen grauen Computern verglichen werden (Abb. 24).

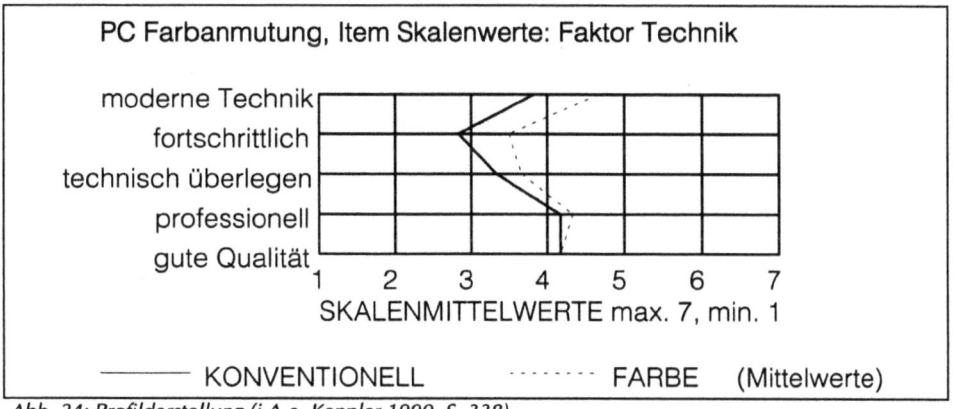

Abb. 24: Profildarstellung (i.A.a. Keppler 1990, S. 338)

Symplex-Graphiken enthalten im Gegensatz zu anderen Wertedarstellungen auf beiden Achsen inhaltliche Informationen. In herkömmlichen Wertedarstellungen transportiert eine Achse meist nur "formale" Informationen, wie z.B. eine Differenzierung von verschiedenen Objekten (Produkt A, B usw.). Symplex-Graphiken vermitteln solche Informationen durch entsprechende Farben oder Beschriftungen (Müller-Merbach 1991a, S. 24). Unten ist eine solche Symplex-Graphik abgebildet, bei der für sechs Produkte (A-F) der Umsatz des letzten Jahres dem Durchschnittsumsatz vergangener Jahre gegenübergestellt wird (Abb. 25).

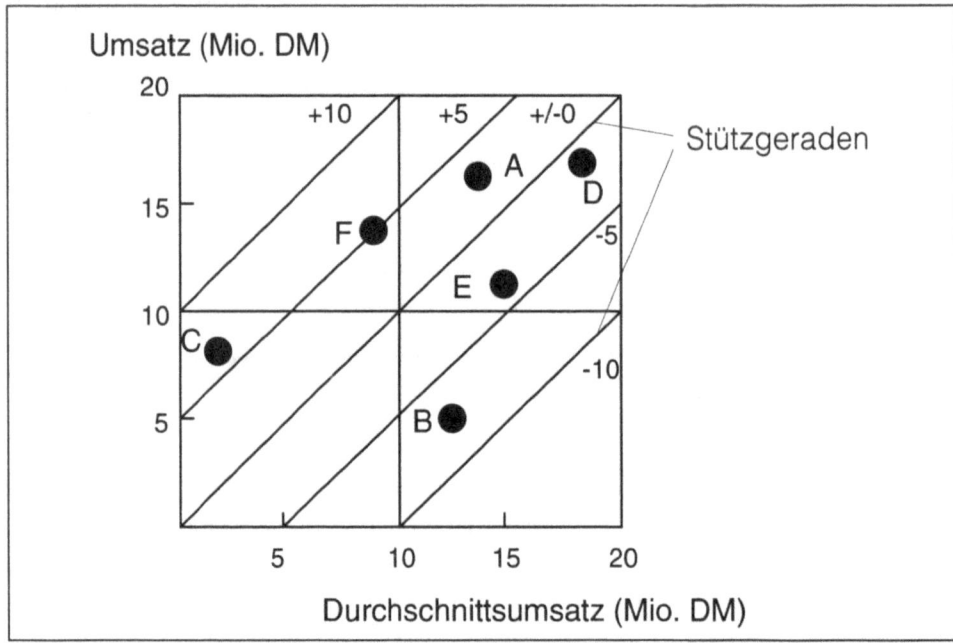

Abb. 25: Umsatzentwicklung von sechs Produkten (Müller-Merbach 1991a, S. 29)

Durch die Stützgeraden wird deutlich, welche Produkte z.B. Umsatzeinbußen oder -gewinne aufwiesen (Müller-Merbach 1991a, S. 29). So ist der Umsatz des Produktes C im Vergleich zu seinem Durchschnittsumsatz der Vorjahre um ca. 6 bis 7 % gestiegen.

Beispielhaft für weitere neuere Diagrammarten, die insbesondere für technische Problemstellungen entwickelt wurden, sollen hier "Gray Scale Charts" und "Iconographic techniques" erwähnt werden. In Gray Scale Charts werden die Informationen mit Hilfe von Rechtecken dargestellt, die in verschiedenen Grautönen oder Farben ausgefüllt sind. Gray Scale Charts können als von oben betrachtete, dreidimensionale Säulendiagramme verstanden werden. Die verschiedenen Graustufen repräsentieren dabei die Höhe der Säulen. Das nachfolgende Beispiel zeigt die Umsatzleistung von vier Vertriebsmitarbeitern in dem Zeitraum von 1988-1993 (Abb. 26). Je tiefer der Grauton in einem Rechteck ist, desto höher ist der Umsatz des jeweiligen Mitarbeiters. Gray Scale Charts scheinen besonders für große Datenmengen und eine große Ausprägungszahl (Graustufen) geeignet. Allerdings stellten Versuchspersonen eine größere Anstrengung beim Lesen von solchen Charts fest, was jedoch u.U. auf die ungewohnte Darstellungsform zurückzuführen ist (Feeney 1991, S. 140 ff.).

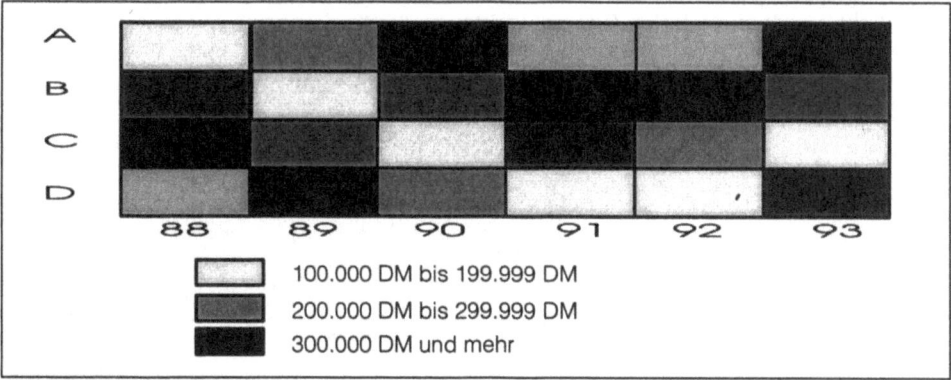

Abb. 26: Gray Scale Chart (Umsatz von Vertriebsmitarbeitern A bis D in den Jahren 1988-1993)

"Iconographic techniques" sind eine weitere neuere Darstellungsform, bei der bestimmte "icons" die Daten repräsentieren. Im dargestellten "V" Icon (Abb. 27) werden die Daten durch Merkmale, wie dem Winkel zwischen beiden Linien, deren Länge usw. beschrieben (Smith/Scarff 1992, S. 106 f.). Auch Pictogramme (s.u.) werden häufig als "icons" bezeichnet. Allerdings werden unter Pictogrammen symbolische Bildzeichen verstanden, während die "Iconographic techniques" keine Sinnbilder benutzen, sondern einfache geometrische Formen.

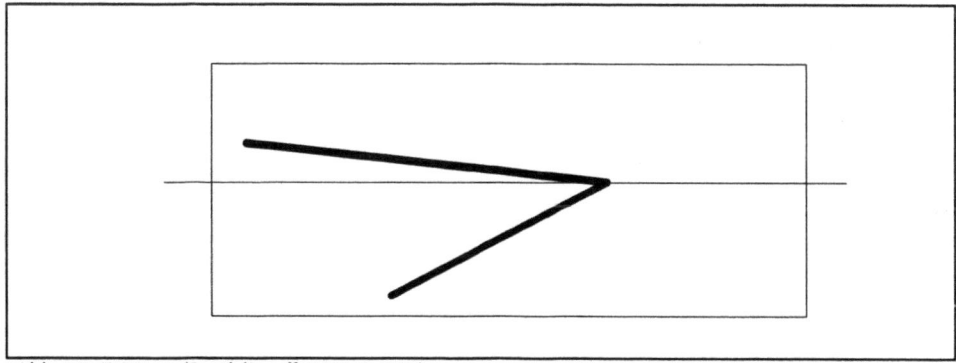

Abb. 27: "V" icon (Smith/Scarff 1992, S. 107)

Verbunddiagramme

Alle zuvor dargestellten Grundtypen können miteinander verknüpft werden. In der folgenden Abbildung (Abb. 28) ist eine Kombination aus Säulen- und Kurvendiagramm dargestellt. Ein wichtiges Verbunddiagramm ist das Flächendiagramm, das eine Kombination aus Strukturdiagramm und Balken-, Säulen- oder Kurvendiagramm ist. Hierbei werden die Gesamtwerte in ihre einzelnen Komponenten zerlegt. Abb. 29 zeigt ein solches Flächendiagramm, das nicht nur die Rangfolge der Vertriebskosten verdeutlicht, sondern auch die Zusammensetzung der Kosten zeigt.

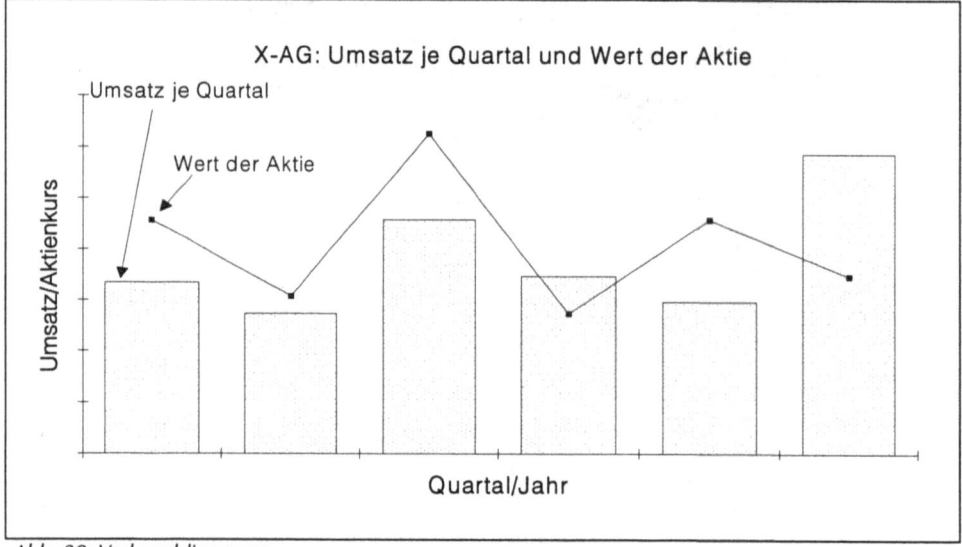

Abb. 28: Verbunddiagramm

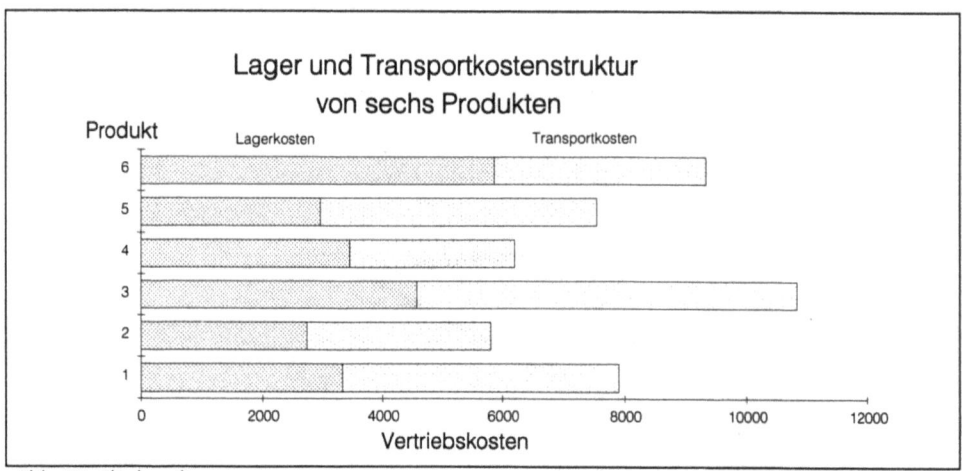

Abb. 29: Flächendiagramm

Das wohl bekannteste Beispiel für Verbunddiagramme im Marketing sind Portfolio-Darstellungen. Diese Verbunddiagramme dienen der Visualisierung der strategischen Position der Produkte bzw. Produktlinien eines Unternehmens und als Hilfsmittel zur Strategiebestimmung. Die Produkte oder Produktlinien, die in diesem Kontext als strategische Geschäftseinheiten bezeichnet werden, sind durch Kreise dargestellt, deren Flächen das Marktvolumen der Geschäftseinheit widerspiegeln (Abb. 30).

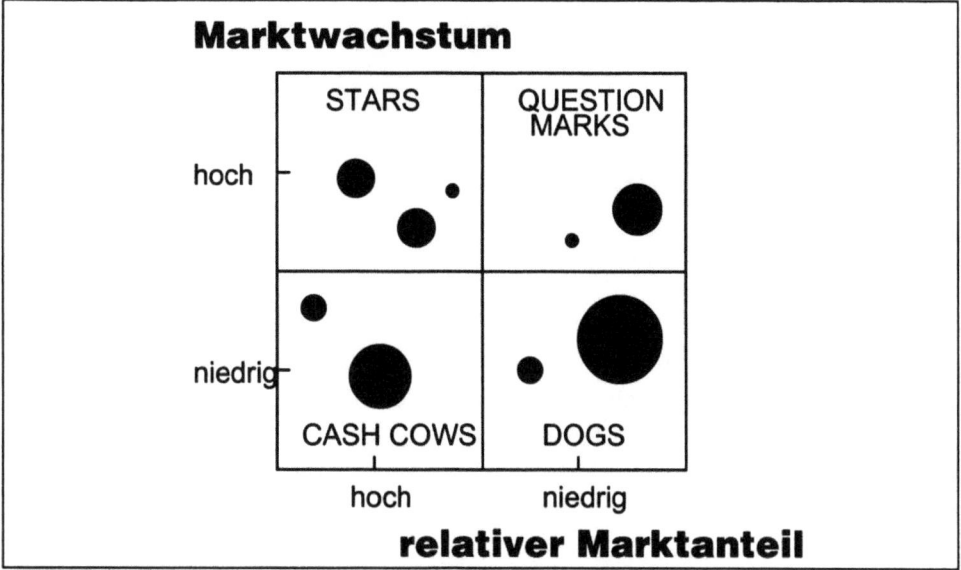

Abb. 30: Portfolio mit Marktwachstum und relativem Marktanteil

Bildstatistiken

Bildstatistiken sind eine Verbindung von Balkendiagrammen und Pictogrammen und damit ein Sonderfall der formgebundenen Darstellungen. Um statistische Wertedarstellungen für jeden, d.h. auch für wissenschaftlich nicht Vorgebildete, verständlich zu machen (Popularisierung), wurden Ende der zwanziger Jahre sogenannte Bildstatistiken eingeführt (Neurath 1933). Dabei werden die abstrakten Balken einer Wertedarstellung durch Pictogrammreihen ersetzt. Die Pictogramme repräsentieren dabei den Inhalt der Wertedarstellung. So werden z.B. in einem Balkendiagramm über die Anzahl von Arbeiterinnen und Arbeitern in einzelnen Jahren die Balken durch weibliche und männliche Figuren ersetzt. Die Anzahl der Pictogramme repräsentiert die Relationen zwischen den dargestellten Werten. Ein Beispiel zeigt Abb. 31.

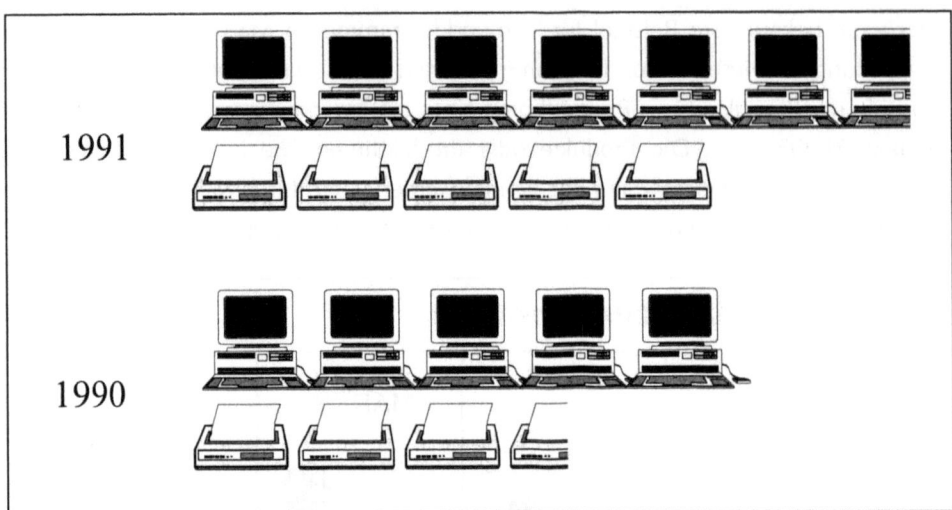
Abb. 31: Bildstatistik (Entwicklung von Verkäufen von Druckern und Computern)

Die Darstellung von Werten durch Bildstatistiken wird nach ihrem Entwicklungsort als "Wiener Methode" bezeichnet. Als Abwandlungen werden auch Bildstatistiken eingesetzt, in denen lediglich ein Pictogramm den Wert durch seine Größe repräsentiert (vgl. Müller 1991, Schön 1969, S. 300): Abb. 32.

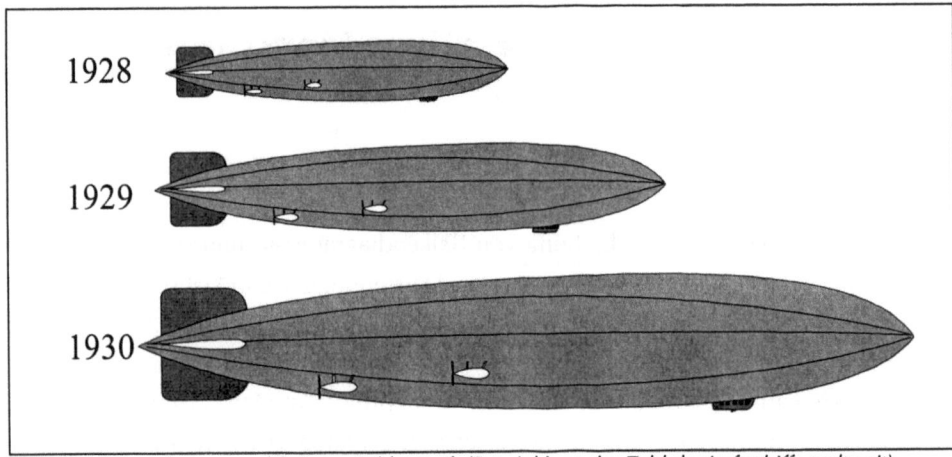
Abb. 32: Beispiel einer modifizierten Bildstatistik (Entwicklung der Zahl der Luftschiffe weltweit)

3.2.1.1.2 Darstellungen für multidimensionale Werte

Ein besonderes Problem ist die visuelle Präsentation von multidimensionalen Daten. Die meisten Darstellungsformen nutzen je eine räumliche Dimension, um eine (statistische) Dimension der Daten graphisch darzustellen. Somit sind diese Darstellungsformen nicht in der Lage, mehr als drei Dimensionen zu veranschaulichen. Also müssen graphische Darstellungen für multidimensionale Problemstellungen n-dimensionale Daten auf zwei oder drei räumliche Dimensionen abbilden, damit sie für den Menschen visuell erfaßbar sind (Alpern/Carter 1991, S. 133).

Netzdiagramme

In Netzdiagrammen sind mindestens drei Achsen sternförmig angeordnet. Auf jeder Achse kann eine andere Dimension abgetragen werden. Zumeist werden die Werte für ein bestimmtes Objekt über die verschiedenen Achsen hinweg verbunden, so daß sich ein charakteristisches Profil ergibt (Abb. 33).

Netzdiagramme eignen sich insbesondere zum Vergleich mehrerer Objekte bzgl. vieler Merkmale. Damit haben Netzdiagramme einen ähnlichen Anwendungsbereich wie Profildarstellungen. Allerdings sind Profildarstellungen bei vielen Werten den Netzdiagrammen vorzuziehen, da letztere bei einer großen Anzahl von Werten unübersichtlich werden. Netzdiagramme und Profildarstellungen sind sowohl zur Darstellung von Items einer Dimension als auch zur Visualisierung multidimensionaler Informationen zweckmäßig.

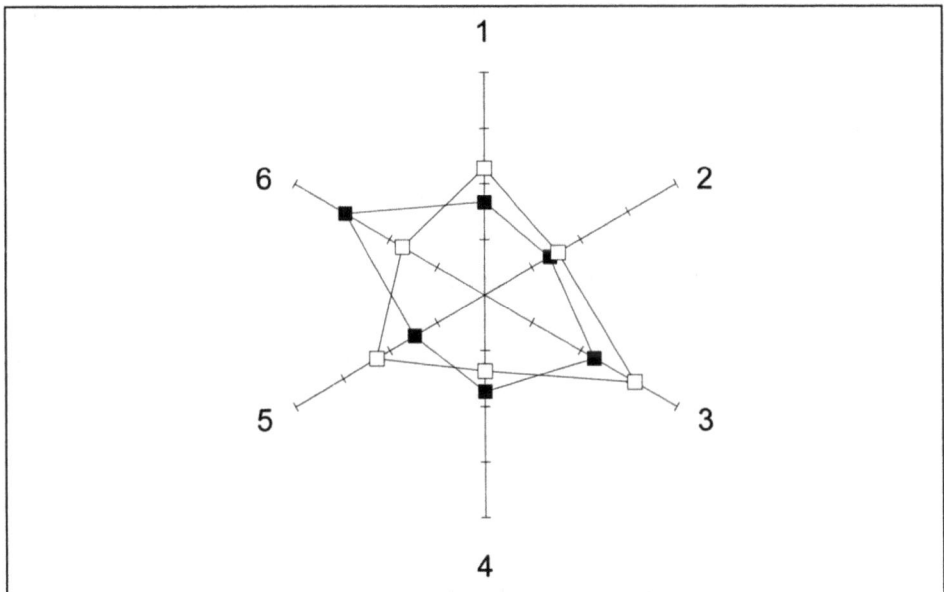

Abb. 33: Netzdiagramm (6 Dimensionen, schwarzer/weißer Kasten je ein Objekt)

Chernoff Faces

Der Mensch lernt schon sehr früh, markante Elemente (realer) Gesichter exakt zu lesen und zu speichern, auch wenn nur geringe Unterschiede zu erkennen sind (Chernoff 1978, S. 1). Auch über einfache, mit wenigen Strichen gezeichnete Gesichter ist der Mensch in der Lage, eine große Menge von Informationen zu erfassen. Diese Fähigkeit kann benutzt werden, um komplexe, multidimensionale Informationen darzustellen (Chernoff 1978, S. 6 f.).

Abb. 34: Chernoff Face

Hierfür wurde das Computerprogramm "FACES" entwickelt, bei dem ausgewählte Merkmale eines "Strichgesichtes", wie z.B. Mund, Augen oder Nase dargestellt werden. So können statistische Daten repräsentiert werden: Z.B. können die Länge der Nase oder die Größe der Augen jeweils eine Variable repräsentieren (Abb. 34). Allerdings ist etwas Training erforderlich, um die Darstellung interpretieren zu können (Wang/Lake 1978, S.32f.).

Diese Art der Darstellung wurde insbesondere in den siebziger Jahren intensiv diskutiert. Weitere Darstellungsformen, mit denen sich die wissenschaftliche Diskussion in dieser Zeit befaßt hat, sind "Andrew's sine curves", "metroglyphs" und "Fourier representations" (u.a. Bruckner 1978, Wang/Lake 1978, Chernoff 1978, Mezzich/Worthington 1978, Jacob 1978, S. 143 ff., Huff/Black 1978, Tufte 1983, S.97). Die Verwendung realistischer Gesichtsbilder läßt einer Erweiterung des Informationsgehaltes zu (Flury/Riedwyl 1981). Eine auch für die Marktforschung interessante Anwendung beschreiben McDonald und Ayers (1978, S.188f.): Zunächst werden Daten mit Hilfe von Chernoff-Faces dargestellt und anschließend aufgrund ihrer optischen Ähnlichkeit zu Clustern zusammengefaßt. Dabei wurde bei Testpersonen eine große Konsistenz der Ergebnisse festgestellt, so daß mit dieser Technik zumindest ein erster Einblick in die Datenstruktur gewonnen werden kann. Die Idee der Chernoff-Faces wird in letzter Zeit in der EDV wieder aufgegriffen (z.B. Statistiksoftware „Statistica").

Hyperbox

Bei dieser Darstellungsform werden jeweils zwei Dimensionen mit Hilfe eines Parallelogramms abgebildet. Dabei werden die Werte durch die Seitenlängen und die Winkel des Parallelogramms dargestellt. Die einzelnen Parallelogramme werden "faces" genannt, deren Fläche, z.B. mittels Farbgebung, weitere Informationen beinhalten kann (Alpern/Carter 1991, S.135ff.). Die unten gezeigte Hyperbox (Abb. 35) besteht aus 10 Parallelogrammen. Sie umfaßt 20 Dimensionen und kann somit zur Darstellung multivariater (Markt-) Daten verwendet werden.

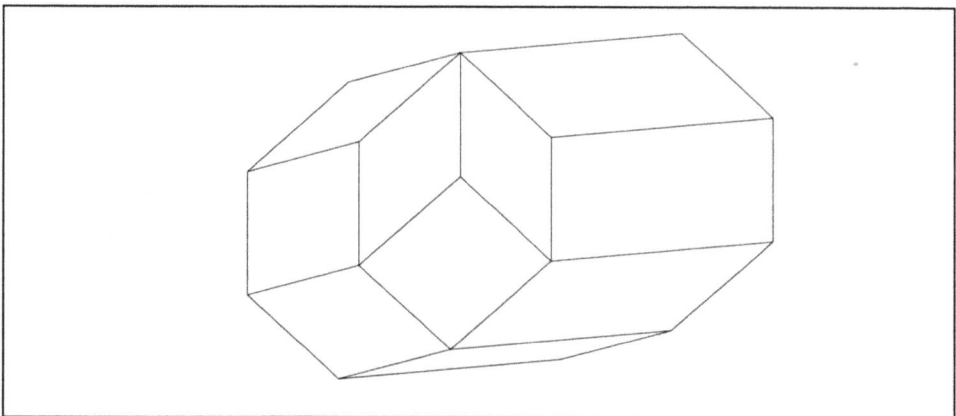

Abb. 35: Beispiel für eine Hyperbox

In den vergangenen Jahren sind weitere Darstellungsformen für multivariate Daten entwickelt worden. Sie werden jedoch so selten verwendet und besitzen ein so kleines Einsatzfeld, daß auf sie an dieser Stelle nur kurz hingewiesen werden soll: Hierarchical Graphing Methods (Mihalisin et al. 1991, S. 171 ff.), Pentagonal Dodecahedron (Tufte 1991, S. 15), Licht/Schatten-Effekte (Hanson/Heng 1991, S. 321 ff.), Color Icons (Levkovitz 1991, S. 165 f.).

3.2.1.1.3 Strukturdarstellungen

In den beiden vorherigen Abschnitten wurde die Visualisierung von Werten beschrieben. Im folgenden sollen Strukturdarstellungen vorgestellt werden. Ziel dieser ist es,

Beziehungen zwischen Objekten zu visualisieren. Räumliche oder topologische Strukturdarstellungen sind durch eine natürliche, zu beobachtende Beziehung zwischen den darzustellenden Objekten gekennzeichnet. Z.B. haben zwei Städte auf einer Landkarte eine definierte topologische Beziehung zueinander. Ein weiteres Beispiel für eine räumliche Strukturdarstellung ist ein Grundriß. Im Marketing findet insbesondere die kartographische Darstellung im Verbund mit gängigen Wertedarstellungen Anwendung. Auf eine eingehende Erläuterung soll hier jedoch verzichtet werden, da diese nochmals zusammen mit kartographischen EDV-Informationssystemen später behandelt werden. Hingegen ist z.B. für die Hierarchie der Mitarbeiter in einem Betrieb keine natürliche Abbildung zu finden. Denn hier handelt es sich um eine gedankliche, funktionale Beziehung. In dem unten abgebildeten Organigramm werden die hierarchischen Beziehungen von Mitarbeitern eines Unternehmens bildlich dargestellt (Abb. 36).

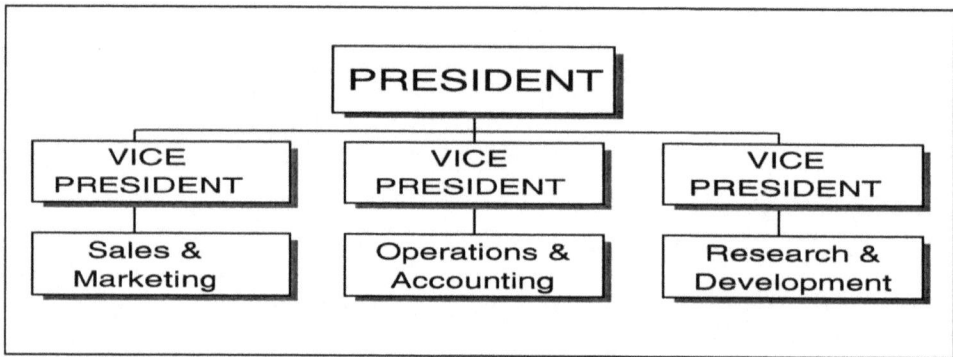

Abb. 36: Organigramm

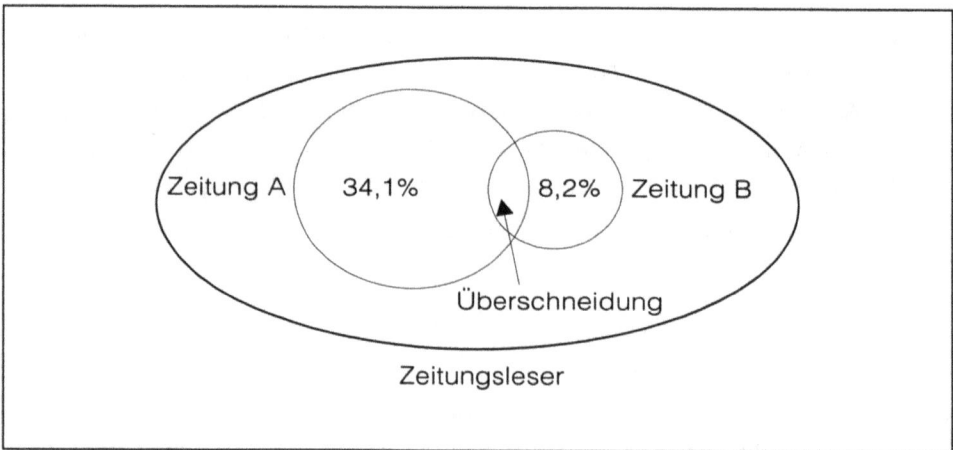

Abb. 37: Beispiel für ein Strukturdiagramm

Neben räumlichen und funktionalen Objektbeziehungen existieren noch weitere Objektstrukturen, wie z.B. die Zugehörigkeit zu bestimmten Mengen oder Gruppen. Die obige Abb. 37 zeigt als fiktives Beispiel die Struktur von Personen, die regelmäßig Tageszeitungen lesen. Ein kleiner Teil der untersuchten Personen liest sowohl Zeitung A als auch Zeitung B (= Schnittmenge = 2%). Brutto- und Nettoreichweite können sofort abgelesen werden.

Im Gegensatz zu räumlichen können funktionale und sonstige Objektbeziehungen nicht unmittelbar in visuelle Darstellungen umgesetzt werden. Solche Strukturen können aber mit Hilfe von Metaphern visualisiert werden. Metaphern veranschaulichen abstrakte Systeme durch analoge Abbildungen von bekannten Systemen. So werden in diesem Zusammenhang Metaphern mit bekannten topologischen Strukturen benutzt, um funktionale oder sonstige Beziehungen zu visualisieren. In Strukturdiagrammen, wie z.B. Organigrammen (vgl. oben Abb. 36), findet häufig die "Netzwerk-Metapher" Anwendung. Ein Beispiel sind Vertriebsnetzdarstellungen.

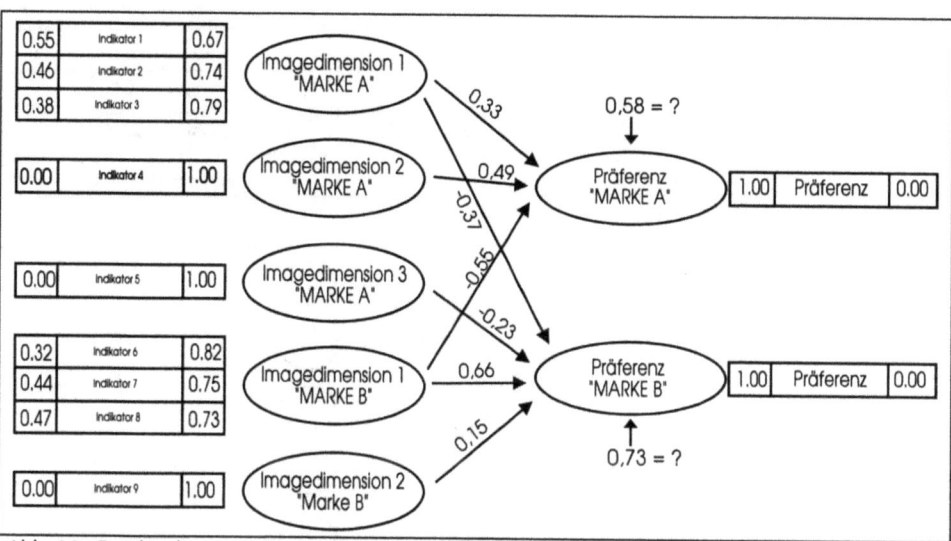

Abb. 38: Graphische Darstellung eines Kausalnetzmodells

Darstellungen, die Netzwerk-Metaphern verwenden, werden auch als Netzwerkdarstellungen bezeichnet. Netzwerkdarstellungen bestehen grundsätzlich aus Knoten und Verbindungen. Die zugehörigen Netzwerkdaten gehören inhaltlich entweder zu den Knoten oder zu den Verbindungen. An den Knoten orientierte Daten werden häufig durch Kreise oder Rechtecke verschiedener Größe dargestellt (Becker/Eick/ Miller/Wilks 1990, S. 93 f.). Ein Beispiel aus der Statistik sind graphische Darstellungen von Kausalnetzmodellen zur statistischen Kausalanalyse (Hildebrandt 1983, S. 271 ff., Jöreskog 1973, S. 213 ff u. 1983, S. 81 ff., Trommsdorff/Hildebrandt 1983, S. 139 ff.). Hierbei handelt es sich um eine funktionale Strukturdarstellung, die die interessierenden Objekte (z.B. verhaltenswissenschaftliche Konstrukte) in einen kausalen Zusammenhang stellen. In dem nachfolgenden Kausalnetzmodell (Abb. 38) geben die Zahlen an den Pfeilen den Einfluß zwischen theoretischen Konstrukten untereinander oder die Einflußstärke zwischen Operationalisierungen und den Konstrukten wieder. Die graphische Darstellung des "Kausalmodells" erleichtert die Arbeit der Analyse erheblich, aber erst die aktuelle Version des bekanntesten Statistikpaketes für die Kausalanalyse, LISREL, bietet die Möglichkeit, solche graphischen Kausalmodelle interaktiv zu erstellen.

Weitere Strukturdarstellungen, die zur Ideenfindungs- und Entscheidungsunterstützung eingesetzt werden, sind der "Morphologische Kasten" und der "Entscheidungsbaum".

Parameter	Ausprägungen				
A	A1	A2	A3	A4	
B	B1	B2	B3		
C			C3	C4	C5

Abb. 39: Morphologischer Kasten

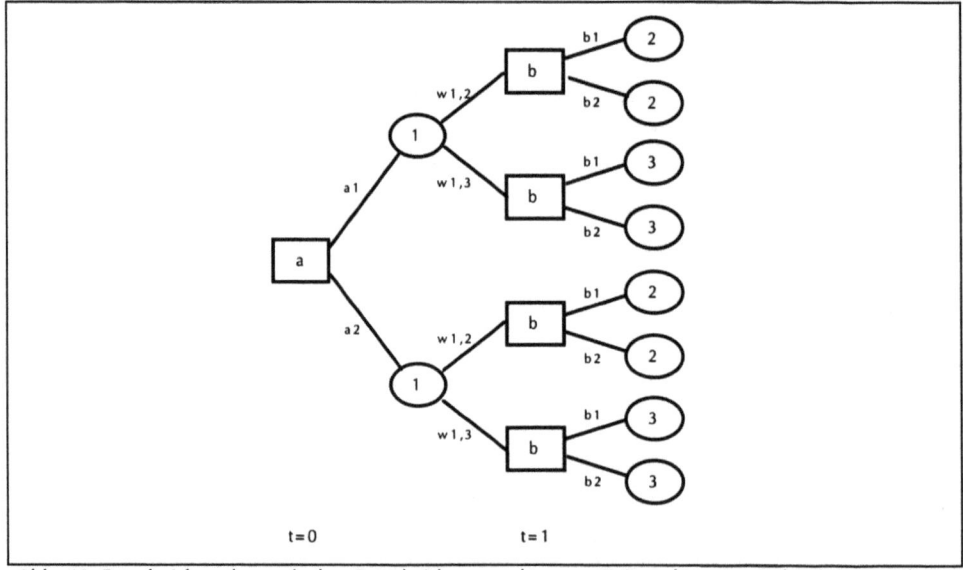

Abb. 40: Entscheidungsbaum (a, b = Entscheidungspunkte zum Zeitpunkt t, a1, a2, b1, b2 = mögliche Aktionen, 1, 2, 3 = denkbare Umweltzustände, w1,2; w1,3 = Übergangswahrscheinlichkeiten)

Das Sankey-Diagramm ist nicht eindeutig den Werte- bzw. Strukturdarstellungen zuzuordnen, da sowohl Beziehungen zwischen Objekten bzw. Werten als auch die Werte selbst veranschaulicht werden. Das nachfolgende Sankey-Diagramm zeigt den Warenfluß von zwei Produktionslagern zu einem Zentrallager. Dabei werden die Werte durch die jeweilige Strichstärke der Pfeile ausgedrückt. Zusätzlich verdeutlichen die Pfeile die Beziehungen zwischen den Lagern (Abb. 41).

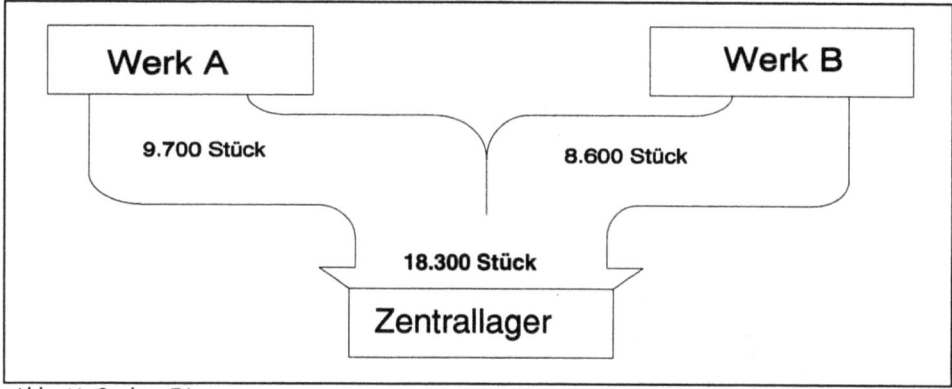

Abb. 41: Sankey-Diagramm

3.2.1.1.4 Starre Ablaufdarstellungen

Bislang wurden visuelle Darstellungen für Ergebnis- oder Bestandsgrößen besprochen. Ablaufdarstellungen hingegen benutzen starre (und bewegte) Bilder zur Visualisierung von Prozessen, der Prozeßvisualisierung. Hier soll nur eine Beschreibung der starren Darstellungsgrundformen erfolgen. Dies sind Multiples, bei denen geringfügig veränderte Bilder hintereinander geschaltet werden und Pictogramme, die eine Bewegung (Prozeß-Pictogramme) symbolisieren. Beide Darstellungen sind derart formalisiert, daß sie noch zu der Gruppe der formgebundenen Darstellungen zu zählen sind.

Multiples

Für Multiples werden "Momentaufnahmen" eines Vorgangs aneinandergereiht, so daß der Betrachter durch Vergleichen aufeinanderfolgender Bilder den Ablauf nachempfinden kann (Tufte 1991, S. 67). Solche Darstellungsformen sind z.B. in Bedienungsanleitungen zu finden. Eine besondere Form von Multiples sind die populären

Comics, die auf eine charakteristische Weise gezeichnet werden und meist in sogenannten Sprechblasen Text enthalten (Willim 1989, S. 315).

Abb. 42: Comic und Multiple

Prozeß-Pictogramme

Prozeß-Pictogramme sind starre Bildzeichen, die Abläufe repräsentieren. Das wichtigste Prozeß-Pictogramm ist der Pfeil. In Visualisierungen von Phasenschemata, bei denen auf die Netzwerk-Metapher zurückgegriffen wird, werden die einzelnen Prozeßphasen i.d.R. durch Kästen symbolisiert und der sukzessive Ablauf mit Pfeilen verdeutlicht. Des weiteren werden auch gleichförmige Bewegungen durch Prozeß-Pictogramme, wie Pfeile, beschrieben. So läßt sich in einem starren Bild z.B. die Drehung einer Welle durch einen runden Pfeil um die Welle visualisieren (Tufte 1991, S. 63). Diese Elemente werden auch mit bewegten Bildern in komplexen Systemen verbunden, wie später noch ausgeführt wird.

Eine Planungsmethode, die diese bildlichen Ablauf- und Netzwerkdarstellungen verwendet, ist die Netzplantechnik. Zur rechnergestützten Systemanalyse sind zahlreiche

Netzwerkdarstellungen entwickelt worden, die den Ablauf des Informations- und Materialflusses in Unternehmen graphisch darstellen. Exemplarisch sollen hier genannt werden: Die Analysemethode "Structured Analysis and Design (SADT)" verwendet z.B. "Aktigramme" und "Datagramme" (Suhr/Frank 1988, S. 4 ff u. 36 ff.), "Structured Systems Analysis (SSA)" greift u.a. auf Flußdiagramme (s.o. Sankey-Diagramm) zurück (Klotz 1988, S. 4 u. 53 ff.).

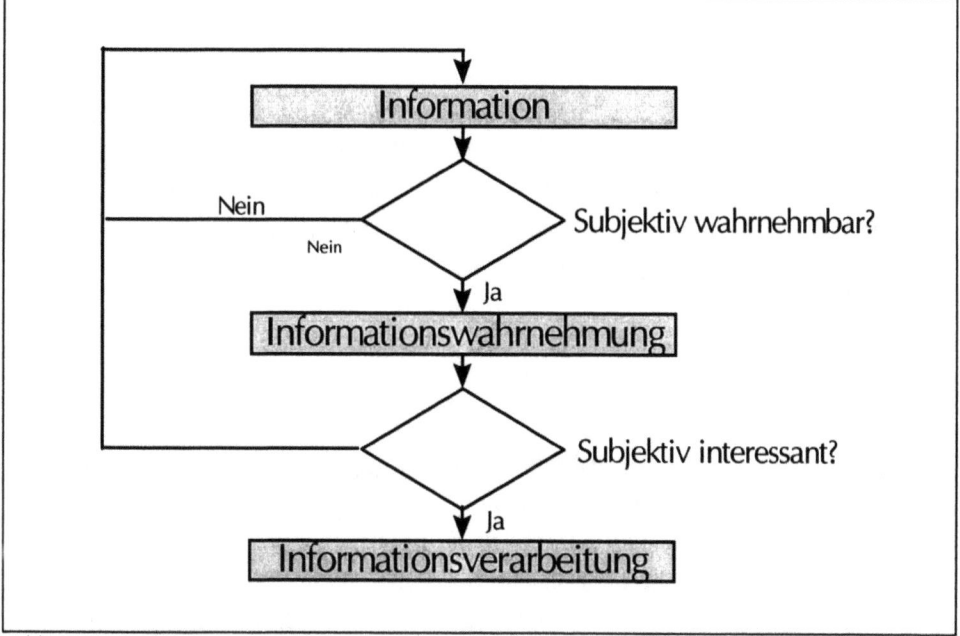

Abb. 43: ProzeßPictogramm

3.2.1.2 Pictogramme

Nach Werte- und Strukturdarstellungen, die eine Formbindung besitzen, wird mit Pictogrammen nun eine Gruppe starrer Darstellungen betrachtet, die nur eine Vektorbindung besitzen. Unter Pictogrammen werden einfache "symbolische Bildzeichen" verstanden. So handelt es sich z.B. bei einem Totenkopf zur Kennzeichnung toxischer Stoffe um ein Pictogramm. Sie repräsentieren mit einfachen graphischen Mitteln Objekte oder Abläufe (Staufer 1987, S. 5). Auch Symbole sind Zeichen für einen Sinnzusammenhang. Allerdings benutzen Pictogramme immer Bilder, während als Symbole z.B. auch Buchstaben verwendet werden. Der besondere Vorteil von Pictogrammen ist, daß sie unabhängig von Sprache und Wortschatz verstanden werden können (Maurer/ Carlson 1992, S. 26).

Abb. 44: Beispiele für Pictogramme

Eine wichtige Anwendung von Pictogrammen ist die Visualisierung von Metaphern (z.B. obige Bildstatistiken). Eine weitere Anwendung von Pictogrammen findet sich in der Darstellung von Gefühlen und Einstellungen. Hierbei werden Gesichtsausdrücke mit Hilfe von wenigen Strichen skizziert. Aus diesen Pictogrammen können dann Bilderskalen konstruiert werden (Weinberg 1986, S. 32 ff.).

3.2.1.3 Abbildungen

Abbildungen sind durch ein realistisches Aussehen gekennzeichnet. Dies wird insbesondere durch ihre Pixelbindung ermöglicht. Dabei ist es unerheblich, ob die dargestellten Objekte in der Realität tatsächlich zu beobachten sind. Somit werden hier sowohl Photos, als auch photorealistische Abbildungen und Hologramme, bei denen die Bildinhalte künstlich erzeugt werden, unter den Begriff Abbildungen gefaßt.

Photos

Die Photographie ist allgemeinhin bekannt und bedarf keiner besonderen Erläuterung. Photos sind Abbilder der realen Welt und benutzen hierzu deren Lichtreflektionen, die auch der Mensch optisch wahrnimmt. Der Unterschied zu anderen Formen der Abbildung ist neben dem Inhalt die Art der Erzeugung.

Photorealistische Abbildungen

Photorealistische Abbildungen besitzen ein der Realität etwa gleiches Abbild, werden jedoch künstlich erzeugt. Die Wege, solche Bilder herzustellen sind insb. Zeichnen, Malen, Photomontagen, computererzeugte Bilder. Unter Photomontagen werden Darstellungen verstanden, deren Basis Photos sind und die anschließend, z.B. mit

Hilfe des Computers manipuliert werden, so daß von der Realität abweichende photorealistische Abbildungen entstehen. Eine beliebte Anwendung sind Gesichterskalen und bildliche Skalen, Sammlungen von Photos mit Gesichtern, Landschaften, Lebenssituationen u.v.m., die zur Messung von Gefühlen und Einstellungen dienen (Weinberg 1986, S. 36 ff., ähnlich auch Schweiger 1985a und b und, zur Nutzung in Ratings, Ruge 1988a, b und c). Sie sind somit eine Weiterführung von Pictogrammen.

Abb. 45: Photo (links) versus photorealistische Abbildung (rechts) (Quelle: Internet, Foto war Grundlage für Werke von Andy Warhol)

Hologramme

Während Photos und photorealistische Bilder mit einer (pseudo)3D-, 2½D-Darstellung auf physischer 2D-Ebene arbeiten, verwenden Holographien eine dreidimensionale Speicherung und Wiedergabe von Bildern, die aus einzelnen farbigen Lichtstrahlen bestehen. Die von Gábor entwickelte Technik macht sich zunutze, daß beliebige Objekte, die mit Laserlicht beleuchtet werden, ein charakteristisches Wellenfeld aussenden. Bei Überlagerung dieses Wellenfeldes mit einer "kohärenten Vergleichswelle" ergibt sich ein räumliches Interferenzbild, dessen Informationen auf Photoplatten gespeichert werden können. Auch wird seit einigen Jahren an bewegten holographischen Filmen gearbeitet, deren Länge jedoch noch sehr begrenzt ist.

3.2.2 Bewegte Bilder

Bei bewegten Bildern wird die Zeit als weitere Dimension in die Darstellung einbezogen. Der Eindruck von bewegten Bildern wird aber auch hierbei mit Hilfe von starren Bildern erzeugt (Bormann/Bormann 1991, S.270). Bewegte Darstellungen sind nur schnelle Aneinanderreihungen von sich geringfügig ändernden, starren Bildern (Buja et.al. 1991, S.156). Von einer bestimmten Frequenz des Bildwechsels an (ca. 10 Bilder pro Sekunde), nimmt der Mensch nicht mehr die einzelnen starren Bilder sondern die bewegten Bilder wahr. Letztendlich werden bewegte Bilder immer durch eine schnelle Abfolge von starren Bildern erzeugt. Es existieren jedoch zwei grundsätzlich verschiedene Wege, die starren Bilder herzustellen.. Bei Animationen werden die starren Bilder einzeln angefertigt und weisen eine Vektorbindung auf, wohingegen bei Film und Video pixelgebundene, bewegte und i.d.R. reale Bilder aufgenommen werden.

3.2.2.1 Animationen

Bei Animationen handelt es sich um bewegte Bilder, die vektor- oder sogar formgebunden sind. Jedes starre Bild wird einzeln angefertigt und bearbeitet (Technik der Einzelbild-Schaltung). Erst durch die Darbietung der Bilder in schneller Abfolge entsteht der Eindruck der Bewegung. Unter "traditionellen Animationen" werden bewegte Bilder verstanden, die nicht computergestützt erzeugt wurden (Willim 1989, S. 316). Eine Unterscheidung innerhalb der Animationen erfolgt über die Anzahl der dargestellten Dimensionen (2D-/3D-Animationen). Darüber hinaus können bewegte Bilder mit sehr unterschiedlichem Aufwand erstellt werden. Hiernach können Dynamische Graphiken und Computerfilme unterschieden werden. Zum einen können einfache graphische Darstellungen auf dem Computerbildschirm bewegt werden, zum anderen ist die Erstellung realfilmähnlicher Bildsequenzen möglich, die fast so realistisch, wie herkömmliche Filme wirken. Zunächst werden einfache Formen von Animationen erläutert, die hier als dynamische Graphiken bezeichnet werden.

Dynamische Graphiken

Im Kapitel über starre Graphiken sind auch (pseudo-)dreidimensionale Wertedarstellungen beschrieben worden. Da diese Graphiken i.d.R. mit Computern erzeugt werden, wird dem Benutzer oft die Möglichkeit geboten, die Wertedarstellungen von verschiedenen, imaginären Standpunkten aus zu betrachten. Sie sind in diesem Sinne ein einfache Form von Multiplen. Dies kann z.B. in Form einer kontinuierlichen Rotation dieser dreidimensionalen Graphiken erfolgen (und ist zudem ein Beispiel für eine formgebundene Darstellung in einer Animation). Weiterhin ist denkbar, daß der Benutzer die Art und Weise der Bewegung über Eingabeinstrumente, wie z.B. der Eingabemaus, steuern kann. Abb. 46 zeigt verschiedene Ansichten bei der Drehung eines pseudo-3D-Säulendiagramms nach links um ca. 160°.

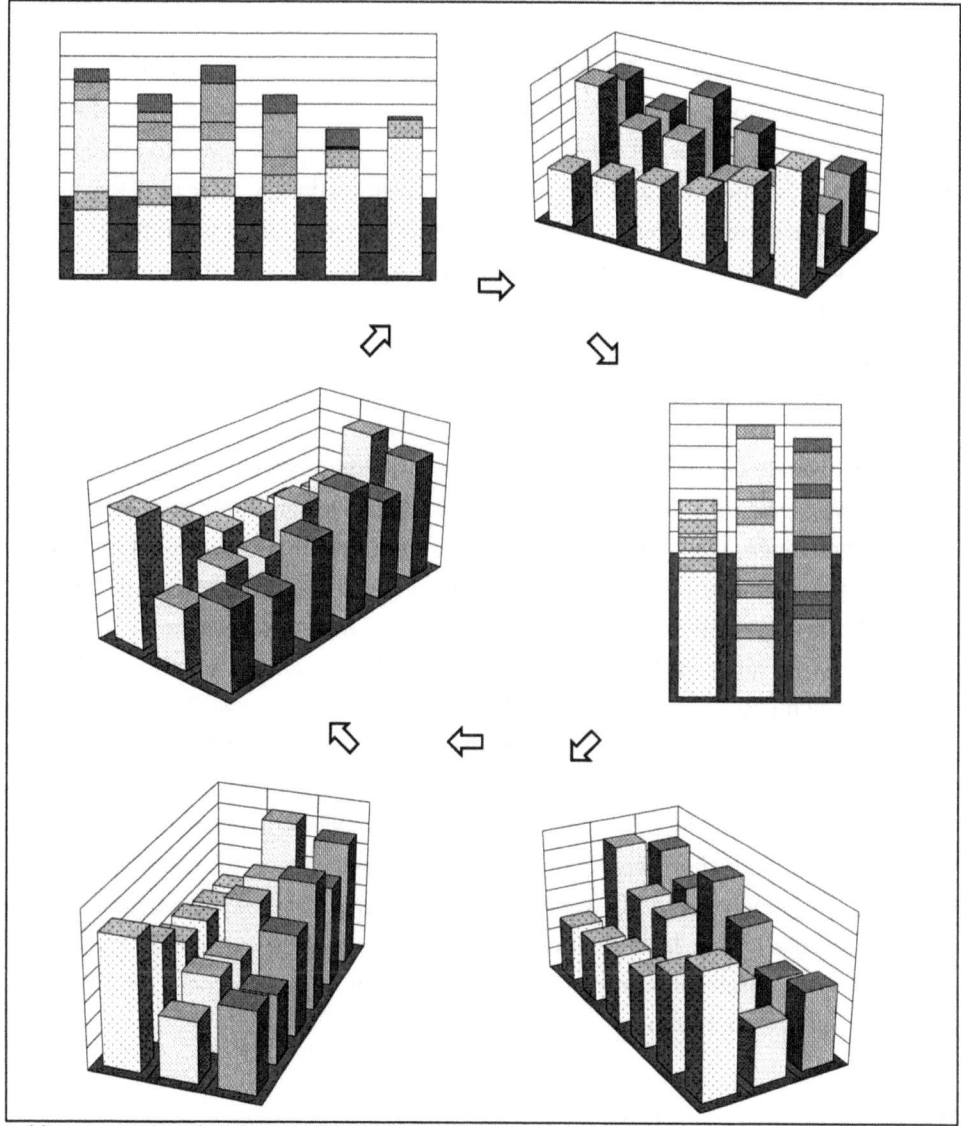

Abb. 46: Ansichten bei der Drehung eines pseudo-3D-Säulendiagramms nach links

Ein anderer Weg, Graphiken zu "animieren", bietet sich bei zeitabhängigen Daten (z.B. Umsatzentwicklung) an. Der Standpunkt des Betrachters bleibt derselbe, aber die bildliche Darstellung der Werte verändert sich mit der Zeit. Werden die Daten z.B. in einem Säulendiagramm dargestellt, verändert sich während der Präsentation die Höhe der Säulen (Tufte 1991, S. 15, Buja u.a. 1991, S. 156). Ein anderes Beispiel sind Portfoliodarstellungen, in denen sich die dargestellten strategischen Geschäftseinheiten dem Lebenszyklus der entsprechenden Produkte gemäß in ihrer Lage verändern.

Neben bewegten Wertedarstellungen sind auch dynamische Strukturdarstellungen zu finden, die insbesondere der Visualisierung von Simulationen dienen (Becker/Eick/Miller/Wilks 1990, S. 93 ff.). Ein Beispiel sind bewegte Netzwerkdarstellungen von Transportsystemen, die z.B. Engpässe identifizieren können, oder die Darstellungen von Marktdatenerhebungs- und Auswertungsprozessen (s.a. später Prozeßvisualisierung). Eine ähnliche Anwendung ist auch mit Chernoff-Faces in Verbindung mit dem Morphing-Effekt (s.u.) möglich.

Computerfilme

Der entscheidende Unterschied zu Film- und Videobildern besteht hier in der Art und Weise ihrer Herstellung. Die Bilder werden künstlich erzeugt. Ihre Darstellung ist an Vektoren gebunden. Dadurch wird es möglich, auch nicht reale Gegebenheiten darzustellen (für Computerfilme mit Menschen bzw. Tieren hat sich der Begriff Charakteranimationen durchgesetzt (Willim 1989, S. 315). Um mit Filmmaterial Vorgänge darzustellen, die nicht in der Realität beobachtet werden können, müssen Modelle erstellt, gezeichnete Bilder gefilmt (Zeichentrickfilm) oder sonstige Tricks anwendet werden. Zeichentrickfilme können als vektorgebundene (bewegte) Darstellungen bezeichnet werden, da i.d.R. die Objekte durch Striche und vereinzelte Punkte erzeugt werden, nicht durch eine das Bild füllende Zahl von nebeneinander gelagerten Punkten unterschiedlicher Tönung und Farbe (Voraussetzung der Pixelbindung). Der Übergang ist jedoch fließend, wenn die Verwendung von Malereien einbezogen werden soll, die primär letztere Technik verwenden. Analogien hierzu finden sich auch in der Softwaretechnik in der Unterscheidung zwischen Zeichen- und Malprogrammen (vgl. Meyer 1991b).

3.2.2.2 Film und Video

Ähnlich wie die Technik der Photographie sind Darstellungen bewegter Bilder, die auf Film festgehalten werden, seit langem bekannt. Eine Videokamera erzeugt magnetische Daten, die auf Magnetbändern festgehalten werden. Diese "Videobänder" können dann mit entsprechenden Abspielgeräten z.B. auf einem Fernsehbildschirm gezeigt werden. Die FAZ-Technik (Filmaufzeichnung) ermöglicht das Überspielen von Film auf Video.

3.2.3 Ausgewählte komplexe Bildkonzepte

Die vorherigen Kapitel haben sich mit starren und bewegten Bildern beschäftigt. Unter komplexen Bildkonzepten werden hier Darstellungsformen zusammengefaßt, die nicht nur (starre und/oder bewegte) Bilder benutzen, sondern auch andere Darstellungsformen von Informationen, wie beispielsweise Ton, einbeziehen. Die Kerninformationen werden jedoch in starren und/oder bewegten Bildern dargeboten. Der Zusatz "komplex" bezieht sich dabei sowohl auf die bildliche Gestaltung als auch auf die verbundenen weiteren Formen der Informationsdarstellung.

Drei komplexe Visualisierungskonzepte werden hier vorgestellt: Multimedia, Virtuelle Realität und Prozeßvisualisierung. Die Konzepte sollen hier kurz dargestellt werden, da sie im späteren Verlauf für Vorschläge zur Anwendung im Management und insbesondere im Marketing verwendet werden.

3.2.3.1 Multimediale Darstellungen

Zur Technologie

Der Begriff Multimedia ist seit einigen Jahren ein beliebtes Schlagwort und wird dabei sehr unterschiedlich interpretiert. Jenseits der Euphorie für diese Technologie ist der zukünftige Markt im Management kritisch zu beurteilen. Multimedia leistet die zentrale Verwaltung, Steuerung und Bearbeitung von bereits bekannten elektronischen Medien, wie z.B. Video, Musik-CD und Computergraphiken (Kummerow 1993, S. 47 ff., Böndel 1992, S. 128 ff.). Hierzu werden die Daten der beteiligten Systeme, die ursprünglich in unterschiedlichen Formaten und auf verschiedenen Speichermedien vorlagen, in eine einheitliche, digitale Form gebracht und als ein Multimedia-Dokument gespeichert. Eine wesentliche Aufgabe von Multimedia-Systemen ist demnach die Koordination und Synchronisation verschiedener Medien (Krömker 1992, S. 2).

Bajka (1991, S. 91) stellt als wesentlichen Unterschied zu anderen Medien - wie z.B. dem Fernsehen - heraus, daß der Benutzer die Darstellung aktiv beeinflussen kann. Er hat die Möglichkeit, Sequenzen zu wiederholen, zu verändern oder Medien in einer anderen Kombination einzusetzen. Die verschiedenen Medien sind an dieser Stelle Hilfsmittel zur Realisierung der Darstellungsformen.

Unter dem Begriff Multimedia soll hier ein System verstanden werden, das in der Lage ist, mindestens drei verschiedene Darstellungsformen von Informationen, wie Töne (Musik und Sprache), Text, Graphik, Standbild, Animation und Video, in digitaler Form zu bearbeiten und zu speichern (vgl. Rauscheder/Froitzheim 1991). Eine weitere Anforderung an ein Multimediasystem ist, daß verschiedene Medien gleichzeitig bearbeitet werden können und der Zugriff auf alle beteiligten Medien jederzeit möglich ist. Dies führt dazu, daß ein Multimediasystem immer ein Hypermedia-Konzept beinhalten muß (Kummerow 1993, S.47).

Einige Anwendungen im (Marketing-)Management

Es bestehen zahlreiche Anwendungsmöglichkeiten für multimediale Darstellungen im Management, insbesondere im Marketing. Z.B. kann Multimedia bei der Neuproduktfindung eingesetzt werden, um Ideen unmittelbar mit Hilfe einer Bilddatenbank zu illustrieren. Eine andere Möglichkeit ist die Modifikation vorhandener Produkte am Bildschirm entsprechend der eigenen Vorstellungen. Multimediakonzepte können z.B. auch im Gebiet der Public Relations sinnvoll eingesetzt werden, um dem verantwortlichen Manager alle verfügbaren Informationen zentral in den PC zu liefern. Bei der Werbemittelgestaltung und -auswahl können Anzeigen, Radio- und Fernsehspots mit multimedialer Unterstützung bewertet und verändert werden. Weitere Einsatzfelder sind Konferenzen, bei denen jeder Teilnehmer über ein Terminal verfügt und so z.B. beliebige Dokumente, wie handschriftliche Notizen für jeden anderen Teilnehmer sichtbar machen kann. Konferenzen können aber auch mit Multimedia-Unterstützung auf Video, Ton und mit Text dokumentiert werden, so daß kaum Information verlorengeht. Ein weiteres Feld findet sich in der Unterstützung der Konsumenten- und Werbeforschung. Hier stellen Multimediasysteme einen Ersatz für bisherige apparative Systeme (z.B. Blickaufzeichnung, Programmanalysator, Tachistoskop) dar (Meyer 1994).

3.2.3.2 Virtuelle Realität

Zur Technologie

Der Begriff der Virtuellen Realität wurde in den achtziger Jahren durch den amerikanischen Computerwissenschaftler und Musiker Jaron Lanier geprägt (Franke 1992, S.14). Unter Virtueller Realität wird eine durch eine Computersimulation erzeugte Scheinwelt verstanden. Die zur Erzeugung von Virtuellen Realitäten notwendige Hard- und Software wird als VR-System bezeichnet (Ebeling/Sperlich 1993, S. 46, Ritchey 1992, S.2). Der Begriff *Cyberspace* wird oft synonym mit dem Begriff Virtuelle Realität verwendet. Walker (1991, S.27) betont bei Cyberspace-Systemen die Möglichkeit der Interaktion mit den simulierten Objekten im virtuellen Raum. Außerdem sind Cyberspace Systeme durch einen hohen Einbindungsgrad des Benutzers gekennzeichnet. Anhand der Matrix (Abb. 47) kann der Begriff Cyberspace eindeutig spezifiziert werden:

Systeme mit hohem Einbindungsgrad des Benutzers, die ihm erlauben, die Simulation zu verändern. Die Cyberspace-Technik ermöglicht das stärkste "Eintauchen" in die Virtuelle Realität (vgl. hierzu z.B. Miller 1993b, S.11, Downes-Martin 1992, S.28 ff., Linsmeier 1993, Sperlich 1993, S.84).

VR-Systeme:		Beispiele	
		Veränderbarkeit des Systems	
		nicht veränderbar	veränderbar
Einbindung des Benutzers	Desk-Top Applications	Verkaufsförderung Architektur-Anwendungen	Adventure Games
	Immersive Virtual Environments	Verkaufsförderung Produktvorstellung Architektur-Anwendungen	Cyberspace Neuproduktplanung

Abb. 47: Systematisierung des Begriffs VR-Systeme

Anhand des Einbindungsgrades des Benutzers werden VR-Systeme in Desk-Top-Applications und Immersive Virtual Environments unterschieden. Bei *Desk-Top-Applica-*

tions erscheint die virtuelle Welt auf einem Bildschirm. Somit wird nur ein kleiner Teil des Blickfeldes des Betrachters ausgefüllt und kaum der Eindruck einer künstlichen Welt erzielt. Ein Beispiel für Desk-Top-Applications sind Adventure Games, die auf einfachen Personal Computern installiert werden können. Ein Anwendungsbereich im Rahmen der Verkaufsförderung bietet sich z.B. bei der Gestaltung von Messeständen. Diese können zunächst in eine Virtuelle Realität umgesetzt werden. Die Entscheidungsträger haben dann die Möglichkeit, sich um und in einem Messestand zu bewegen, und können aufgrund ihres plastischen Eindrucks ihre Entscheidung treffen.

Im Vergleich zu den Desk-Top-Applications wird der Benutzer mit *Immersive Virtual Environments* viel stärker eingebunden. Die zur Zeit am weitesten entwickelte Technik benutzt eine Art Kopfbedeckung zur Stimulierung der Augen (Head-Mounted-Display). Das Gesichtsfeld des Rezipienten ist hierbei vollkommen ausgefüllt und von der Außenwelt abgeschirmt. Der Bildausschnitt der virtuellen Realität wird gemäß der Stellung des Kopfes verändert. Da der Benutzer außerdem einen Kopfhörer trägt, nimmt er im Idealfall nur noch die vom Computersystem erzeugten Geräusche wahr. Der Eindruck einer realen Umgebung wird also beim Rezipienten durch eine Stimulierung seiner Sinne (außer Geruchs- und Geschmackssinn) bei gleichzeitiger Abschottung von der tatsächlichen Umwelt erreicht.

Trotz des hohen technischen Aufwandes können auch Immersive Virtual Environments im Marketing sinnvoll verwendet werden. Diese VR-Technik macht es möglich, daß komplizierte und teure Produkte dem Kunden genau präsentiert werden können, als ob sie wirklich schon für den Kunden erstellt worden wären. Er kann z. B. in eine neue Fabrikhalle "hineingehen" und die zu erstellenden Anlagen von allen Seiten betrachten. Andererseits können dem Kunden kleine Produkte anschaulich vorgeführt werden, indem der Betrachter sich in mikroskopisch kleinen Räumen bewegen kann.

Einige Anwendungen im Management

Die bisherige Differenzierung von VR-Systemen basierte auf dem unterschiedlichen Einbindungsgrad des Benutzers, er kann die Simulation ggf. nicht nur steuern, sondern zusätzlich aktiv eingreifen und sie verändern (Miller 1993b, S. 11). Die obige Abbildung 47 systematisiert VR-Systeme nach deren Einbindungsgrad, und gibt Beispiele.

Produktplanung und -gestaltung wird schon in vielen Bereichen mit CAD-Software durchgeführt. Diese Daten können von VR-Systemen für eine virtuelle Darstellung genutzt werden. So kann z.B. der Produkt-Manager für ein neues Automodell das Produkt von allen Seiten in einer beliebigen Umgebung betrachten. Des weiteren kann der Designer mit dem VR-System in der Produktgestaltung arbeiten, indem er die Simulation verändert und Ideen sofort umsetzt (Franke 1992, S. 16). Genauso ist es für potentielle Käufer möglich, das Produkt in einer frühen Entwicklungsphase zu begutachten (vgl. Kluge 1992, S. 37). Außerdem kann z.B. der Autokonstrukteur testen, ob Menschen unterschiedlicher Größe die Bedienungselemente bequem erreichen können, ohne daß Prototypen gebaut werden müssen (Bajuk 1992, S. 61 ff., Fehr 1992, Sperlich 1993, S. 84).

3.2.3.3 Prozeßvisualisierung

Visuelle Darstellungen zur Sichtbarmachung eines Prozesses werden als Prozeßvisualisierung bezeichnet. Damit eng verbunden sind (Prozeß-)Simulationssysteme, die auf die Instrumente der Prozeßvisualisierung zurückgreifen. Dabei wird unter Prozeßsimulation die Wiedergabe eines laufenden Prozesses auf dem Bildschirm durch graphische Simulation oder Einspielung von (Video-)Filmaufzeichnungen verstanden (Rahbar 1993, Schumann 1993).

In der Informatik wird Prozeßvisualisierung eingesetzt, um Programmierungen überschaubar und verständlich zu machen. Es werden folgende Instrumente zur Visualisierung der Kontrollstruktur von Programmen vorgeschlagen (u.a. Chang 1987, Reiss 1987): Flußdiagramme (SADT-Diagramme, Nassi-Shneiderman-Struktogramme, Jackson-Diagramme etc.), Programmbäume (Darstellung der Funktionen und Masken als Baumstruktur), Entity-Relationship-Diagramme (Zuordnung der Informationseinheiten zueinander in Netzdiagrammen) und FooScapes (Pfeildiagramme, die Beziehungen zwischen Funktionen verdeutlichen). Bei allen genannten Formen handelt es sich um Konventionen zur statischen graphischen Darstellung der Kommandos und Funktionen, aus denen sich ein Programm zusammensetzt (Böcker 1986).

Weiterhin werden Instrumente zur Beobachtung dynamischer Prozesse eingesetzt: Tracing, bei dem die jeweils aktiven Funktionen eines Programmes in der visualisierten Kontrollstruktur, z.B. in einem Flußdiagramm, optisch hervorgehoben werden; Visuelles Stepping, bei dem zusätzlich zur Hervorhebung der aktiven Funktionen auch die aktuellen Werte der betroffenen Variablen dargestellt werden; Programmstatistiken, die Übersichten über den Speicherverbrauch und das Zeitverhalten von Programmen und deren Funktionen liefern. Böcker (1986, S. 167) weist zudem auf die Möglichkeit des Einsatzes von Animationen zur Simulation von Programmabläufen hin. Dem Anwender können auch "Filme" vorgespielt werden, um ihm den Programmablauf zu verdeutlichen. Filme sind hier konservierte Handlungsabläufe, in denen Eingaben eines Benutzers simuliert und die Reaktionen des Systems dargestellt werden (Schneider 1986, S. 186).

In der Fertigungstechnik wird Prozeßvisualisierung eingesetzt, um Herstellungsabläufe vorzubereiten und zu steuern. Synonym mit dem Begriff der Prozeßvisualisierung wird in der Fertigungstechnik der Begriff der graphischen Prozeßsimulation - als Teilfunktion der gesamten Prozeßsimulation - verwandt. Anwendungsbeispiele für graphische Prozeßsimulation finden sich beim Einsatz von CNC-Maschinen zur Metallbearbeitung und bei der Steuerung chemie-technischer Anlagen. Hier wird über die bereits aus der Informatik heraus bekannten Techniken hinaus der Einsatz von Multimediasystemen vorgeschlagen (Schmidt 1988, S. 15, Monz/Hohwieler 1987 S. 7, Potthast/Kwok 1991, S. 6 f.).

Die oben genannten Instrumente der Prozeßvisualisierung können ebenso wie die einzelnen Darstellungsformen in Klassen zusammengefaßt werden. Da es sich hier um komplexe Konzepte der Visualisierung handelt, müssen die Klassifikationskriterien über die der singulären visuellen Darstellungen hinausgehen. Als Kriterien können hier herangezogen werden:

- Das Kriterium der *Zielgruppe* der Prozeßvisualisierung ermöglicht eine Unterscheidung von Instrumenten der Prozeßvisualisierung für Prozeßentwickler (im Management: der Vorbereiter), Anwender (im Management: der Entscheider) oder Dritte (im Management: der Realisierer), die lediglich über den Prozeß informiert werden.

- Das Kriterium des *Zwecks* der Prozeßvisualisierung läßt eine Trennung in Instrumente zu, die der Instruktion des Benutzers dienen (z.B. Lernprogramme), und solche, die lediglich den Prozeß ohne erklärende Komponenten darstellen.

- Instrumente zur Prozeßvisualisierung können danach unterschieden werden, inwieweit sie *Interaktion mit dem Benutzer* zur Prozeßsteuerung bieten.

- Nach der *Art des Prozesses* können abstrakte Prozesse von den in der Realität beobachtbaren Prozessen unterschieden werden.
- Nach der *Dynamik der Darstellung* lassen sich statische und dynamische Formen der Prozeßvisualisierung unterscheiden. Dynamische Formen können stetig oder in Intervallschritten aktualisiert werden. Diese Unterscheidung greift die obige Trennung in bewegte und starre Bilder auf.
- Der *Inhalt der Darstellung* läßt eine Trennung in Formen der Prozeßvisualisierung zu, die die Prozeßstruktur beschreiben, und in solche, die den aktuellen Stand eines Prozesses (Prozeßfortschritt) darstellen.
- Das Kriterium des *Zeitpunktes* der Prozeßvisualisierung erlaubt eine Unterscheidung in vorgelagerte, zeitgleiche und nachgelagerte Prozeßvisualisierung (Prozeßrepräsentation). Insbesondere bei sehr schnellen oder sehr langwierigen Prozessen kann die Visualisierung in verzögerter oder geraffter Form vor oder nach dem eigentlichen Prozeß erfolgen.

Aus den obigen Formen der Prozeßvisualisierung können weitgehend allgemeingültige Instrumente zur Prozeßvisualisierung abgeleitet werden. Die nachstehende Übersicht faßt die Instrumente zusammen.

- *Prozeßbilder:* Statische Darstellungen von Prozessen durch Flußbilder, Struktogramme oder Pfeilschemata werden in den weiteren Ausführungen einheitlich als Prozeßbilder bezeichnet, ohne daß weiter auf Darstellungskonventionen oder -normen eingegangen werden soll. Beispiel: Darstellung von Projektabläufen (z.B. oben Abb. 43 ProzeßPictogramm).
- *Stepping in Prozeßbildern*: Das "Durchlaufen" von Prozeßbildern mit Hervorhebung der jeweils aktiven Prozeßkomponenten wird im folgenden als Stepping bezeichnet. Durch Stepping in Prozeßbildern können diese für eine dynamische Darstellung von Prozessen herangezogen werden. Stepping bietet den Vorteil, daß sowohl die Struktur als auch der Fortschritt eines Prozesses dargestellt wird. Anwendungsbeispiel im Management: Simulation von Projekten und Auswertung von Daten nach vorgegebenen Methoden.
- *Prozeßstatistiken:* Als Prozeßstatistiken sollen Darstellungen bezeichnet werden, die während des Prozesses laufend aktuelle Informationen über den Stand des Gesamtprozesses oder seiner Teilprozesse liefern. Die einfachste Form einer Prozeßstatistik stellt den Anteil (in %) eines Prozesses dar, der bereits abgeschlossen ist. Prozeßstatistiken können zur gleichzeitigen Darstellung der Prozeßstruktur in Pro-

zeßbilder eingebunden werden. Anwendungsbeispiel im Management: Analyse eines laufenden Projektes oder Überwachung des Vertriebs-/Logistiksystems anhand von Kennwerten an verschiedenen Stellen im System.

- *Prozeßfilme:* Als Prozeßfilme sollen Prozeßaufzeichnungen bezeichnet werden, die die Reaktionen eines Systems auf alternative Entscheidungen eines Benutzers darstellen. Filme dokumentieren neben dem Prozeß selbst auch die Handlungsabläufe des Benutzers. Sie dienen in der Regel der Anwenderinstruktion vor der Benutzung des Systems. Durch Einbindung von Filmen in Hilfesysteme kann dieses Instrument der Prozeßvisualisierung allerdings auch während der Anwendung eines Systems genutzt werden.

Kriterien der Prozeßvisualisierung	Instrumente der Prozeßvisualisierung	Prozeßbilder	Stepping in Prozeßbildern	Prozeßstatistiken	Prozeßfilme
Zielgruppe	Entwickler	○	○	○	
	Anwender	○	○	○	○
	Dritte	○	○		
Zweck	instruktiv	○	○		○
	Nicht instruktiv	○	○	○	
Interaktive Prozeßsteuerung	geeignet		○	○	
	weniger geeignet	○			○
Prozeßart	real	○	○	○	○
	abstrakt	○	○	○	
Darstellungsart	statisch	○			
	dynamisch		○	○	○
Darstellungsinhalt	Prozeßstruktur	○	○		○
	Prozeßfortschritt		○	○	○
Darstellungszeitpunkt	vor	○			○
	während		○	○	
	nach dem Prozeß	○			

Tab. 3: Klassifikation von Instrumenten zur Prozeßvisualisierung

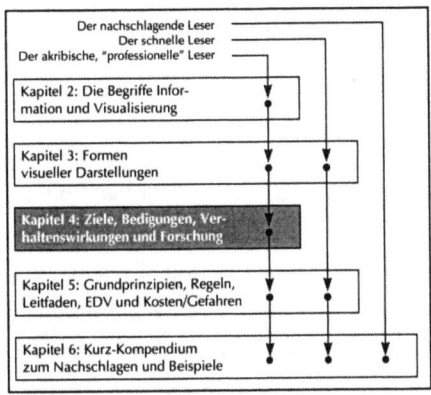

Kapitel 4:
Ziele und Wirkungen der Visualisierung

4.1 Überblick

Das folgende Kapitel widmet sich dem wissenschaftlichen Hintergrund der Visualisierungsregeln im späteren Kapitel 5. Da es das erklärte Ziel dieses Lehrbuches ist, anderen Schriften mit z.T. nur heuristisch gewonnenen Regeln der Visualisierung wissenschaftlich basiertes verhaltensbezogenes Regelwerk gegenüber zu stellen, ist es notwendig, auf die Verhaltenswirkungen von Bildern näher einzugehen. Dies kann jedoch nicht ohne einen Blick auf mögliche Ziele der Visualisierung und die Rahmenbedingungen des Einsatzes visueller (Entscheidungs-)Vorlagen geschehen. Auch soll ein kurzer Überblick über die Forschung gegeben werden, die zu den späteren Regeln geführt hat.

4.2 Ziele und Rahmenbedingungen visueller Information

4.2.1 Ziele der Visualisierung

Wie in der Einführung bereits zum Ausdruck kam, ist der auslösende Sachverhalt der vorliegenden Untersuchungen eine steigende Menge von Informationen im Management und damit eine wachsende Gefahr der Informationsüberlastung. Es wird zunächst angenommen, daß mittels Visualisierung entscheidungsrelevanter Informationen diese Gefahr reduziert werden kann. Um die Richtigkeit dieser Annahme zu prüfen, soll erarbeitet werden, welche Ziele mit einer Visualisierung von Informationen im Management - über das der Reduktion einer Informationsüberlastung hinaus - verbunden werden können.

In der Literatur findet sich zwar eine erhebliche Zahl von Hinweisen für inhaltliche Ziele der Verwendung von Informationen, nur wenige jedoch besitzen einen direkten Bezug zu visuellen Informationen. Krömker (1992 S. 3 ff.) nennt drei grundsätzliche Ziele:

Erkenntnisgewinnung
• Durch Visualisierung "erkennt" (versteht) der Betrachter Zusammenhänge, die er ohne Visualisierung nicht realisiert hätte. • Visualisierung wird häufig im strategischen Management zur Erkenntnisgewinnung eingesetzt. ⇨ *Einblick, Verständnis, Erklärung*
Kenntnisvermittlung
• Visualisierung dient der Weitergabe von Informationen an Kommunikationspartner. ⇨ *Weitergabe*
Training
• Visualisierung dient dem Einüben gewisser Fertigkeiten im Management (z.B Softwareschulung) und Technik (z.B. Flugsimulator). ⇨ *Instruktion*

Tab. 4: Zielsetzungen der Visualisierung nach Krömker

Aber aus Managementsicht kann nur eine hohe Entscheidungsqualität das Kernziel der Verwendung visueller Informationen sein. Dazu muß jedoch der Begriff "Qualität" und seine Operationalisierung beschrieben werden. Qualität kann in erster Näherung an der Richtigkeit und Genauigkeit einer Entscheidung gemessen werden. Dabei können Richtigkeit und Genauigkeit (z.B. Nähe zur Idealentscheidung) nur dann objektiv bestimmt werden, wenn die Entscheidungen als richtig oder unrichtig beschrieben werden oder sich diese an exakten Ergebniswerten über tatsächliche Zusammenhänge (als wahr oder unwahr) messen lassen können (d.h. wenn Über- bzw. Unterschätzungen vermieden wurden). Derart ideale Bedingungen dürften jedoch nur selten in der Realität vorliegen. In der Regel dürfte das Ergebnis einer Entscheidung als Qualitätsmaßstab untauglich sein.

Statt dessen ist zu fragen, wie fundiert eine Entscheidung getroffen wurde. Die Fundierung kann anhand von drei Eigenschaften operationalisiert werden: Umfang der Informationsbasis, inhaltliche Qualität der Informationsbasis und Qualität der Verwendung der Informationsbasis für die Entscheidung. Die Fundierung einer Entscheidung sollte also nicht nur über die Quantität und Qualität der Informationsbasis, sondern auch über das Maß an Reflexion und über die Qualität der Argumentation im Entscheidungsprozeß bestimmt werden. Die inhaltliche Qualität der Informationsbasis ist dagegen objektiv kaum zu bewerten. Daher kann Fundierung zum einen über Umfang und Struktur der informationellen Basis und zum anderen über die Rationalität der Argumentation operationalisiert werden. Als Maß der Fundierung - und damit der Qualität der Entscheidung - soll auf der informationellen Ebene die Menge der verwendeten Informationseinheiten (Menge) und deren Beziehungen zueinander (Relation) gewählt werden. Diese Unterscheidung greift das in der Informationsmanagementlehre häufig anzutreffende Entity-Relationship-Modell auf (Bromann 1987, S. 30 f., Biethan/Muksch/ Ruf 1990, S. 70). Das "Mengen"-Ziel der Visualisierung ist, daß der Manager mehr Informationseinheiten als bisher für seine Entscheidung nutzt. Dies bedeutet jedoch nicht, das Informationsangebot zu erhöhen, sondern einen größeren Teil der verfügbaren Informationen der menschlichen Verarbeitung zugänglich zu machen, also auch die Akzeptanz der Informationen zu erhöhen und ggf. menschliche Informationsreduktionsstrategien (vgl. Hagge 1994) gezielt zu nutzen oder zu umgehen. "Relation" als Zielgröße bedeutet, die Menge an Informationseinheiten zu aggregieren und Zusammenhänge aufzuzeigen, so daß die Komplexität des Informationsgesamts reduziert und dessen Verständlichkeit gefördert wird.

Ein weiteres Ziel der Informationsversorgung soll es sein, daß der Manager - an den Unternehmenszielen orientiert - rationale Entscheidungen trifft. Der Begriff Rationalität wird sehr unterschiedlich verwendet (u.a. March 1978, S.587ff., Simon 1955, S. 99 ff., Weber 1980, S. 10 f., Rescher 1988). Eine Diskussion zum Begriff findet sich z.B. bei v. Werder (v. Werder 1993, S. 57ff.) Von Werder bezeichnet rationale Entscheidungen als kognitiv bewußte Entscheidungen zweckmäßiger Mittelverwendung. Demzufolge ist die Qualität einer Entscheidung um so höher, je fundierter und kommentierter Entscheidungen sind. Entscheidungen sind erst bei einer vollständigen Ausnutzung des zugänglichen Wissensbestandes (bzw. Rationalitätspotentials) vollkommen rational. Rationalität im Entscheidungsprozeß kann somit an der Argumentation für die Entscheidung gemessen werden (Argumentationsrationalität). Was jedoch bei von Werder Gegenstand von Definition, Beschreibung und Messung ist, wird hier zur Zielgröße der Visualisierung von Informationen für Managemententscheidungen.

Grundsätzlich sollten die Ziele des Managers denen des Unternehmens entsprechen. Über die Ziele des Unternehmens hinaus kann der Entscheider jedoch weitere Ziele mit den Informationen für seine Entscheidungen verbinden (Zimolong/Rohrmann 1988, Payne/Bettman/Johnson 1992), z.B. Erreichung eines hohen Grades von Entscheidungszufriedenheit, d.h. geringe Entscheidungskonflikte und kein Bereuen der Entscheidung (kognitive Dissonanz nach der Entscheidung) ("conflict", "regret"), Reduktion von Komplexität und Unsicherheit für seine Entscheidung, Beeinflussung der Realisierer zum Zwecke der besseren Akzeptanz seiner Entscheidung, weitere persönliche Ziele, z.B. wenn mit der Entscheidung eine besondere Imageveränderung (der Entscheider gilt möglicherweise seitdem als konservativ-vorsichtig oder als mutig) erwartet wird.

Die bisher vorgestellten Ziele der Visualisierung befinden sich z.T. auf unterschiedlichen Abstraktionsebenen, bauen aufeinander auf oder sind zwar gleichzuordnen, jedoch voneinander abhängig, so daß ein Zielsystem mit Ober- und Unterzielen entsteht. Neben einer Unterteilung in Ober- und Unterziele soll hier ein weiteres Klassifizierungsmerkmal angewendet werden, das sich an Nutzenebenen orientiert, was sich an die Absatzforschung der 40er Jahre (Nürnberger Schule, vgl. Vershofer 1940, später Abbot 1955) anlehnt. Die Ziele werden im folgenden weiter danach unterschieden, ob sie für den Entscheider einen Grundnutzen oder einen Zusatznutzen erfüllen. Ein Grundnutzen kann mit der Entscheidungsqualität, ein Zusatznutzen z.B. mit der Entscheidungszufriedenheit verbunden werden.

Zusammenstellung eines Zielsystems

Zusammenfassend kann aus der Literaturdiskussion das folgende Zielsystem vorgeschlagen werden (vgl. Meyer 1996, S. 26):

Grundnutzenziele (Erfüllung eines Grundnutzens, zusammen: Qualität)
- Informationelle Fundierung der Entscheidung (Umfang und Auswahl der Informationsbasis)
  - Mengen-Ziele:
    - Physische Verbesserung der Informationsaufnahme, -verarbeitung und -speicherung
    - Erhöhung der Akzeptanz der angebotenen Informationen
    - Bewältigungsstrategien umgehen oder nutzen
  - Relation/Verständlichkeit fördern:
    - Sinnvolle Aggregation (Komplexitätsreduktion)
    - Aufzeigen von Bezügen
    - Aufmerksamkeitslenkung auf besondere Aussagen (z.B. die Bezüge zwischen den Informationsitems)
- Argumentationsrationale Fundierung der Entscheidung fördern, d.h.
  - kognitiv bewußte, reflektierte Entscheidung (kognitive Kontrolle)
  - vollständige Ausschöpfung des zugänglichen Wissensbestandes
  - zweckmäßige Mittelverwendung
  - authentisch kommentiert (argumentationsrational)
  - Genauigkeit /Richtigkeit der Entscheidung fördern (Über-/Unterbewertung vermeiden)
- Effizienz der Entscheidung steigern

Zusatznutzenziele (Erfüllung eines Zusatznutzens)
- Beeinflussung der Realisierer
  - Aktivierung/Involvement erzeugen
  - generelle Aufmerksamkeitssteuerung
  - Emotionalisierung bewirken
  - Über-/Unterbewertung erzeugen
  - Einstellungsänderung bewirken
- Entscheidungszufriedenheit: Stärken des Vertrauens in die eigene Entscheidung
- Weitere persönliche Ziele des Entscheiders

Die Aufstellung soll nur eine Zusammenstellung denkbarer Ziele und deren grobe Klassifizierung darstellen.

Dieser Katalog der Ziele visueller Informationsdarstellungen kann weiter auf das Unternehmen (und damit auf den Grundnutzen, s.o.) eingegrenzt werden. Damit werden individuelle interpersonale Beeinflussungsziele, aber auch individuelle Ziele des Entscheiders in den Hintergrund gedrängt. So berechtigt unter den Zielsetzungen interpersonaler Kommunikation die Frage der Beeinflussung auch sein mag, so ist sie als Zielsetzung der Verwendung visueller Informationen hier abzulehnen.

Zum anderen führen negative Wirkungen zu "Gefahren der Visualisierung", die ebenso bei der Visualisierung zu berücksichtigen sind. Wenn im weiteren Verlauf dieser Schrift Vorgehensweise und Regeln der Visualisierung erarbeitet werden, so kann der Eindruck entstehen, visuelle Darstellungen besäßen ausschließlich Vorteile für die obigen Ziele. Visuelle Darstellungen können jedoch auch (insbesondere Verhaltens-) Wirkungen zeigen, die den Visualisierungszielen entgegenstehen. Diese Wirkungen sollen hier als Gefahren der Visualisierung berücksichtigt werden und werden im späteren Verlauf dieses Lehrbuches noch behandelt.

Zusammenfassung

Visualisierung von Informationen für Managemententscheidungen soll sich an ausgewählten Zielen und Unterzielen der Verwendung der visuellen Informationen orientieren. Ein Lehrbuch der Visualisierung muß daher Regeln nennen, mittels welcher visuellen Darstellungen welche der obigen Ziele erreicht werden.

Das übergeordnete Ziel der Verwendung visueller Informationen ist die Verbesserung der Entscheidungsqualität, die hier durch eine informationelle Fundierung der Entscheidung (Umfang und Auswahl der Informationsbasis) und der Verbesserung des (Argumentations-)Rationalitätsniveaus bestimmt wird. Somit ergeben sich als Unterziele die Erhöhung der physisch wahrgenommenen, akzeptierten und verarbeiteten Menge an Informationseinheiten, die Vermittlung von Beziehungen zwischen ihnen durch sinnvolle Aggregation und Hervorheben von Bezügen, sowie die Förderung von Genauigkeit bzw. Richtigkeit und der Effizienz der Entscheidung.

4.2.2 Rahmenbedingungen der Visualisierung

Die Wirkung visueller Informationsdarstellung und damit die Erreichung der Ziele der Visualisierung im Management ist nicht nur von den Eigenschaften der visuellen Darstellung abhängig, sondern auch von den Bedingungen ihres Einsatzes im Entscheidungsprozeß.

Meyer (1996, S. 32) legt nahe, die Parameter des Einsatzes visueller Informationen im Management in drei Gruppen mit den Titeln "Person", "Situation" und "Aufgabe" zusammenzufassen. Das entstehende PSA-Modell dient im weiteren Verlauf der Klassifikation der Regeln zur Visualisierung.

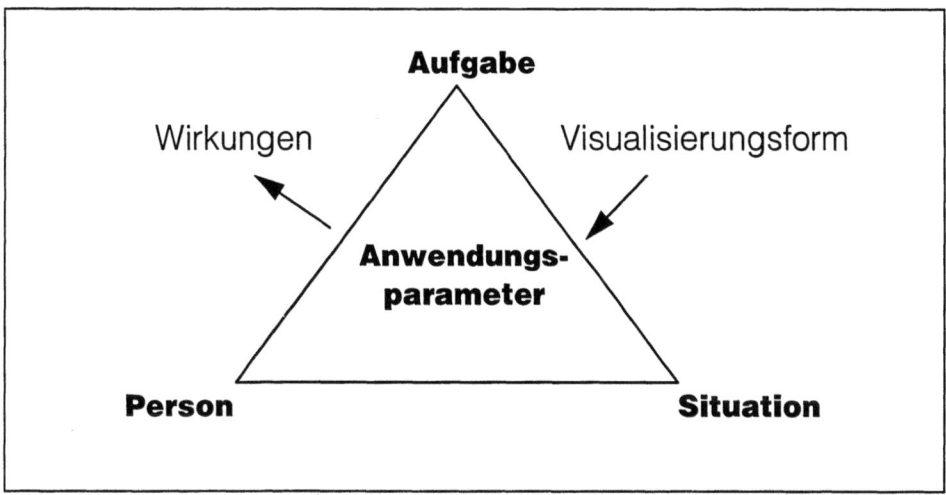

Abb. 48: Anwendungsparameter für eine Visualisierung im Marketing (Meyer 1996, S. 32)

Die Gruppen werden wie folgt voneinander abgegrenzt:
- Parameter der *Person* umfassen alle verhaltenswissenschaftliche Zustände des Managers, also z.B. Aktivierung, Involvement, Motive und persönliches Wissen, sowie generelle und individuelle Prozesse des Informations- und Entscheidungsverhaltens.
- Parameter der *Situation* repräsentieren die Bedingungen, unter denen der Manager Entscheidungen zu treffen hat, im Unternehmen und dessen Umfeld. Es sind damit alle Einflußfaktoren, die von außen auf den Manager einwirken. Sie können nach ihrer Zuordnung in
  - die physikalische Umgebung (Lärm, Abgase, Beleuchtung),

- die personelle Umgebung (Mitarbeiter, Vorgesetzte, "Betriebsklima"),
- die sonstige Umgebung (Zeitdruck, Verantwortungsbereich, Verfügbarkeit der Ressourcen, technische Ausstattung).

unterschieden werden.

- Parameter der Gruppe *Aufgabe:* Die Aufgaben eines Managers können hier nicht abschließend enumerativ aufgeführt werden. Zur (übergeordneten) Aufgabe, das Entscheidungsproblem zu lösen, gehören darunter auch Aufgaben der Analyse der für die Entscheidung zur Verfügung gestellten Informationen. Wird hier von Parametern der Aufgabe gesprochen, so sind dazu auch die Parameter der Informationsanalyse zu zählen, so z.B. Vergleiche von Werten oder das Aufdecken von Zusammenhängen. Da dies nur in Abhängigkeit von der Struktur der Informationen geschehen kann, sind die Parameter der Informationen auch die Parameter der Aufgabe im PSA-Modell.

Unterscheidung von Vorbereiter, Entscheider und Realisierer - Ein Scheinproblem?

Die bisherigen Ausführungen mögen die Frage nahelegen, für wen die späteren Regeln der Visualisierung gelten. Dazu ist zwischen drei Personen zu unterscheiden: Der Vorbereiter, der Entscheider und der Realisierer.

Grundlage für die Erstellung der Wirkungsregeln der Visualisierung ist der Manager als Entscheider und als Wirkungssubjekt. Gleichwohl obliegt die Konsequenz, d.h. die Anwendung der Regeln dem Vorbereiter. Eine Unterscheidung zwischen Vorbereiter und Entscheider wird dann notwendig sein, wenn die Informationsbereitstellung nicht vom Entscheider vorgenommen wird und der Vorbereiter andere Ziele verfolgt als der Entscheider (z.B. der Verfasser eines Geschäftsberichtes vs. dem Manager, der das Unternehmen beurteilen soll). Dann ist zu beachten, wie der Vorbereiter den Entscheider über die visuelle Gestaltung von Informationen beeinflussen kann, d.h. die tatsächliche Informationssituation nicht adäquat darstellt, um z.B. Ziele Dritter zu begünstigen. Somit wird die Rolle des Vorbereiters nur dann zu beachten sein, wenn über die Gefahren visueller Darstellungen diskutiert wird.

Der Realisierer muß keine Beachtung finden. Der Realisierer gewinnt im Planungs- und Realisationsprozeß erst nach der Entscheidung Bedeutung. Die Verwendung von visuellen Informationen zur Entscheidungsdurchsetzung ist zwar interessant, würde jedoch von dem Ziel dieses Lehrbuchs wegführen und soll daher ausgeklammert werden.

4.3 Aufnahme und Verarbeitung visueller Informationen durch den Menschen

4.3.1 Informations- und Entscheidungsverhaltensforschung - Ein kurzer Abriß

Überblick

Der Einsatz visueller Darstellungen im Management ist nur dann sinnvoll, wenn Sie eine Verbesserung der Entscheidungen mit sich bringen (siehe dazu die Ziele der Visualisierung im vorhergehenden Kapitel). Das setzt voraus, daß für Regeln der Gestaltung der Bilder deren Wirkung auf das menschliche Informations- und Entscheidungsverhalten bekannt sind und in diesen Regeln umgesetzt werden. Einige bekannte Regeln, wie z.B. die Wertheimerschen Gestaltgesetze greifen solche Wirkungszusammenhänge auf. Dennoch entspringen diese Gesetze nicht einer fundierten verhaltenswissenschaftlichen Überlegung, sondern sind vielmehr heuristisch gewonnen. Heute jedoch stehen für die Bildung von Regeln zu Gestaltung bildlicher Vorlagen bewährte verhaltenswissenschaftliche Theorien aus der Informations- und Entscheidungsverhaltensforschung zur Verfügung.

Für ein Lehrbuch der Visualisierung, ist es daher notwendig, zumindest einige Grundlagen der Informations- und Entscheidungstheorie zusammenzustellen. Der Gestalter visueller Informationen soll so ein grundsätzliches Verständnis für die Verhaltensrelevanz der Visualisierung erhalten. Abhandlungen über Informations- und Verhaltensforschung gibt es reichlich, daher soll hier nur ein kurzer Abriß gegeben werden. Später sollen diese Ausführungen um direkte Forschung zur Visualisierung ergänzt werden, deren Theorien auf das hier gezeigte zurückgreifen. Ebenso die Forschung, die sich in angrenzten Gebieten, wie der Akzeptanz-, der Softwareergonomie- und der Konsumentenverhaltensforschung wiederfinden.

Informationsverhalten – eine Definition

„Informationsverhalten" ist das auf Informationen gerichtete Tun und Unterlassen von Menschen (Witte 1975, Sp. 1916). Es ist somit eine Bezeichnung für einen aus mehreren Informationsaktivitäten bestehenden Informationsprozeß. Dieser wird durch ein subjektives Informationsbedürfnis ausgelöst, z.B. eine zu lösende Aufgabe oder eine Entscheidung (Hauschildt 1983b). Vom Informationsbedürfnis ist der Informationsbedarf abzugrenzen, der die objektiv notwendige und hinreichende Menge an problembezogenen Informationen angibt (vgl. Berthel 1975, S. 30, Szypersky 1980, Sp. 904).

Informationsverhalten soll hier entlang des aus mehreren Informationsaktivitäten bestehenden Informationsprozesses betrachtet werden. Der Informationsverhaltensprozeß wird jedoch in der Literatur uneinheitlich untergliedert.

Zu den Autoren, die primär den Manager betrachten, zählt Kramer (1965, S.82ff.), der das Informationsverhalten in Anlehnung an den betrieblichen Güterumlaufprozeß strukturiert. Gemünden/Petersen (1985, S.22) weisen darauf hin, daß nur ein Teil des gesamten Informationsverhaltens beobachtbar ist, die mentalen Prozesse des Informationsverhaltens entziehen sich weitgehend der Beobachtung. Hauschildt (1985, S.309) charakterisiert einen komplexen Beurteilungsprozeß vor dem Hintergrund von Entscheidungen im betrieblichen Innovationsprozeß. Die Informationssuche dient hierbei vorrangig der Reduktion situativer Komplexität. Hogarth (1987, S.4ff.) knüpft in seiner Definition des Informationsverhaltens an die von Simon (1957 u. 1969) bzw. Miller (1956) postulierte begrenzte menschliche Informationsaufnahme- und -verarbeitungsfähigkeit an. Hierdurch werden kognitive Prozesse zur Selektion, Strukturierung und Ablage von Informationen nötig, die sich als Informationsverhalten darstellen. Demgegenüber steht in der Konsumentenforschung das Informationsverhalten des Konsumenten bei der Kaufentscheidung im Vordergrund (Kuß/Silberer 1992, S.453ff.). Kroeber-Riel (1992a, S.218) betont die kognitiven Prozesse des Informationsverhaltens und gliedert die Phasen der Informationsverarbeitung anwendungsorientiert. Derselbe Autor gliedert den Informationsverhaltensprozeß jedoch auch in Analogie zur elektronischen Informationsverarbeitung in die Phasen Informationsaufnahme, Informationsverarbeitung und Informationsspeicherung (Kroeber-Riel 1980c). Tab. 5 faßt die wesentlichen Gliederungen zusammen:

Kramer (1965)	Hauschildt (1985)	Gemünden/ Petersen (1985)	Hogarth (1987)	Kuß / Silberer (1992)	Kroeber-Riel (1980)	Kroeber-Riel (1992)
- Aufnahme - Vorspeichg. - Verarbeitung - Nachspeicherung - Abgabe	- Suche - Speicherung - Verknüpfung - Verwendung	- Beschaffung - Übertragung - (Primärbewertung) - (Kennzahlenberechnung)	- Selektion - Strukturierung - Ablage	- Beschaffung - Aufnahme - Verarbeitung - Speicherung - Nutzung	- Aufnahme - Verarbeitung - Speicherung	- Aufnahme - Wahrnehmung (/Beurteilung) - Entscheiden - Lernen und Gedächtnis

Tab. 5: Synopse unterschiedlicher Phasenmodelle des Informationsverhaltens

Der zuletzt dargestellten Auffassung (Kroeber-Riel 1980) kann in einem Lehrbuch der Visualisierung gefolgt werden, da das Schema nicht nur von den Differenzen zwischen Manager und Konsument unabhängig ist, sondern auch die alternativen Phasenmodelle weitgehend in sich vereinigt.

Entscheidungsverhalten – eine Definition

„Entscheidungsverhalten" ist u.a. Gegenstand der Entscheidungstheorie. Letztere teilt sich in normative (präskriptive) und deskriptive Theorien auf. Normative Theorien geben vor, wie unter Anwendung der Entscheidungslogik bei gegebenen Prämissen zu entscheiden ist. Es wird von einem rationalen Handeln des Entscheiders ausgegangen (Bamberg/Coenenberg 1977, S. 1). Entscheidungsverhalten - hier verstanden als komplexe Informationsverarbeitungsprozesse, die eine Problemlösung bzw. eine Entscheidungsfindung aus zwei oder mehr Handlungsalternativen zum Ziel haben (u.a. Witte 1972) - ist Gegenstand der deskriptiven Entscheidungstheorie und nicht der normativen (präskriptiven) Theorien, die von einem rationalen Handeln des Entscheiders ausgehen (Bamberg/ Coenenberg 1977, S.1). Die deskriptive Entscheidungstheorie will Entscheidungsverhalten erklären und geht dabei nicht zwangsläufig von rationalem Handeln des Entscheiders aus. Die faktischen und wertenden Entscheidungsprämissen werden nicht als gegebene, sondern als zu erklärende Größen betrachtet.

Zum Zusammenhang von Informations- und Entscheidungsverhalten

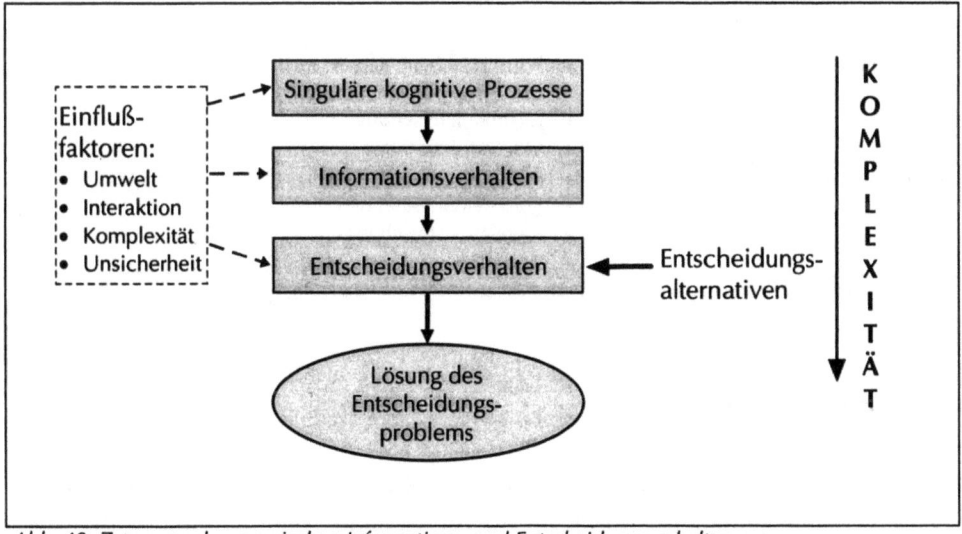

Abb. 49: Zusammenhang zwischen Informations- und Entscheidungsverhalten

Informationsverhalten und Entscheidungsverhalten sind eng miteinander verbunden. Das Informationsverhalten liefert das kognitive Gerüst für eine Entscheidungsfindung. Die Verbindung von Informations- und Entscheidungsverhalten zeigt die obenstehende Abb. 49.

Informations- und Entscheidungsverhaltensforschung – ein Überblick

Die Informations- und Entscheidungsverhaltensforschung ist kein geschlossenes Forschungsgebiet. Es besteht aus vielen Einzelansätzen und ist nur schwer abgrenzbar. Beiträge und Einflüsse kommen nicht nur aus den Verhaltenswissenschaften (insb. Kognitionsforschung), sondern auch aus der Künstliche-Intelligenz-Forschung und der Neurophysiologie. Die Forschung kann in Grundlagenforschung und anwendungsorientierte Forschung unterschieden werden. Aus letzterer interessiert hier die Forschung zum Management im Sinne der verhaltenswissenschaftlich ausgerichteten Organisationslehre. Tabelle 6 faßt die wesentlichen Disziplinen zusammen.

Wissenschaftliche Disziplin	Teildisziplin
Psychologie	• Neobehaviorismus • Kognitivismus • Konnektionismus
Medizinisch-naturwissenschaftliche Disziplinen	• Neurophysiologie • Biochemie • Psychophysik • Anatomie • Biologie
Informatik	• Künstliche Intelligenz-Forschung • Softwareergonomieforschung • Akzeptanzforschung • MIS/DSS-Forschung
Betriebswirtschaftslehre	• verhaltenswissenschaftliche Organisationslehre • Entscheidungstheorie • Innovationsforschung • Konsumentenverhaltensforschung

Tab. 6: Beiträge zur Informations- und Entscheidungsverhaltensforschung

4.3.2 Informationsverhalten

Das sogenannte Drei-Speicher-Modell dient der Beschreibung der menschlichen Informationsverarbeitungsprozesse (vgl. Atkinson/Shiffrin 1968, Trommsdorff 1993, S.251). Danach werden kognitive Prozesse durch Vorgänge zwischen und in einem

Aufnahmespeicher (sensorischer Speicher bzw. Ultrakurzzeitspeicher), einem Arbeitsspeicher (Kurzzeitspeicher) und einem Gedächtnisspeicher (Langzeitspeicher) beschrieben. Diese Einteilung orientiert sich an der Verweildauer der Informationen im jeweiligen Speicher und am Ausmaß der kognitiven Verarbeitung, der „Informationsverarbeitungstiefe" (Modell der Verarbeitungsstufen von Craik/Lockhart 1972). In der folgenden Tabelle 7 werden die Teilprozesse der Informationsverarbeitung dargestellt.

Teilprozesse der Informationsverarbeitung i.w.S.	
Informationsaufnahme	• Physische Aufnahme von Informationen (Wahrnehmungen) in den Ultrakurzzeitspeicher (= Aufnahmespeicher) • Selektion zur Weiterleitung an den Kurzzeitspeicher (= Arbeitsspeicher)
Informationsverarbeitung i.e.S.	• Abruf gespeicherter Informationen aus dem Gedächtnisspeicher (= Erinnern, kognitives Reagieren) • Verknüpfung vorhandener mit neu aufgenommenen Informationen im Arbeitsspeicher (= Denken, Bewerten, Entscheiden, Attribuieren)
Informationsspeicherung	• Prozeß des Lernens, bei dem die verarbeiteten Informationen im Gedächtnisspeicher (= Langzeitspeicher) abgelegt werden

Tab. 7: Teilprozesse der Informationsverarbeitung

4.3.3 Informationsaufnahme

Visuelle Informationen müssen zunächst als Reiz empfunden werden, bevor sie wahrgenommen und weiterverarbeitet werden können. „Informationsaufnahme" ist ein Transformationsprozeß von äußeren Reizen in psychophysische Zustände (Trommsdorff 1993, S. 229). Die von den Sinnesorganen aufgenommenen Reize gelangen hierbei in den Aufnahmespeicher (Ultrakurzzeitspeicher) und werden nur kurz gespeichert (0,1-1,0 Sekunden) (Kroeber-Riel 1990a). Die kognitive Kontrolle ist gering, die Sinneseindrücke werden nur passiv festgehalten. Informationsaufnahme ist die Wahrnehmung und Selektion von Reizen.

Menschliche Sinne

In der Wahrnehmungspsychologie werden fünf Sinnesorgane bzw. Sinnessysteme des Menschen unterschieden (Geldard 1972):

(1) visuelles System (Sehen),

(2) akustisches System (Hören),

(3) chemische Systeme (olfaktorisches System (Riechen), und gustatorisches System (Schmecken)),

(4) vestibuläres System (Gleichgewicht),

(5) haptisches/taktiles System (Tasten) (die Sinnessysteme der Haut (Druck, Schmerz, Temperatur).

Die Systeme (3), (4) und (5) besitzen beim Menschen im Vergleich zu (1) und (2) nur eine untergeordnete Bedeutung: Informationen werden zu 90% über das visuelle System wahrgenommen, da die Leistungsfähigkeit des bildlichen Systems weit über dem des semantischen liegt (s.o. Nickerson 1965, Kroeber-Riel 1993). Als visuelle Informationen bezeichnet man alle vom Auge aufgenommenen Reize, unabhängig von ihrer Form (Kroeber-Riel 1990b, S. 242).

Wahrnehmung

„Wahrnehmung" ist ein subjektiver, aktiver und selektiver Prozeß von hoher Komplexität, der die aus der Umwelt aufgenommenen, physikalischen Reize mit den im Gehirn gespeicherten Informationen verbindet (Kroeber-Riel 1992a, S. 266, Murch/ Woodworth 1978, S. 22). Hajos (1972) unterscheidet zwischen Empfindung und Wahrnehmung äußerer Reize. Empfindung ist die physische Aufnahme von Informationen über die Sinnesorgane. Dagegen ist Wahrnehmung eine Weiterverarbeitung der empfundenen Reize. Es schließt den Vergleich mit gespeicherten Informationen ein und führt zur subjektiven Abbildung der Realität. Kognitionen folgen als Denkvorgänge dem Wahrnehmungserlebnis (Rock 1975, Neisser 1974).

Der Wahrnehmungsprozeß wird unmittelbar durch die Form der Visualisierung beeinflußt. Geeignete Visualisierungen können den komplexen Wahrnehmungsprozeß vereinfachen, die Wahrnehmung beschleunigen und damit eine kognitive Entlastung bewirken.

Die Reizaufnahme erfolgt über eine kurzzeitige Abbildung der physikalischen Eigenschaften der Reizvorlage (z.B. Farbe, Form, Helligkeit). Es wird ein Muster abgebildet, das „Icon" (Neisser 1974, Haber 1981). Es ist nur für wenige Millisekunden zur Bildung eines „Perzeptes" und somit zur Aufnahme in den Kurzzeitspeicher verfügbar. Das Perzept ist das Wahrnehmungserlebnis, also das, was man tatsächlich wahrnimmt. Die aufgenommene Reize treffen mit vorhandenen Informationen aus dem Kurzzeit- und Langzeitspeicher zusammen. So wird ein Objekt in der Umwelt erkannt, gedeutet und verstanden. Reize können entweder zur Perzeptbildung herangezogen oder in unmittelbare Handlungen umgesetzt werden (Helmholtz 1866, Kaufmann 1974, Rock 1975, Murch 1973, Murch/Woodworth 1978).

Die Visualisierung – als Instrument der Gestaltung von Informationen – hat einen unmittelbaren Einfluß auf das Wahrnehmungserlebnis (Perzept): Bei identischem Informationsinhalt können unterschiedliche Visualisierungsformen zu unterschiedlichen Perzepten führen (z.B. durch Unterbrechungen auf Diagrammachsen).

Neurobiologische Vorgänge der visuellen Informationsaufnahme

Physische Aufnahme visueller Informationen (Sehprozeß): Das von einem Betrachtungsgegenstand reflektierte Licht trifft auf die Netzhaut (Retina). Die Struktur der Netzhaut bedingt jedoch, daß nicht alle Informationen des Blickfeldes zeitgleich und qualitativ homogen aufgenommen werden können. Die Netzhaut besteht aus Photorezeptoren, die das Licht in elektrische Impulse umwandeln. Man unterscheidet dabei lichtempfindliche Stäbchen und sehscharfe, farbempfindliche Zapfen (Leven 1991, S. 73). Etwa 125 Mio. Stäbchen und ca. 6 Mio. Zapfen sind „exzentrisch" auf der Retina verteilt. Die für Sehschärfe und Farbeindrücke notwendigen Zapfen konzentrieren sich auf die „Fovea Centralis". Hier, im Zentrum des Blickfeldes, ist die Sehschärfe und Farbwahrnehmung am größten. Dagegen werden am Rand des Blickfeldes Bewegungen besonders gut registriert.

Die „Hyperkolumnentheorie" geht davon aus, daß in der Gehirnrinde (visueller Kortex) Sehobjekte durch parallel und interaktiv arbeitende Prozessoren (Hyperkolumnen) verarbeitet werden (Frisby 1979, S.45). Die mit der Fovea Centralis verbundenen Hyperkolumnen nehmen einen großen Teil des visuellen Kortex ein. Gesichtsfeldausschnitte, die in der Fovea Centralis liegen, werden daher komplexer repräsentiert und genauer analysiert als Peripheriebereiche der Retina.

Der kleine Schärfebereich der Netzhaut (Fovea Centralis) reicht nicht aus, ein Betrachtungsobjekt in seiner ganzen Ausdehnung detailliert wahrzunehmen. Blickbewegungen (Saccaden) dienen dazu, den Betrachtungsgegenstand nacheinander abzutasten (Fixationen von durchschnittlich 200 bis 400 Millisekunden Dauer). Während der Saccaden können Informationen kaum aufgenommen werden. Zur Diskussion zu Fixationen und Saccaden vgl. u.a. Breitmeyer/Ganz (1976), Haber (1981, S. 152), Behrens (1982, S. 253). Der Blickverlauf wird von der Grobstruktur der Peripherieinformationen bzw. der Erwartung bestimmt. Ist beides nicht vorhanden, muß das Blickfeld vollständig abgesucht werden (Senders et al. 1978, Rohr 1988). Haber/Hershenson (1973) unterscheiden sieben verschiedene Arten von Augenbewegungen (Tab. 8):

Saccaden	Bewegungen, die neue Details des Betrachtungsgegenstandes in den Bereich der Fovea Centralis bringen.
Mikrosaccaden	Extrem schnelle Augenbewegungen, um das Auge in die ursprüngliche Fixationsposition zurückzuführen.
Blickfolgebewegungen	Halten Betrachtungsgegenstände, die sich bewegen, in der Fovea Centralis.
Vergenzbewegungen	Halten einen Betrachtungsgegenstand in der Fovea Centralis beider Augen.
Vestibularbewegungen	Gleichen Kopf- und Körperbewegungen mit Hilfe des Gleichgewichtssinns aus.
Augenzittern (Nystagmus)	Wird durch die gleichzeitige Anspannung der Augenmuskelpaare hervorgerufen.
Driftbewegungen	Beruhen auf dem Unvermögen, die Augen während einer Fixation völlig ruhig zu halten.

Tab. 8: Arten von Augenbewegungen

Gestaltpsychologische Vorgänge der visuellen Informationsaufnahme

Die Leistungsfähigkeit des Wahrnehmungssystems ist durch die Fähigkeit charakterisiert, Farben und Helligkeit (Kontrast) wahrzunehmen sowie Figuren und Formen zu erkennen. Diese Fähigkeiten werden in angeborene und erfahrungsbedingte unterschieden (Murch/Woodworth 1978). Die Fähigkeit, Unterschiede der Helligkeit, der neutralen und chromatischen Farben aufzunehmen, ermöglicht die Wahrnehmung spezifischer Attribute, wie z.B. Konturen, Ecken, Helligkeitsgradienten und Bewegungen. Hinzu kommt die Fähigkeit, kurz aufeinanderfolgende Reize zu verbinden. Dabei werden Kanten und Konturen schneller wahrgenommen als z.B. Winkel (Cheatham 1952).

Die Bildinformationsaufnahme erfolgt in zwei Phasen (Julesz 1975, Hoffman 1978, Lachman et al. 1979, Kahneman/Henik 1981, Beck 1982, Treisman 1982, 1985):

(1) *Automatische Phase:* Parallele Erfassung und Verarbeitung sensorischer Eindrücke (z.B. Größe, Grundformen, Strukturen, Farbe) von visuellen Elementen.

(2) *Bewußte (kognitive) Phase:* Sequentielle (serielle) Selektion bei der Informationsaufnahme. Das Erkennen von Flächen, komplizierteren Formen und Inhalten verläuft aufgrund des seriellen Erkennens und Verarbeitens weniger effizient und langsamer.

Visuelle Elemente werden nicht als Einzelelemente, sondern als Gruppen bzw. Figuren wahrgenommen, die bestimmten Prinzipien unterliegen. Hieraus entwickelten sich die Gestaltgesetze (s.o. sowie vgl. Wertheimer 1923, Helson 1933, Koffka 1935, Metzger 1966).

Nach Koffka (1935) erfolgt die Organisation der wahrgenommenen Objekte nach dem Prägnanzgesetz („Gesetz der guten Gestalt"), der Basis aller Gestaltgesetze. Danach werden Objekte innerlich so gestaltet, daß sie mit internen Mustern konsistent sind. Es werden solche Objekte bevorzugt wahrgenommen, die sich mit wenigen Mustern beschreiben lassen (Rohr 1988, S.32). Darauf aufbauend wurden weitere Gestaltgesetze (z.B. „Gesetz der Nähe", „Gesetz der Geschlossenheit" und „Gesetz der Gleichartigkeit") entwickelt. Helson (1933) beschrieb 114 solcher Gestaltgesetze, Metzger (1966) dagegen nur sieben. Die Gestaltgesetze sind für die Visualisierung von Informationen von besonderer Bedeutung, liefern sie doch Erklärungen für das ganzheitliche Erkennen von Zusammenhängen in graphischen Darstellungen bei der menschlichen Informationsaufnahme.

Informationsselektion

Aus der Fülle der Reize, die auf das Individuum aus der Umwelt einwirken, wird nur ein Teil zur Verarbeitung weitergegeben (selektive Wahrnehmung, selektive Aufmerksamkeit (Rohr 1988, S. 34)). Dies wird aufgrund der begrenzten Informationsverarbeitungskapazität des Menschen notwendig. Die Selektion erfolgt entweder bewußt durch gezielte Hinwendung zur Reizquelle oder unbewußt im Sinne einer „Stand-by-Aufmerksamkeit". Letztere ist ein menschlicher Schutzmechanismus, der die vielen unwichtigen Reize vom Menschen fern hält und ihn damit kognitiv entlastet.

Die Selektion von Informationen wird durch die Aktiviertheit des Individuums bestimmt. Der Grad der Aktiviertheit wird durch die Reize selbst, d.h. durch die Reizart (z.B. überraschender Reiz) und durch die Reizstärke (z.B. Überschreiten einer Reizschwelle) sowie durch personenspezifische Faktoren (wie z.B. Motive).

Die Visualisierung kann als Instrument zur Filterung und Verdichtung von Informationen dienen. Sie unterstützt den Manager bei der Selektion relevanter Informationen und Eliminierung irrelevanter Informationen (Ackhoff 1967).

4.3.4 Informationsverarbeitung

Zu den grundlegenden Mechanismen der „Informationsverarbeitung" zählen Aufbau und Verknüpfung von Kognitionen und das Unterscheiden von Sachverhalten (Dissoziieren und Differenzieren) (Kuß/Silberer 1992). Die Verknüpfung von neuen mit alten Informationen wird als Assoziation bezeichnet. Ein Überblick über Assoziationstheorien findet sich bei Petri (1992). Erfolgen die Assoziationen nach allgemeingültigen oder subjektiven Regeln, so wird von Denken gesprochen. Diese Regeln orientieren sich an sog. Schemata (siehe dazu später in 4.3.6). Informationsverarbeitung ist eng mit der Informationsspeicherung verbunden. Die Theorien der Informationsspeicherung (Lernen und Wissensrepräsentation) beziehen i.d.R. die Verarbeitung mit ein. Hier soll daher die Informationsverarbeitung auf die Verknüpfung von Kognitionen beschränkt bleiben.

Die aufgenommenen Informationen werden verarbeitet, indem sie interpretiert, bewertet, verglichen, zusammengefaßt und in Handlungen und Handlungsabsichten umgesetzt werden. Dies findet im Arbeitsspeicher statt, wobei Informationen sowohl von außen (Wahrnehmung) als auch aus dem Langzeitspeicher stammen (Lord/Maher 1990). Letztere dienen u.a. zur Einordnung, Bewertung und Relativierung neu erworbener Informationen (Trommsdorff 1993, S. 253). Im Arbeitsspeicher können bis zu sieben Informationseinheiten („chunks") gleichzeitig verarbeitet werden (G.A. Miller 1956).

Dies gilt nicht für visuelle Informationen: Nur etwa drei „chunks" können gleichzeitig verarbeitet werden (u.a. Broadbent 1975, Egan/Schwartz 1979, Kosselyn 1985 u. 1989). Dabei müssen bildliche Elemente nicht lange im Arbeitsspeicher gehalten werden. Etwa 0,1 Sekunden genügen dem Betrachter, um sich eine inhaltliche Vorstellung des Bildes machen zu können.

Aufgrund der generellen Kapazitätsbeschränkung des Arbeitsspeichers muß die Informationsverarbeitung weitgehend sequentiell erfolgen. Um dem Betrachter einer Graphik die sequentielle Vorgehensweise zu erleichtern, sollte eine graphische Darstellung derart gestaltet sein, daß sich der Betrachter beim „Abtasten" einer graphischen Darstellung („scanning") „von Sequenz zu Sequenz" nicht neu orientieren muß (vgl. Stark/Ellis 1981, Tullis 1988, Pinker 1990). Die Informationsverarbeitung sollte auch durch Assoziationsvorgänge und Schemata-Vergleichsprozesse vereinfacht werden.

4.3.5 Informationsspeicherung

„Informationsspeicherung" bedeutet die Ablage von Informationen im Langzeitspeicher. Sie ist ein Prozeß des Lernens von Wissens- und Gefühlseinheiten und umfaßt auch die spätere Wissensrepräsentation als Bereitstellung von Informationen. Wurde bis vor einigen Jahren angenommen, daß die Speicherdauer und auch die Kapazität des Langzeitspeichers nahezu unbegrenzt ist, geht heute die Interferenztheorie davon aus, daß das gesamte Erleben gespeichert wird. Erinnerungslücken entstehen nur durch Probleme beim Wiederauffinden („retrieval") von Informationen, weil die gesuchten Informationseinheiten von anderen überlagert werden (Interferenzen) und nicht wieder abgerufen werden können (Lindsay/ Norman 1972). Nach einer neueren Gedächtnistheorie hingegen werden Kognitionen im Langzeitspeicher auch verändert und damit vergessen.

Lerntheorien

Lernen wird als ein psychischer Vorgang definiert, der primär auf Erfahrungen oder Übung aufbaut. Lernen ändert die Wahrscheinlichkeit für das Auftreten einer Verhaltensweise in einer Situation (Hofstätter 1973, S. 214). Ein Individuum hat gelernt, wenn es wiederholt einem Stimulus ausgesetzt wird und daraufhin häufiger als vorher in einer definierten Weise reagiert (Kroeber-Riel 1990b, S. 324f.). Lernen bezieht sich nicht nur auf konkrete Verhaltensänderungen, sondern schließt auch Veränderungen von bereits gespeicherten kognitiven Zuständen, z.B. Einstellungsänderungen, ein (Behrens 1976, S. 85f.).

Lernen als Erwerb von Verhaltensmustern erfolgt in einfachster Form über die genetische Weitergabe. So werden lebensnotwendige und arterhaltende Verhaltensweisen über die Erbinformationen erworben. Die nächsthöhere Form ist das automatische, nicht willentlich kontrollierte Lernen, zu denen u.a. Konditionierungsvorgänge gehören. Die höchste Form des Lernens bindet zusätzlich kognitive Prozesse mit ein. Man spricht dabei von komplexem Lernen (sozial-kognitives und bewußt-vernünftiges Lernen) (Wiswede 1985, Trommsdorff 1993, S. 238f.).

Entsprechend der Fülle unterschiedlicher – z.T. ideologischer – Auffassungen über Zweck und Ziel menschlichen Lernens (z.B. naturwissenschaftliche, psychologische und psychoanalytische, humanistische Positionen) bestehen auch unterschiedliche Lerntheorien. Zu den wichtigsten zählen behavioristische Theorien (Stimulus-Response-Theorien) und kognitive Lerntheorien. In Tabelle 9 sind die Lerntheorien im Überblick strukturiert, sie sollen hier nicht weiter ausgeführt werden. Einen guten Überblick über Lerntheorien geben zudem Foppa (1975), Bower/Hilgard (1983, 1984), Bredenkamp/Wippich (1977) und Sahakian (1976).

Theoriegruppe	Kurzcharakterisierung
nicht-psychologische Theorien	
neurobiologische Theorien	beschäftigen sich mit chemischen/biologischen Veränderungen im Gehirn während des Lernens
⇨physiologische Theorien	⇨stellen auf neuronale Netze ab
⇨biochemische Theorien	⇨Betrachtung von chemischen „Lernstoffen"
informationstechnische Theorien	basieren auf „IV-Paradigma" / stammen aus informationstheoretisch-kybernetischer Forschung
psychologische Theorien	
modelltheoretische Theorien	Lernen als probabilistischer Prozeß, Formulierung von Gesetzmäßigkeiten des Lernens
experimentelle (empirische) Theorien	
elementare Theorien	empirische Untersuchungen zu einzelnen singulären Hypothesen und verhaltenswissenschaftlichen Konstrukten
Stimulus-Response-Theorien	⇨Lernen durch Konditionierung
Theorien des verbalen und bildlichen Lernens	⇨Kodierung des Gelernten als innere Bilder ⇨Imagery-Bezug
Kognitive Theorien	⇨Lernen durch rein kognitive Prozesse (Aufbau von Wissensstrukturen) ⇨ Schemata-Theorie
komplexe Theorien	versuchen, elementare Theorien zu verknüpfen
Interaktionstheorie	⇨Lernen durch Belohnung und Bestrafung
Theorie des sozialen Lernens	⇨Lernen durch Beobachtung und Nachahmung

Tab. 9: Lerntheorien – eine Übersicht

Die Bedeutung der Visualisierung von Informationen bei Lernprozessen ist außerordentlich hoch. Der komplexe Vorgang der Speicherung von Wissenseinheiten kann durch die Visualisierung vereinfacht werden, indem bestimmte Lernmechanismen unterstützt werden: So gelangen z.B. Bildinformationen deutlich schneller in das Langzeitgedächtnis, weil sie (1) ohne aufwendige Vorverarbeitung direkt abgespeichert werden können, (2) doppelt kodiert werden und (3) zusätzliche Imagerydimensionen besitzen (u.a. Paivio 1971, Kroeber-Riel 1993, Ruge 1988b).

Wissensrepräsentation

Lerntheorien beschreiben den Prozeß der Aufnahme von Informationen und Verhaltensmustern in den Langzeitspeicher. Das Ergebnis dieses Prozesses ist Wissen. Die „Wissensrepräsentation" beschreibt nun, wie Wissen im Gedächtnis abgelegt (repräsentiert) wird. Unter Gedächtnis versteht man die Fähigkeit, Wissen wiederfindbar zu speichern (Kandel/Hawkins 1993, S. 36). Physische Grundlage für das Gedächtnis ist die Gesamtheit der Nervenzellen, aus denen das Zentralnervensystem einschließlich des Gehirns besteht. Die Gedächtnisleistung hängt von der Anzahl, Komplexität und Größe der Nervenzellen ab. Es wird von einer Dreiteilung des menschlichen Gedächtnisses in Langzeitgedächtnis, Kurzzeitgedächtnis und Ultrakurzzeitgedächtnis ausgegangen (Drei-Speicher-Modell, s.o.). Danach ist Wissen nur im Langzeitgedächtnis abgelegt, vorwiegend in dem am stärksten differenzierten Teil der Großhirnrinde, dem Neokortex. Daneben existieren Theorien (Gedächtnismodelle), die die Speicherung visueller Informationen erklären. Diese Gedächtnismodelle sind in der folgenden Tabelle 10 aufgeführt.

Theorie	Charakterisierung
Hemisphärentheorie	• Die Gehirnhälften übernehmen getrennte Speicherungs- und Verarbeitungsfunktionen: Die rechte Gehirnhälfte ist für die Bildverarbeitung, die linke für die sprachliche Informationsverarbeitung zuständig (Perecman 1983).
Theorie der dualen Kodierung	• Die Verarbeitung und Speicherung von Informationen erfolgt in zwei miteinander korrespondierenden Kodierungssystemen, die den Hemisphären entsprechen: Getrennte Verarbeitung von bildlichen und sprachlichen Informationen (Paivio 1971).
Gedächtnisspurenmodell	• Jeder Informationsverarbeitungsvorgang hinterläßt Gedächtnisspuren. Die langfristig in Gedächtnismolekülen (biochemische Substanzen) gespeicherten Informationen können nach h.M. nicht mehr gelöscht werden. • Jede Kognition kann als Repräsentation einer Gedächtnisspur verstanden werden. Dabei kommt es auf die Informationsverarbeitungstiefe an. • Auch Wissensverbindungen wie Assoziationen und Schlüsselinformationen lassen sich durch miteinander verknüpfte Gedächtnisspuren erklären (Hebb 1975, Bredenkamp/Wippich 1977, Rapoport 1977, Kroeber-Riel 1992).
Kognitive Theorien	• Wissen wird in prozedurales und deklaratorischen Wissen unterschieden (Kriterium: Formulierbarkeit des Wissens). Prozedurales Wissen ist nicht bewußt und nicht fomulierbar. Deklaratorisches Wissen wird darüber hinaus in semantisches (sprachliches) und episodisches (ablaufbezogenes) Wissen gegliedert (Kroeber-Riel 1992a, Trommsdorff 1993).
Schemata-Theorie	• Wissen ist in Form von Strukturen (Schemata) abgelegt. Schemata sind standardisierte Vorstellungen über logische Zusammenhänge im Wissen. Rumelhart (1980) definiert Schemata als „building blocks of cognition". Eine Langzeitspeicherung ist erfolgt, wenn ein neues Schema aufgebaut wurde. Formen von Schemata: *Shemes* (begriffliche Zuordnungen), *Skripte* (Ereignisschemata, Schema über zeitliche Abläufe), *Images* (bildliche Schemata), *Frames* (komplexe Regelwerke), vgl. u.a. Bartlett 1932, Schank/ Abelson 1977, Fiske/Linnville 1980, Minsky 1981, Graesser/Nakamur 1982, Anderson 1983, Eysenck 1984, Schwarz 1985, Winograd/Flores 1986, Mandl/Friedrich/Hron 1988, Wender 1988, Franck 1992.
Neuronale Netze	• Das menschliche Gehirn wird als neuronales Netzwerk angesehen. Es besteht hierbei ein enger Bezug zu Schemata- und neurobiologischen Theorien und der Künstlichen Intelligenz (Minsky 1981, Ashcraft 1989, Brown 1992, Hinzmann 1990, McClelland et.al. 1986).
Neurobiologische Theorien	Untersuchen biochemische Prozesse der Gedächtnisbildung (Engrammbildung) (u.a. Goldmann-Rakic 1993, Kandel/ Hawkins 1993, Zeki 1993). Enge Bezüge zu gleichnamigen Lerntheorien (Czihak et.al. 1984, Rapoport 1977).

Tab. 10: Modelle zur Informationsspeicherung und Wissensrepräsentation

Für die Bedeutung der Visualisierung soll an dieser Stelle die Schemata-Theorie hervorgehoben werden. Schemata spielen eine besondere Rolle beim Verstehen und Speichern visueller Informationen. „Etwas zu verstehen" heißt nach der Schemata-Theorie, Informationen in vorhandene Wissensbestände („passende Schemata") einordnen zu können (Bransford/Johnson 1972, Bransford/McCarell 1975). Neu hinzukommende Informationen werden mit internen Schemata verglichen. Nur Abweichungen von bestehenden Schemata werden gespeichert (Schwarz 1985). Durch das Instrument der Visualisierung können vorhandene Schemata angesprochen werden. Dadurch wird die Effizienz der Informationsverarbeitung erhöht: Informationen werden unter minimaler Aufmerksamkeit und geringer kognitiver Anstrengung verarbeitet. Andererseits kann die Visualisierung gezielt gespeicherten Schemata widersprechen. In diesem Fall steigert sie die Aktivierung, so daß visualisierte Informationen bevorzugt gespeichert werden.

4.3.6 Entscheidungsverhalten

Die Entscheidungstheorie beschäftigt sich als interdisziplinäre Lehre mit Entscheidungsinhalten, -prozessen und -verhalten bei Individual- und Kollektiventscheidungen. Entscheidungsprozesse in Organisationen stehen seit den 60er Jahren im Mittelpunkt der Managementforschung. Die große Bedeutung, die Entscheidungsprozessen zugemessen wird, geht u.a. auf Cyert/March (1963) zurück, wonach Organisationen „systems for making decisions" sind. Auch in der neueren betriebswirtschaftlichen Literatur wird den Entscheidungen in Organisationen zentrale Bedeutung zuerkannt (u.a. Heinen 1978, Staehle 1995). Die Entscheidungstheorie wird durch eine normative und eine deskriptive Richtung geprägt.

Die deskriptive Entscheidungstheorie liefert Befunde zum Entscheidungsverhalten von Managern und damit für die Visualisierung von Informationen. Aber auch die normative Entscheidungstheorie bietet Vorschläge zur Visualisierung von Informationen, die jedoch nicht aus empirischen verhaltenswissenschaftlichen Untersuchungen gewonnen werden, sondern sachlogisch aus den Gegebenheiten der Entscheidungsmodelle und -objekte (Entscheidungsvariablen, Zielgrößen, Präferenzaussagen) abgeleitet werden.

Normative Entscheidungstheorie

Die normative (präskriptive) Entscheidungstheorie entwickelt Regeln, Modelle und Verfahren, wie sich Menschen in komplexen wirtschaftlichen Entscheidungssituationen verhalten sollten, um rationale (optimale) Entscheidungen zu treffen. Das tatsächliche Verhalten der entscheidenden Person ist irrelevant. Nur das Ziel, die Entscheidung an sich, ist von Forschungsinteresse, nicht jedoch der Weg zur Entscheidung (Entscheidungsprozeß). Die normative Entscheidungstheorie ist deutlich quantitativ ausgerichtet. Entscheidungen werden als mathematisches, eindeutig lösbares Problem aufgefaßt: Rationale Entscheidungen werden anhand von Entscheidungsregeln entsprechend einer formulierten Entscheidungslogik gefällt. Die Anwendung der normativen Entscheidungstheorien für das reale Informations- Problemlöse- und Entscheidungsverhalten von Managern ist jedoch begrenzt (Annahme des homo oeconomicus bzw. homo informaticus als Entscheidungsträger, s.o.). Die normative Entscheidungstheorie ignoriert kognitive Prozesse. Sie schreibt unabhängig von der Person des Entscheiders Handlungsempfehlungen vor.

Die normative Entscheidungstheorie kann hier dennoch einen Beitrag zur Visualisierung von Informationen leisten. Sie kann Vorschläge aus formalen sachlogischen Zusammenhängen von entscheidungsrelevanten Informationen ableiten. Hier zeigten sich - jenseits trivialer und bekannter Vorschläge - die Forschungsfelder der mehrstufigen, verzweigten Entscheidungsprozesse und der Mehrzielentscheidungsprobleme als Quelle für Vorschläge zur Visualisierung. Für Mehrzielentscheidungsprobleme faßt Vetschera (1993) die wesentlichen Vorschläge der Literatur zusammen. Diese sind im einzelnen:

- Ein Vorschlag besteht in einer zweidimensionalen Profildarstellung von Entscheidungsalternativen, die sich aus einer Menge von Teilalternativen zusammensetzen (Schilling et al. 1982). Ein Beispiel zeigt Abb. 50. Marketingplan 1 besteht aus den Maßnahmen 1 und 4 (z.B. Werbeaktionen), Plan 2 aus den Maßnahmen 2 und 5, Plan 3 aus 3 und 5 usw. Durch die Verbindung der Maßnahmen, werden die Differenzen je Schritt in den Marketingplänen deutlich. Kritisch zu bemerken ist, daß durch diese Linien der Eindruck erweckt wird, die Marketingpläne würden sich aus den mit den Linien verbundenen Maßnahmen zusammensetzten, ein Zusammenhang, der so nicht besteht.

- Für die Darstellung der Erfüllung von zwei Zielen wird auf Liniendiagramme mit zwei unterschiedlichen Achsen verwiesen, deren Abzissen nur die beiden Ausprägungen Ziel 1 und Ziel 2 aufweisen (Inselberg 1985). Ein Beispiel zeigt Abb. 51 für die Erfüllung der zwei Ziele Bekanntheit und geringe Kosten durch die Marketingkonzepte 1 und 2. Kritisch anzumerken ist, daß durch die Wahl der Skalierung der Ziellinien und der Abstandslinie sehr unterschiedliche Eindrücke von den Differenzen zwischen den Konzepten vermittelt werden können.

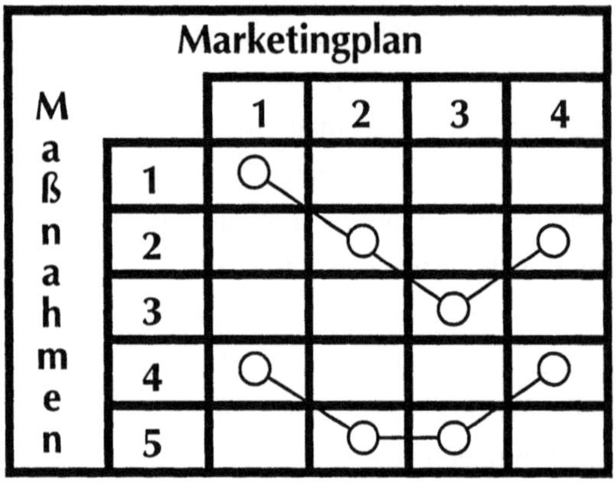

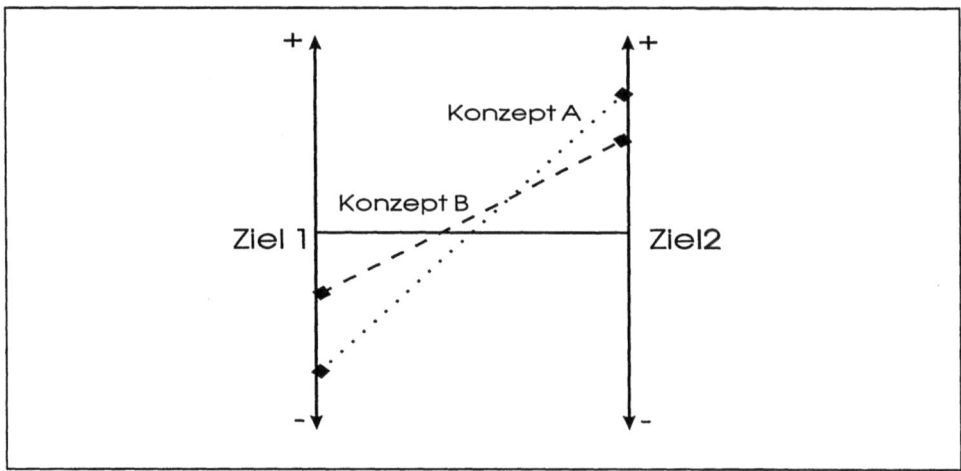

Abb. 50: Darstellung von Entscheidungsalternativen nach Schilling et.al. (1982)

- Für eine höhere Alternativenzahl werden wiederholt Netzdiagramme und "schematic faces" vorgeschlagen (u.a. Sobol/Klein 1989, Kasanen et al. 1991, Chambers et al. 1992, Heiler et al. 1992, zitiert bei Vetschera 1992 u. 1993, sowie Angehrn 1991).

Abb. 51: Darstellung zweier Alternativen und Erfüllung ihrer Ziele

- Für faktoranalytische Darstellungen mit mehreren, nicht unabhängigen Variablen werden 2D-Punktdiagramme vorgeschlagen, deren Achsen nicht orthogonal aufgetragen sind (Vetschera 1992, 1993). Diese Darstellung ist in ähnlicher Form als MDS-Diagramm (Multi-Dimensionale-Skalierung) aus der Statistik bekannt (vgl. u.a. Kopp 1991, Sawatzke 1991).

- Für die Darstellung von Abfolgen ordinaler Präferenzaussagen, d.h. Aussagen, die einen hierarchischen Bezug zueinander aufbauen, werden kettenartige Ablaufdarstellungen ähnlich den Flußdiagrammen vorgeschlagen. Das dazugehörige Verfahren wird als topologische Sortierung bezeichnet (u.a. Neumann 1987).

- Um darzustellen, in welchem Ausmaß Unterziele zur gesamtheitlichen Bewertung einer Alternative im sogenannten "analytic hierarchy process" beitragen, wird von Vetschera (1993, sowie Hämäläinen/Lauri 1992) auf geschichtete Balkendiagramme verweisen.

Zusammenfassung: Die Vorgehensweise bei der Herleitung der Vorschläge ähnelt der in Kapitel 3: Es wird aus sachlogischen Überlegungen heraus eine Darstellungsform vorgeschlagen. Die Sicht jedoch ist eine andere, es wird von der Nachfragerseite - aus der Entscheidungsmethode und der zu zeigenden Informationen heraus - argumentiert. Die Ergebnisse sind zwar nachvollziehbar, in Teilen jedoch trivial. Es fehlt zudem an der Berücksichtigung möglicher Fehlinterpretationen, wie es z.B. bei den Profildiagrammen naheliegt. Dies ist aber aus dem Verständnis der normativen Theorie heraus nicht beabsichtigt. Dies zu berücksichtigen ist die Aufgabe der deskriptiven Theorien.

Deskriptive Entscheidungstheorie

Die deskriptive Entscheidungstheorie untersucht Entscheidungsbildungsprozesse, Entscheidungsziele und -inhalte. Sie zielt auf die Beschreibung, Erklärung und Vorhersage tatsächlicher Entscheidungen ab (z.B. Janis/Mann 1977, Irle 1982, Hogarth 1987). Sie ist eine empirische Forschungsrichtung. Sie analysiert die kognitiven Prozesse und die das Verhalten beeinflussenden Bedingungen (Jungermann 1990, S. 200). Sie untersucht die Faktoren, die in Auswahl- und Beurteilungsprozessen („choice", „preference") sowie Urteils- und Entscheidungsfindungsprozessen („judgement", „reasoning", „decision-making") für eine Abweichung von den Vorhersagen des normativen Modells vom „homo oeconomicus" ursächlich sind. In der deskriptiven Entscheidungsforschung wird davon ausgegangen, daß Entscheidungsprozesse „nicht unveränderlich" (Payne et al. 1992) sind, sondern durch Person, Situation und Aufgabe („contingency") bestimmt werden (Zimolong/Rohrmann 1988). Man spricht von „constructive and contingent nature of decision behavior" (Payne et al.

1992). Ausdruck der „contingency" sind die zahlreichen, sich oft widersprechenden „Meta-Ziele", die je nach Entscheidungsepisode verfolgt werden („maximize accuracy or justifiability" oder „minimize effort, regret or conflict"). „Constructive" bedeutet, daß Präferenzen bzw. Überzeugungen (zu Objekten bzw. über Ereignisse) vom Entscheider oft erst zusammengefügt bzw. rekonstruiert werden müssen. Sie können aufgrund der begrenzten Verarbeitungskapazität nicht einfach zur Lösung eines gegebenen Urteils- oder Wahlproblems hervorgebracht werden (March 1978, Slovic et al. 1988 u. 1990). Zu Einflüssen der Person auf den Vorgang des Zusammenfügens (Verarbeitungskapazität, Sachkenntnis etc.) vgl. u.a. Bettman et al. (1990) oder Shanteau (1988).

Entscheidungsbegriff und Entscheidungsprozeß

Eine „Entscheidung" ist ein kognitiver Prozeß, dessen Ziel die Auswahl und Realisierung einer Handlungsoption aus mindestens zwei Alternativen ist (u.a. Witte 1969, Thomae 1974, Janis/Mann 1977, Hering 1986 aber auch Katona 1960, Hansen 1972, Bettman 1979, Wiswede 1988. Zu unterschiedlichen Entscheidungsbegriffen siehe u.a. Kahle 1973 und Heinen 1976). Dabei werden Entscheidungen nicht als punktuelle Ereignisse, sondern als Prozesse der Verarbeitung von Informationen konzeptualisiert (Irle 1971, Einhorn/Hogarth 1981, Jungermann 1990). Der Prozeßcharakter der Entscheidung wird vor allem in der verhaltensorientierten Entscheidungsforschung hervorgehoben.

Der Entscheidungsbegriff wird in der Literatur unterschiedlich weit gefaßt: Die weiteste Fassung beinhaltet Willensbildung (= Planung) und Willensdurchsetzung (= Realisierung und Kontrolle) (Heinen 1976, S. 20ff.). In der engsten Fassung hingegen ist Entscheidung nur die Wahl zwischen bereits explizit oder implizit vorliegenden Alternativen bzw. das Ergebnis dieses Wahlaktes (= Entschluß).

Der Begriff „Problemlösen" bzw. „Problemlöseprozeß" wird von der Mehrzahl der Autoren als mit dem Begriff „Entscheidungsfindung" bzw. „Entscheidungsfindungsprozeß" austauschbar angesehen (z.B. Kirsch 1978, S. 8; Wagner 1982, S. 12. Anders dazu Abel 1977, S. 81, Pfohl 1977, S. 25, Hauschildt 1977, S. 80). Der Entscheidungsprozeß wird in mehrere Phasen eingeteilt (Jungermann 1990, S. 200ff.):

(1) Problemerkenntnis (Feststellen der Entscheidungsnotwendigkeit) (2) Problemdefinition (Problemanalyse/Repräsentation des Problems) (3) Alternativensuche und Alternativenbildung (4) Alternativenbewertung (Beurteilung der Werte und Abschätzung der Wahrscheinlichkeiten der Handlungskonsequenzen) (5) Alternativenauswahl und Entschluß (Wahl einer Handlungsoption als beste Alternative)	Schritte des Entscheidungsfindungsprozesses bzw. Problemlöseprozesses (= Willensbildung)
(6) Implementation der Entscheidung (Realisierung der Wahl und Kontrolle)	Willensdurchsetzung

Tab. 11: Der Entscheidungsprozeß als Verhaltenskontinuum (Phasenmodell)

Diese und ähnliche Phaseneinteilungen gehen auf die Analyse kognitiver Prozesse von entscheidenden Individuen zurück (Dewey 1910) und wurden erstmals von Barnard (1938) und Simon (1960) in den Wirtschaftswissenschaften eingeführt. Der Entscheidungsprozeß ist von den Charakteristika des Entscheidungsproblems (z.B. Bekanntheit, Komplexität und Instabilität), der Entscheidungssituation (z.B. Irreversibilität, Verantwortbarkeit sowie zeitlichen und ökonomischen Rahmenbedingungen) sowie des Entscheidungssubjektes (z.B. Wissen, Fähigkeit und Motivation) abhängig (Heinen 1976, Beach/ Mitchell 1978, S. 439ff.).

Theorien der rationalen und begrenzt rationalen Wahl

Das obige Phasenmodell (Tab. 11) setzt einen rational handelnden, nach Nutzenmaximierung strebenden Entscheider voraus, dessen Ziele bekannt, klar und eindeutig formuliert sind. Die Theorie der rationalen Wahl mit seinen Prämissen aus der klassischen Entscheidungstheorie der Mikroökonomie („homo oeconomicus-Annahme") wurde häufig kritisiert (Simon 1947, Cyert/March 1963). Die Kritik führte zur „Theorie der begrenzt rationalen Wahl" („bounded rationality"). Hier ist der Entscheider aufgrund begrenzter Informationen, Zeit und sonstiger Ressourcen weder in der Lage noch gewillt, alle denkbaren Alternativen zu suchen und zu bewerten. Er hat kein konsistentes System von Entscheidungspräferenzen, er verfügt nur über unvollständige Informationen (keine vollständige Informationsversorgung) und nur über ein unvollständiges Bild der Problemsituation. Er kennt nicht alle Alternativen mit ihren Konsequenzen, er bewertet die Handlungsalternativen nur unzureichend, da er Ergebnisse und Eintrittswahrscheinlichkeiten nicht exakt zuzuordnen vermag. Der Entscheider neigt dazu, die erste Alternative zu wählen, die sein Anspruchsniveau befriedigt („satisficing" vs. „maximizing"). Dies ist typisch für eine Informationüberlastungssituation.

Arten von Entscheidungen

Die Vielzahl möglicher Entscheidungsgegenstände hat zu einer fast ebenso großen Zahl von Klassifikationsvorschlägen geführt. Die wichtigsten Arten von Entscheidungen sind in der folgenden Tabelle 12 gegenübergestellt:

Entscheidung	Erläuterung	Quelle
▷ Erkenntnis-entscheidungen ▷ Handlungs-entscheidungen	• *Erkenntnisentscheidungen* resultieren aus Informationsverarbeitungsprozessen. • *Handlungsentscheidungen* stellen die Entschlüsse zu konkreten Verhaltensweisen dar.	Irle (1975)
▷ Entscheidungen unter Sicherheit ▷ Entscheidungen unter Risiko ▷ Entscheidungen unter Unsicherheit	• Einteilung nach dem *Grad der Sicherheit*, mit dem die Konsequenzen von alternativen Entscheidungen vom Entscheidungssubjekt vorausgesehen werden können. • Bei *Entscheidungen unter Sicherheit* ist das Ergebnis der Entscheidung eindeutig bekannt, was vollkommene Information voraussetzt. • Bei *Entscheidungen unter Risiko* liegen der Entscheidung mehrere Ereignisse zugrunde, über deren Eintritt objektive (mathematische) oder subjektive (aus Intuition und Erfahrung) Wahrscheinlichkeiten vorliegen. • Bei *Entscheidungen unter Unsicherheit* liegen über den Eintritt eines Ereignisses weder statistische noch auf Erfahrung beruhende Informationen vor.	Knight (1921) Staehle (1995)
▷ programmierte Entscheidungen ▷ nicht-programmierte Entscheidungen	• Abgrenzung knüpft an Unterscheidung in wohl- bzw. schlecht-definierte Entscheidungsprobleme („well"-defined, „ill"-defined) an. • *Programmierte Entscheidungen* sind repetitive, routinemäßige Entscheidungen, zu deren Unterstützung spezielle Verfahren existieren. • *Nicht-programmierte Entscheidungen* sind seltene, komplizierte und neuartige Entscheidungen, zu deren Unterstützung keine generellen Problemlösungsverfahren existieren.	March/ Simon (1958) Simon (1960)
▷ Routine-entscheidungen ▷ Exzeptional-entscheidungen (= echte Entscheidungen)	• entspricht der Unterscheidung in habituelles (intuitives, gewohnheitsmäßiges) Verhalten und echtes Entscheiden sowie in adaptive und innovative Entscheidungen. • Bei einer *Routineentscheidung* reagiert der Entscheider gewohnheitsmäßig auf einen Stimulus, ohne daß zwischen Stimulus und Reaktion eine spürbare Phase des Nachdenkens und Abwägens sichtbar wird. Der Mensch ist mit der Situation vertraut. Er verfährt so, wie er in der gleichen Situation schon früher entschieden und gehandelt hat. Es werden weder alternative Handlungsmöglichkeiten gesucht noch Informationen über mögliche Konsequenzen gewonnen. • *Echte Entscheidungen* liegen bei völlig neuartigen Problem- und Aufgabenstellungen vor und entsprechen dem Problemlösungsverhalten.	Katona (1972) Gore (1962) Howard /Sheth (1969) Katona (1964) Heinen (1966) Kirsch (1978) Franck (1992)

Tab. 12: Arten von Entscheidungen

Von besonderem Interesse ist die Unterscheidung in Routineentscheidungen und Exzeptionalentscheidungen. Diese Unterteilung läßt z.B. eine Differenzierung des Involvement- und Aktivierungsniveaus des Managers zu: Beide Entscheidungsformen sind in mehr oder weniger stark ausgeprägten High-Involvement-Situationen eingebettet. Je neuartiger und bedeutender eine Entscheidung ist, desto stärker steigen Aktivierung, Involvement und Aufmerksamkeit des Managers (Abb. 52):

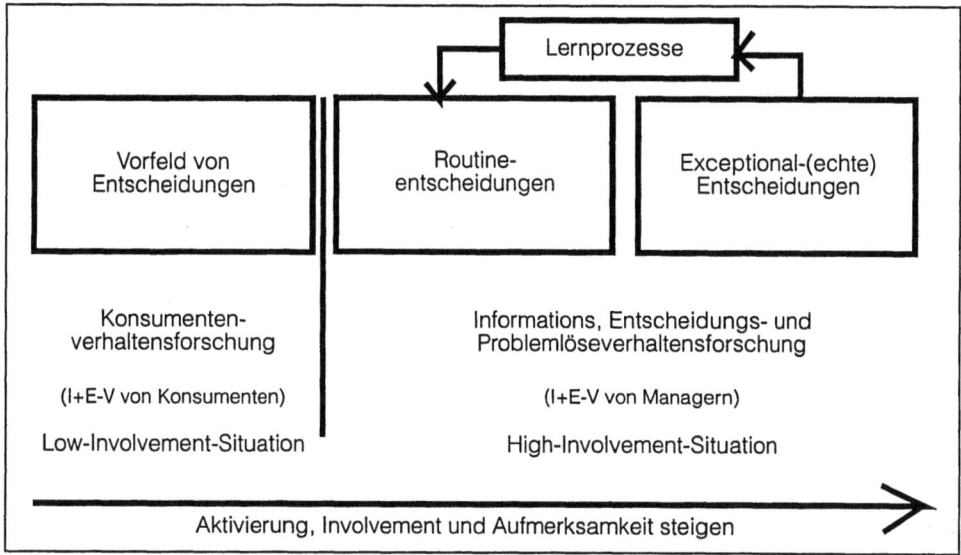

Abb. 52: Abgrenzung: Routine- und Exzeptionalentscheidungen

Auch Franck (1992, S. 632ff.) greift auf die Unterscheidung in Routineentscheidungen und echte Entscheidungen zurück, um zu beschreiben, wie kompetentes Entscheidungsverhalten zustandekommt. Er erklärt, wie sich das Entscheidungsverhalten eines Experten (Professional) vom dem eines Anfängers (Novize) unterscheidet. Er führt das Expertenwissen auf eine mit steigender Kompetenz zunehmende Verfügbarkeit körperlicher Routinen (im Gegensatz zu bewußten geistigen Verarbeitungsprozessen) zurück.

Infolgedessen ist bei Exzeptionalentscheidungen die Informationsverarbeitung ein vornehmlich geistiger Prozeß. In dieser Situation befindet sich i.d.R. der Anfänger. Andererseits ist die Informationsverarbeitung bei Routineentscheidungen ein größtenteils körperlich kontrollierter Prozeß, was typisch für das Entscheidungsverhalten des Experten ist. Diese Art der körperlichen Verhaltenssteuerung scheint wesentlich effizienter zu funktionieren als die bewußten geistigen Verarbeitungsprozesse, auf die der Anfänger zurückgreifen muß. Polanyi (1964) bezeichnet solche vom Entscheider beherrschte, aber geistig und verbal nicht analysierbare Problemlösefähigkeiten als „tazites" Wissen.

Diese Erkenntnis kann auf die Verwendung und die Erzeugung visueller Informationsdarstellungen übertragen werden. So wird z.B. die Fähigkeit, Graphiken zu interpretieren, gemeinhin als eine kognitive Fertigkeit („cognitive skill") angesehen, die durch einen hohen Anteil körperlicher Routine charakterisiert ist (Zmud 1979, Robey 1983, Zmud et al. 1983).

Entscheidungen, Aufgaben und Probleme

Ein „Problem" ist für den Entscheider aufgrund der subjektiven Neuartigkeit ein Auslöser „echter" Entscheidungen (Wagner 1982). Vom Problem ist die „Aufgabe" abzugrenzen, bei deren Lösung auf bisherige Erkenntnisse zurückgegriffen werden kann. Aufgaben sind nach Dörner (1979, S. 10) geistige Anforderungen, für deren Bewältigung Methoden bekannt sind. Aufgaben erfordern nur reproduktives Denken, während beim Lösen eines Problems etwas Neues geschaffen werden muß.

Probleme sind somit durch drei Komponenten gekennzeichnet:

(1) ein unerwünschter Anfangszustand,

(2) ein erwünschter Endzustand sowie

(3) eine Barriere, die die Transformation vom Anfangs- zum Endzustand verhindert

(Dörner 1979, Sell 1989, S. 35). Problemlöseverhalten – und damit echtes Entscheiden – ist erst dann erforderlich, wenn das Individuum einer neuen Situation begegnet, für die es keine passende Reaktion besitzt: Wenn also die Neuartigkeit der Entscheidungssituation eine bestimmte, nicht quantifizierbare kritische Schwelle überschreitet (Franck 1992, S. 634).

Probleme sind in der Vergangenheit mehr nach ihrem Inhalt als nach ihren Anforderungen unterschieden worden. Lediglich eine Einteilung der Probleme in die Kategorien „gut definiert" und „schlecht definiert" war üblich (McCarthy 1956). Dörner (1979) schlägt anstelle der dichotomen Einteilung eine kontinuierliche Einteilung nach dem Endzustand des Problems von „geschlossen" bis „offen" vor. Eine weit verbreitete Klassifizierung von Problemen knüpft an den Typus von Barrieren an, die die Transformation des Anfangszustandes in den Endzustand verhindern (ausführlich dazu Dörner 1979, Sell 1989).

4.4 Forschung zur Visualisierung

Die Wirkung von Bildern auf das Informations- und Entscheidungsverhalten von Menschen wurde in einer Reihe empirischer Untersuchungen untersucht. Ein kurzer Abriß der Historie der empirischen Studien zur Visualisierung findet sich bei Sobol/Klein (1989, S. 893), detaillierte Überblicke geben Ives (1982), DeSanctis (1984), Dickson/DeSanctis/McBride (1986), Jarvenpaa/ Dickson (1988), Hirschberger-Vogel (1990) und Gemünden (1991). Das folgende Kapitel soll dem Leser einen kurzen Überblick dieser - auch methodisch recht reizvollen - Forschung vermitteln.

4.4.1 Empirische Studien zum Einsatz visueller Darstellungen

Themen der Visualisierungsforschung

Anfang der 70er Jahre fand die Visualisierung von Informationen das Interesse der Informationssystemforschung (Mason/Mitroff 1973). In den „Minnesota Experimenten" wurde erstmals der Zusammenhang zwischen Entscheider, Entscheidungstyp und Informationssystem untersucht (Dickson/Senn/Chervany 1977).

Lucas (1981) verglich die Wirksamkeit von graphischen und tabellarischen Darstellungen auf Entscheider mit unterschiedlichen „cognitive styles" (analytisch bzw. heuristische Personen). Unter „cognitive styles" werden dabei unterschiedliche Problemlösungsstile, d.h. Unterschiede in der Art und Weise des menschlichen Wahrnehmens und Denkens bezeichnet (Zmud 1979, Laudon/Laudon (1991, S. 162, Fink 1987).

Darüber hinausgehende Untersuchungen zum Zusammenhang von Visualisierungsform und Problemverständnis stammen aus den Forschungsrichtungen Arbeitswissenschaft und experimentelle Psychologie (Dooley/Harkins 1970, Isaacs 1970, Tullis 1981). In diesen Studien wurden z.B. Helligkeit, Farbe, Textur, Form und Kontrast der Visualisierungen verglichen. In weiteren Studien wurde der Einfluß von Farbe (Benbasat/Dexter 1985, 1986), Präsentationsform (Lucas/ Nielsen 1980), Aufgabenkomplexität (Remus 1984), Umfeldkomplexität (Schroeder/ Benbasat 1975, Remus 1987) und des Wechsels der Visualisierungsform (MacKay/Villarreal 1987) untersucht.

Disziplin	Untersuchungsgegenstand	Quelle
Statistik	Effizienzvergleich graphischer Darstellungsformen (Säulendiagramm, Kreisdigramm etc.)	Karsten (1923), Eells (1926), Croxton/Stein, v.Huhn (1927)
	Vergleich von Graphiken und Tabellen hinsichtlich der Interpretationsgenauigkeit und -geschwindigkeit	Carter (1946, 1947, 1948)
	Untersuchung der Vor- und Nachteile spezifischer Graphikformen	Tukey (1972, 1977), Cox (1978), Wainer/Raiser (1976)
	Studie, wie Leser Graphiken interpretieren	Fienberg (1979)
Arbeitswissenschaft experimentelle Psychologie	Untersuchung der Einflüsse bestimmter Eigenschaften von graphischen Darstellungen (z.B. Helligkeit, Kontrast, Textur, Farbe, Form) im Hinblick auf die Lesbarkeit und Verständlichkeit von Informationen	Dooley/Harkins (1970), Isaacs (1970), Tullis (1981)
	Farbwirkung bei visuellen Darstellungen	Christ (1975, 1977, 1983)
Kartographie	Kommunikationseffizienz von Karteneigenschaften (z.B. Symbole, Farben, Maßstab) für Anwendungen in Luftfahrt und Nautik	u.a. Castner/Robinson (1969)
kognitive Psychologie	Erinnerungs- und Verarbeitungsprozesse visueller Stimuli, u.a. Untersuchung der Erinnerbarkeit (Recall/Recognition) von Bildern u. Wörtern	Rosen/Rosenkoetter (1976), Simcox (1981), Simkin/Hastie (1987), Nelson et al. (1974), Anderson (1980)
angewandte Psychologie	Untersuchung der Interpretationsgenauigkeit („interpretation accuracy") und der Verständlichkeit („comprehension")	Witkin/Oltman/Raskin/Karp (1971), Bailey (1982)
Erziehungs- und Kommunikationswissenschaft	Wirkungen visueller Darstellungen auf den menschlichen Lernprozeß.	Washburne (1927), Thomas (1933), Thorp (1933), Wrightstone (1936), Peterson/Schramm (1954), Culbertson/Powers (1959)
	Untersuchung der Eignung und Effizienz von Graphiken und Tabellen zur visuellen Unterstützung von vorgetragenem Text (z.B. Lehrstoff)	Vernon (1952), Felicino/Powers/Bryant (1963), Dwyer jr. (1971), Rigney/Lutz (1976), Eggen/Kauchack/Kirk (1978),
Marketing/ Werbung	u.a. Gebrauch von Illustrationen oder anderen Visualisierungsformen in der Werbung	Rudolph (1947), Ryan/Schwartz (1956), Russo/Krieser/Miyashita (1975), Wright/Barbour (1975), Wright (1975), Bettman/Kakkar (1977), Bettman/Zins (1979), Biehal/Chakravarti (1982)
Management- u. Organisationsforschung	Vergleich der Kommunikationseffizienz von Darstellungen auf dem Bildschirm und Darstellungen auf Papier („hard copy")	Senn/Dickson (1974) Lucas/Nielsen (1980),
	Vergleich: detaillierte u. kumulierter Darstell.	Chervany/Dickson (1974)
	Schwerpunkt der Forschung: graphische vs. tabellarische Visualisierungsformen	u.a. Firth (1980), Davis (1981), Lucas (1981), Remus (1984), Blalack (1985), Dickson/DeSanctis/McBride (1986), Benbasat/Dexter/Todd (1986a)

Tab. 13: Systematik der empirischen Forschung (nach Disziplinen)

Neben üblichen Visualisierungsformen wurden auch weniger verbreitete Formen wie „Chernoff Faces" (Chernoff 1973, Moriarity 1979, Stock/Watson 1984, MacKay/ Villarreal 1987) oder „Glyphen" (Anderson 1985) untersucht. Die wesentlichen Gruppen von Untersuchungen zur Wirkung der Visualisierung von Informationen auf das Informations- und Entscheidungsverhalten sind in der oben stehenden Tabelle aufgeführt (in Anlehnung an DeSanctis 1984, S. 464f.).

Historischer Ablauf der Visualisierungsforschung

Die Forschung widmete sich im Laufe der Zeit wechselnden Themenschwerpunkten: Begann es in den 70er Jahren mit der Tabellen-Graphik-Kontroverse, folgte ihr die Forschung zum Contingency-Ansatz in den 80er Jahren, und in den 90er Jahren die Theorienuntersuchungen zum „cognitive fit". Im folgenden wird die Forschung zu diesem Themen quasi-chronologisch nachgezeichnet.

Die „Graphik vs. Tabelle"-Kontroverse

Eine der zentralen Fragen in der Literatur ist die Überlegenheit von Graphiken gegenüber Tabellen. Eine Übersicht geben Coll/Thyaragajan/Chopra (1991). Benbasat/Schroeder (1977), Carter (1947), Feliciano/Powers/Bryant (1963) und Tullis (1981) kommen zu dem Schluß, daß graphische Darstellungen Tabellen überlegen sind. Dagegen dokumentieren z.B. Ghani (1981), Grace (1966), Lucas (1981), Nawrocki (1972), Remus (1984), Vernon (1952) und Wainer/Reiser (1976) die Überlegenheit von Tabellen. Andere Autoren wie DeSanctis (1984), Dickson/ DeSanctis/McBride (1986), Ives (1982) und MacDonald-Ross (1977) fanden heraus, daß es keine generelle Dominanz einer Visualisierungsform gibt.

DeSanctis (1984), Vessey (1991) und Gemünden (1991) analysierten in Meta-Studien diese divergierenden Ergebnisse und liefern Erklärungsansätze dazu. Von den 29 von DeSanctis (1984) untersuchten Einzelstudien waren in zwölf Studien Tabellen Graphiken überlegen. Kein signifikanter Unterschied zwischen den beiden Darstellungsformen ergab sich in zehn der Originalstudien. In nur sieben Fällen waren die Graphiken den Tabellen überlegen (siehe untenstehende Tabelle).

Abhängige Variable	Graphik dominiert	Tabelle dominiert	kein Unterschied
Interpretationsgenauigkeit	2	4	1
Interpretationsgeschwindigkeit	1	1	---
Entscheidungsqualität Problemlösungsqualität	1	3	3
Entscheidungsgeschwindigkeit Problemlösungsgeschwindigkeit	1	1	2
Recall	---	---	2
Präferenz	2	2	---
Vertrauen in die Entscheidung	---	1	2
Summe	7	12	10

Tab. 14: Vergleich der „Graphik vs. Tabelle"-Studien (nach DeSanctis 1984)

Keine der beiden Darstellungsformen ist also überlegen. Weder Tabelle noch Graphik verbessern grundsätzlich das Informations- und Entscheidungsverhalten. Dies bestätigt auch Gemünden (1991), der in einer Metastudie 25 Einzelstudien analysiert hat. Es wurden unterschiedliche graphische Darstellungsformen mit Tabellen verglichen. Bei drei Studien wurde zusätzlich der Einfluß der Farbe untersucht. Insgesamt wurden 44 Einflüsse der Visualisierungsform auf die abhängigen Variablen „Entscheidungsqualität" und „Entscheidungsgeschwindigkeit" untersucht (siehe folgende Tabelle).

Visualisierungsform	abhängige Variable (Effizienz der Entscheidung)	Graphik signifikant besser	Tabelle signifikant besser	kein signifikanter Unterschied
Diagramme	Qualität	1	3	16
vs.	Geschwindigkeit	2	1	8
Tabellen	Σ	3	4	24
Schematic Faces	Qualität	3	0	1
vs.	Geschwindigkeit	1	0	1
Tabellen	Σ	4	0	2
Baumstrukturen	Qualität	1	0	0
vs.	Geschwindigkeit	0	0	0
Tabellen	Σ	1	0	0
mono-	Qualität	2	0	1
vs.	Geschwindigkeit	0	1	2
multichromatisch	Σ	2	1	3
Alle	Qualität	7	3	18
Darstellungsformen	Geschwindigkeit	3	2	11
	Σ	10	5	29

Tab. 15: Überblick: Ergebnisse der „Graphik vs. Tabelle"-Studien (Gemünden 1991)

Dabei zeigt sich, daß die in der Managementpraxis gebräuchlichen Diagrammformen (farbige Säulen-, Kreis- und Kurvendiagramme) den Tabellen weder in der Entscheidungsqualität noch in der Entscheidungsgeschwindigkeit generell überlegen sind. Weniger gebräuchliche graphische Darstellungsformen wie „Schematic Faces" („Chernoff Faces") sowie Baumstrukturen scheinen Tabellen gegenüber überlegen zu sein.

Der „Contingency"-Ansatz zur Erklärung des „Graphik-Tabellen-Dilemmas" DeSanctis (1984) erklärt die o.g. Ergebnisse damit, daß Aufgabenanforderungen („task demands") und „cognitive style" des Managers den Erfolg einer Visualisierungsform bestimmen. Diese Erklärung wird als „Contingency"-Ansatz bezeichnet. Er baut auf dem aus der Literatur bekannten S-O-R-Paradigma auf. Benbasat (1974), Lusk (1979), Lucas (1981) sowie Ghani/Lusk (1982) u.a. führen Unterschiede in der besonderen Eignung von Graphiken bzw. Tabellen auf den individuellen „cognitive style" des Entscheiders zurück. Daraus folgt, daß die Visualisierungsform an die Persönlichkeit (= „cognitive style") des Entscheiders angepaßt werden sollte.

Die besondere Bedeutung der Aufgabenart und -form heben u.a. DeSanctis (1984), Jarvenpaa/Dickson/DeSanctis (1985), Blocher/Moffie/Zmud (1986), Benbasat/Dexter (1986), Benbasat/Dexter/Todd (1986), Dickson/DeSanctis/ McBride (1986), Davis (1987) sowie Jarvenpaa/Dickson (1988) hervor. Hiernach muß die Visualisierungsform auch an die Art der Aufgabenstellung angepaßt werden.

Benbasat/Dexter/Todd (1986) sowie Dickson/DeSanctis/McBride (1986) waren die ersten, die die Interaktion zwischen Visualisierungsform und Charakteristika der Aufgabe und der Persönlichkeit empirisch untersuchten. Gemünden (1991) folgert in seiner Meta-Analyse, daß Aufgabencharakteristika (insbesondere Aufgabentyp und -komplexität) den Erfolg einer Visualisierungsform stärker beeinflussen als personale Faktoren des Benutzers (etwa sein Problemlösungsstil oder Erfahrungen im Umgang mit Graphiken). Grundsätzlich sind die Einflüsse schwach und zum Teil inkonsistent. DeSanctis (1984) schlägt ein Kausalmodell („framework") vor, das in umfassender Weise die Einflußfaktoren der Effektivität von Visualisierungsformen einbindet (Abb. 53).

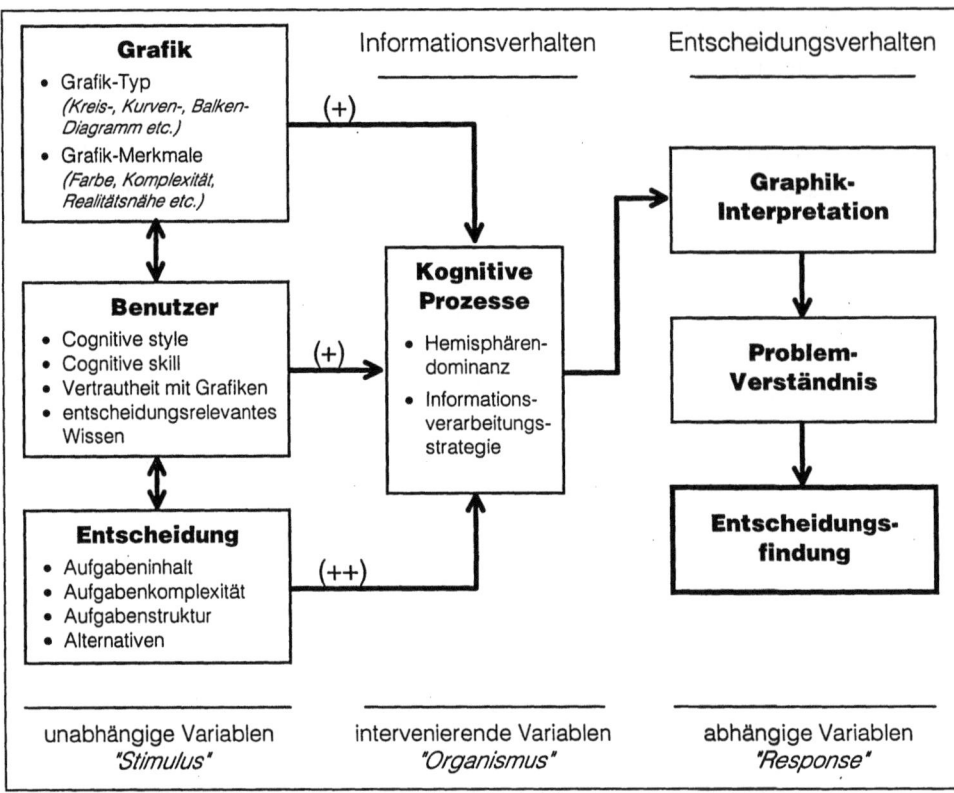

Abb. 53: Kausalmodell der Visualisierungswirkung (in Anlehnung an DeSanctis 1984)

Fazit: Der Contingency-Ansatz erklärt nicht, warum, wann (d.h. in welchen Situationen) und in welcher Stärke Interaktionseffekte auftreten. Weitreichende und abgesicherte Regeln für die Visualisierung lassen sich hieraus schwer ableiten. Hierzu müßte jede erdenkliche Aufgabensituation und jeder Anwendertyp betrachtet werden (kasuistisches Vorgehen).

„Process-Tracing" als Erweiterung des Contingency-Ansatzes

Am Modell von DeSanctis (s.o.) wurde Kritik geübt (vgl. Gemünden 1991):

- Es fehlt eine starke Theorie, die es gestattet, Vorhersagen über die Interaktionseffekte zu machen. Es wirken zu viele Effekte, über deren Stärke und Richtung zu wenig bekannt ist.
- Der Erfolg einer Visualisierungsform läßt sich a priori nicht bestimmen.

Zur weiteren Klärung sollten u.a. die „Kieler Experimente" beitragen. In ihnen wurde das oben beschriebene Modell von DeSanctis erweitert („Extended Research Framework") (Hauschildt/Gemünden/Knorr/Krehl 1983, Krehl 1985, Hauschildt/Rösler/Gemünden 1984, Gemünden/Petersen 1985, Hauschildt 1985, Hauschildt/Grenz/Gemünden 1985, Knorr 1986, Gemünden 1986, Petersen 1986, Fink 1987, Gemünden 1987, Hauschildt 1987). Das „Kieler Modell" ist als Ausgangspunkt für die weitere Forschung zum Informations- und Entscheidungsverhalten gedacht. In diesem Rahmen wurde auch die Visualisierung von Informationen beachtet.

In den „Kieler Experimenten" wurde versucht, Aufgaben- und Benutzercharakteristika auf das Informationsverhalten detailliert (und z.T. apparativ) zu untersuchen. Mit Hilfe ausgewählter Untersuchungsmethoden („path analysis", „In-haltsanalyse", „information display boards") wurden Anzahl, Inhalt, Reihenfolge sowie Struktur der Informationsverarbeitungsaktivitäten verfolgt („process tracing"). Es wurde ferner empirisch (z.B. über Pfadanalysen) untersucht, wie die Visualisierungsform über das Bindeglied Informationsverhalten auf die Entscheidungseffizienz von Managern wirkt (Todd/Benbasat 1985).

Die dazu verwendeten Aufgabenstellungen sind umfangreicher, komplexer und realistischer („natural task") als die üblicherweise in der Literatur beschriebenen Unternehmensplanspiele („gaming task"). Die Versuchspersonen müssen z.T. zwischen verschiedenen Visualisierungsformen wechseln, um eine Aufgabe umfassend zu lösen.

Fazit: Das „Kieler Modell" erklärt die Interaktionseffekte im Contingency-Modell von DeSanctis (1984). Es lassen sich auch Gestaltungsregeln für die Visualisierung von Informationen ableiten: Diejenige Visualisierungsform ist zu wählen, die für einen gegebenen Aufgabentyp die kognitiven Eigenschaften des Managers („cognitive style" und „cognitive skill") optimal unterstützt. Jedoch kann hiermit kein umfassendes System zur Wahl der adäquaten Visualisierungsform aufgestellt werden, lediglich Hinweise für einen weiteren Bezugsrahmen sind aus den Versuchen zu gewinnen.

Theorie des „Cognitive Fi" als alternativer Erklärungsansatz

Vessey (1991) erklärt die divergierenden empirischen Ergebnisse zur „Graphik vs. Tabelle"- Diskussion mit einem unterschiedlichen „cognitive fit" zwischen Aufgabentyp und Visualisierungsform. Dabei werden Visualisierung und Aufgabentyp ausschließlich anhand der Eigenschaften „räumlich" („spatial") und „symbolisch" („symbolic") unterschieden (Dichotomisierung) (Tab. 16).

	räumlicher Charakter	symbolischer Charakter
Visualisierungsform „problem representation"	• „imagistic/analogic representations" • betont kontinuierliche Informationen ⇨ **Graphiken**	• „verbal/analytic representations" • betont diskrete Informationen ⇨ **Tabellen**
Aufgabentyp „problem solving task"	• Datenwerte im Zusammenhang sehen, z.B. Trenderkennung („intraset pattern") • Beziehungen erkennen • Einen Überblick über das Problemgebiet gewinnen • Verknüpfungen herstellen • *Fazit*: Das Problem wird durch ganzheitliche Prozesse („perceptual processes") am besten gelöst.	• Punktwerterkennung („point value") • Diskrete Datenwerte extrahieren und weiterverarbeiten (Berechnungen, Schätzungen) • *Fazit*: Das Problem wird durch analytische Prozesse am besten gelöst.

Tab. 16: Dimensionen der Visualisierungsform und des Aufgabentyps

Die Problemdarstellung erzeugt in Verbindung mit der Aufgabenstellung beim Entscheider ein „mentales Bild" des Problems („mental representation"). Ein „cognitive fit" liegt vor, wenn die Visualisierungsform (und damit die Problemdarstellung) dem Aufgabentyp entspricht (Vessey 1991, S.220f).

		Visualisierungsform	
		räumlich	symbolisch
Aufgabentyp	räumlich	**cognitive fit** durch Graphik	kein cognitive fit
	symbolisch	kein cognitive fit	**cognitive fit** durch Tabelle

Tab. 17: „Cognitive Fit" zwischen Visualisierungsform und Aufgabentyp (Vessey 1991)

Im Falle eines „cognitive fit" wird die Komplexität des Problems reduziert. Das Problem kann schneller und besser gelöst werden. Die Theorie des „cognitive fit" greift für diese Befunde auf Forschung ...

- *zur menschlichen Informationsverarbeitung*, vgl. u.a. Newell/Simon (1972), Hayes/Simon (1974), Simon/Hayes (1976), Kotovsky/Hayes/Simon (1985),

- *zu Entscheidungen unter Unsicherheit,* vgl. Tversky/Kahneman (1971, 1973, 1974), Kahnemann/Tversky (1973 und 1975), Slovic (1972), Nisbett/Ross (1980), Taylor/Slukin (1982), Shedler/Manis (1986) und

- *zum Verhalten – insbesondere – von Konsumenten zurück,* vgl. u.a. Russo/Krieser/ Miyashita (1975), Wright/Barbour (1975), Wright (1975), Rosen/Rosenkoetter (1976), Bettman/Kakkar (1977), Aschenbrenner (1978), Bettman/Zins (1979), Herhey/Schoemaker (1979), Einhorn/Hogarth (1981), Biehal/Chakravarti (1982), Russo/Dosher (1983), Slovic/Lichtenstein (1983), Vessey/Weber (1986), Simkin/Hastie (1987), Johnson/Payne/ Bettman (1988), Schkade/Johnson (1988), Tversky/Sattah/ Slovic (1988).

In ihrer Meta-Analyse hat Vessey (1991, S. 229ff.) die Theorie des „cognitive fit" auf eine Reihe von – in der Literatur dokumentierten – Untersuchungen angewendet. In nahezu allen Fällen konnte in einer Re-Analyse gezeigt werden, daß jeweils diejenige Visualisierungsform (Tabelle oder Graphik) überlegen ist, die mit dem Aufgabentyp bezüglich des „cognitive fit" übereinstimmt. Damit konnten die zuvor widersprüchlich und willkürlich erscheinenden Ergebnisse erklärt werden.

4.4.2 Beiträge aus angrenzenden Forschungsgebieten

4.4.2.1 Beiträge aus der Akzeptanz- und Implementierungsforschung

Akzeptanz- und Implementierungsforschung liefern Regeln zum erfolgreichen Einsatz von EDV-Systemen oder neuen betrieblichen Prozessen in sozialen Systemen. Daher liegt es nahe, daß Erkenntnisse aus den beiden Gebieten auch für die Einführung bildlicher Informationen im Management Anwendung finden können.

Akzeptanzforschung

Die häufigsten Aussagen zur Akzeptanzforschung finden sich in der technologieorientierten sozialwissenschaftlichen Begleitforschung (Zahn 1981, S.798, Paschen et.al. 1981, S.5, Manz 1983, S.2). Untersuchungen zur Akzeptanz beziehen sich danach zunehmend auf den Einsatz neuer Technologien und insbesondere in den letzten 10 Jahren auf computergestützte Informationssysteme. Die Akzeptanz- (und die Implementierungs-)forschung bildet damit einen wesentlichen Teil der nichttechnischen Forschung für Informationssysteme (Hirschberger-Vogel 1990, S.36).

Die Akzeptanz von Informationssystemen und die Akzeptanz von Informationen zeigen große inhaltliche Nähe (vgl. u.a. Grotz-Martin 1983, S.144f.). So finden sich die wesentlichen Systemparameter der Informationssysteme in der Präsentation von Informationen für Entscheidungen und in der Benutzerführung zur Erlangung dieser Informationen wieder. Damit ist auch die Akzeptanz von visuellen Informationen Bestandteil dieser Untersuchungen.

Probleme der Akzeptanz äußern sich i.d.R. in der unterbleibenden bzw. nicht adäquaten Nutzung (vgl. u.a. Picot/Reichwald 1978, S.10, Müller-Böhling 1987, S.19). Weniger Einigkeit als bei den Symptomen der Akzeptanz besteht über die Ursachen von Akzeptanz bzw. von Akzeptanzproblemen. Ihre Kenntnis ist aber letztlich entscheidend für die Ableitung von Maßnahmen zur Beseitigung bzw. zur Vermeidung von Akzeptanzproblemen auch bei visuellen Informationsdarstellungen. So werden Probleme gesehen, wenn Benutzer nicht an der Systementwicklung beteiligt werden (Ruf 1988, S.113). Akzeptanzprobleme hängen auch von der Einschätzung der Beherrschbarkeit der Technologie (z.B. EDV zur Visualisierung von Informationen) und deren möglichen Nutzen für den Manager sowie vom Vergleich der erwarteten und tatsächlichen Auswirkungen (Pflaumer 1983, Schluetter 1990) ab. Voßbein (1990, S.149) unterscheidet drei wesentliche Ursachen von Akzeptanzproblemen: das Nichtwissen (z.B. Ausbildungsmängel), das Nichtkönnen (z.B. fehlende Intelligenz) und das Nichtwollen (z.B. fehlende Einsicht oder Motivation). Eine Übertragung auf Akzeptanzprobleme von Visualisierungsformen erscheint naheliegend. Somit kann die Nichtnutzung einer Visualisierungsform zunächst darauf zurückgeführt werden, daß die Möglichkeit gar nicht bekannt ist (Beispiel: Multimedia in der Einführungsphase dieser Technologie). Ist sie bekannt (z.B. durch die rasche Verbreitung von Multimedia in der Wachstumsphase dieser Technologie), so kann es zu Akzeptanzproblemen kommen, da der Manager keine Anwendungsmöglichkeiten für sein Aufgabenfeld sieht oder er die Technologie nicht bedienen kann. Selbst wenn die bisher genannten Probleme beseitigt würden (etwa durch Schulung), können immer noch Probleme des "Nichtwollens" der Anwendung im Wege stehen.

Implementierungsforschung

Glatthaar (1991, S.375) beschreibt die Implementierung, wie das gewünschte funktionale Verhalten einer Systemkomponente - und das heißt auch einer visuellen Informationsdarstellung - zu erreichen ist. Hierzu gehören neben der Einführung von Innovationen auch Ergänzungen und Anpassungen (Steinle 1980, S.287). Gegenstand der Untersuchungen ist dabei regelmäßig die Implementierung von mathematischen Modellen, Informations- und Kommunikationstechnologien, organisatorischen Änderungen und von politischen Programmen. Auf visuelle Darstellungen übertragen, kann unter Implementierung die Art und Weise der Einführung der Visualisierungsformen sowie alle damit verbundenen Maßnahmen verstanden werden, die vom Kennenlernen bis zur routinemäßigen Anwendung reichen. Spezifische Implementierungstheorien für bildliche Informationen gibt es nicht. Beiträge zur Implementierungsforschung stammen im wesentlichen aus drei Richtungen, der Implementierungstheorie, der Innovationstheorie und der Theorie des organisatorischen Wandels.

Die empirische Forschung läßt eine klare Trennung von Akzeptanz- und Implementierungsforschung nicht zu. I.d.R. befassen sich die empirischen Studien mit beiden Fragestellungen. Die Beiträge aus der Akzeptanz- und Implementierungsforschung zur Visualisierung können in zwei Teile unterschieden werden: zum einen in die Erkenntnisse, die sich für die Einflußparameter auf die Akzeptanz visueller Informationen ergeben, zum anderen die Befunde, die in Regeln überführt werden können. Zusammenfassend läßt sich jede akzeptanzbeeinflussende Variable einer der folgenden fünf Merkmalsgruppen zuordnen (Tab. 18).

Variablen- bzw. Merkmalsgruppe	Bezug zur Visualisierung im Management	Beispiele für einzelne Merkmale
Merkmale der Person	Eigenschaften des Managers	• Kenntnisse der Erstellung, Kenntnisse der Anwendung, Einstellungen, Wille • Erfahrung und Vorbildung, Ausbildungsrichtung, cognitive style, Nutzenerwartung
Merkmale der Anwendungssituation	Situationsspezifika im Management	• Unterstützung durch Topmanagement • Zeitdruck, Entscheidungsebene
Merkmale der Aufgabe	Charakteristika von Aufgaben des Managers	• Komplexität • Struktur des Problems
Merkmale des Systems selbst	Merkmale der Visualisierungsform	-
Merkmale der Implementierungsstrategie	Wie werden die Visualisierungsformen ausgewählt und zur Verfügung gestellt?	• Grad der Partizipation, Befriedigung der Aufgabenbedürfnisse, Schulung

Tab. 18: Akzeptanzbeeinflussende Variablen

4.4.2.2 Beiträge aus der Softwareergonomieforschung

Im Kern beschäftigt sich die Softwareergonomieforschung nicht mit der graphischen Präsentation von Informationen durch Software, sondern mit der (u.a. visuellen) Gestaltung der Bedienelemente von Informationssystemen (Heeg 1988, S.20 u. S.88). Die Softwareergonomieforschung liefert neben diesbezüglichen Erkenntnissen auch einige Gestaltungsregeln für die (visuellen) Ausgaben von Informationen und verwendet dazu verhaltenswissenschaftliche Befunde und berücksichtigt darüber hinaus EDV-bezogene Faktoren der Gestaltung.

Der Ursprung dieses Forschungsgebietes findet sich im Jahre 1965, in dem zum ersten Mal eine IBM Konferenz zum Thema "Man-Machine-Communication" stattfand (Gaines 1986, Geiser 1990). Im deutschsprachigen Raum kam der Begriff "Softwareergonomie" Anfang der 80er Jahre auf (Dzida 1980, Fähnrich et.al. 1982) während zuvor unter Ergonomie in der EDV bzw. unter Mensch-Maschine-Interaktion nur Hardwareergonomie verstanden wurde. Eine feststehende und bindende Definition des Softwareergonomiebegriffes besteht nicht, es existieren aber Tendenzen zu einer sehr engen Auslegung (Anpassung nur der Oberfläche an die Bedürfnisse das Benutzers) und zu einer weiteren Auslegung (Anpassung des gesamten EDV-Systems). Ableitend aus dem Begriff "Ergonomie" wird Softwareergonomie vielfach mit den Begriffen Benutzbarkeit, Bediener- und Benutzerfreundlichkeit oder Benutzerorientierung gleichgesetzt (Fähnrich 1987, S.208, Heeg 1988, Stahlknecht 1989, S.207, Oppermann et.al. 1988, S.3f.). Aufgrund der Nähe zur wahrnehmungs- und kognitionspsychologischen Forschung wird auch von kognitiver Ergonomie oder kognitivem Engineering gesprochen (Dzida 1980, S.18f., Rasmussen 1987, S.25ff.).

Ziel der Softwareergonomieforschung ist die Entwicklung von Konzepten und Richtlinien zur Ausrichtung interaktiver Computersysteme an ergonomischen Kriterien (Aufgabenzentrierung und Benutzerorientierung, Streitz 1988, S.9) und zur Reduktion von Problemlösungsschwierigkeiten (Heeg 1988, S.38, S.89). Als Problembereich werden in der Softwareergonomieforschung Sachprobleme, d.h. die zu lösende inhaltliche Aufgabe, und Interaktionsprobleme, d.h. die Gestaltung der Benutzung der Hilfsmittel (Bedienelemente), unterschieden (Streitz 1985, S.281, Oppermann 1988, S.325). Übertragen auf die Aufgaben der Visualisierung von Informationen wäre als Sachproblem die inhaltsadäquate bildliche Gestaltung zu sehen, als Interaktionsproblem die Gestaltung der softwareseitigen Bedienelemente. Hierzu gibt Poswig (1995,

S.31ff.) einen guten Überblick, der dabei enge Bezüge zur Gestaltung von Programmierwerkzeugen aufstellt.

Die Softwareergonomieforschung greift auf verhaltenswissenschaftliche Erkenntnisse zurück, wie z.B. zu Wahrnehmungs- und kognitive Prozesse sowie zum Problemlöse- und Entscheidungsverhalten der Manager und überträgt sie auf Regeln der Softwaregestaltung (vgl. u.a. Card/Moran/Newell 1983). Beispiele sind die von Wertheimer (1922) auf der Basis von gestaltpsychologischen Erkenntnissen entwickelten Gestaltgesetze (etwa 100, u.a. Gesetz der Nähe, Gesetz der Ähnlichkeit), Regeln der Konsistenz von Aufbau und Ablauf in Softwaresystemen und Regeln zur Verwendung von Metaphern (Rohr 1988, S.31, Moritz 1983 S.106, Zwerina et.al. 1983, S.32, Stadler et.al. 1977, S.169, Stary 1993, S.50, Braun 1987). Auch mit der Akzeptanzforschung, die selbst durch enge Anlehnung an die Informations- und Entscheidungsverhaltensforschung gekennzeichnet ist, bestehen enge wechselseitige Beziehungen. Die Softwareergonomieforschung liefert verschiedene Ansatzpunkte zur Förderung der Akzeptanz der Software beim Benutzer (Lauter 1987, Stahlknecht 1989). Beide Gebiete überschneiden sich daher in erheblichem Maße. So finden sich neuere methodische Erkenntnisse zur Untersuchung der Wirkung der Softwaregestaltung auf den Benutzer, sowohl in der Softwareergonomie- als auch in der Akzeptanzforschung (vgl. u.a. Heeg 1988, Roberts/Moran 1983). Als Teil der Arbeitswissenschaft ist die Softwareergonomieforschung somit im Dreieck von Informatik - Psychologie - Allgemeine Arbeitswissenschaften anzusiedeln (Streitz 1988, S.15). Einen guten Überblick über die Forschung vermitteln Balzert et al. (1988), Bullinger/Guntzenhäuser (1988) und Klix et al. (1988). Die laufende Forschung wird zudem in mehreren Fachzeitschriften und regelmäßigen Tagungsreihen auf deutscher (Gesellschaft für Informatik, German Chaper of the ACM) und internationaler Ebene (European Association of Cognitive Ergonomics, ACM) sowie in deren wiederkehrenden INTERACT- und ACM-Kongreß-Bänden (u.a. Bullinger/Shackel 1987, Diaper et.al. 1990, Schönpflug/Wittstock 1987, Ackermann/Ulich 1991, Rödiger 1993) sichtbar.

4.4.2.3 Beiträge aus der Konsumentenforschung

So wie in der Managementforschung auf allgemeine verhaltenswissenschaftliche Erkenntnisse zur Aufnahme, Verarbeitung und Wirkung visueller Informationen zurückgegriffen wird, so wendet auch die Konsumentenforschung diese Erkenntnisse an. Dabei wird insbesondere auf die Imagery-Forschung zurückgegriffen, die als Grundlage zur visuellen Marktkommunikationsforschung, d.h. für die bildliche Kommunikation vom Unternehmen zum Konsumenten, dient. Die Ergebnisse dieser Forschung zeigen zwar eine inhaltliche Nähe zur Visualisierung im Management, die Aussagen erfolgen jedoch unter grundlegend anderen Prämissen zu Person, Situation und Aufgabe.

Die Frage der Informationsüberlastung als ein wesentlicher Grund für eine Informationsvisualisierung wird auch in der Konsumentenforschung heftig diskutiert. Die Existenz des Informationsüberlastungsphänomens wird trotz widersprüchlicher Befunde als gesichert betrachtet. Informationsüberlastung kann dann - sowohl bei Managern als auch bei Konsumenten - auf die begrenzte Informationsverarbeitungskapazität zurückgeführt werden. Manageriale und Konsumentenentscheidungen in Überlastungssituationen werden dann suboptimal getroffen. Im Management wird die Informationsüberlastung zudem durch Zeit- und Entscheidungsdruck verschärft. Das Fazit aus dieser Diskussion für die Visualisierung ist trivial: Der Vorteil visueller Darstellungen einer physiologisch bedingten Erhöhung der wahrgenommenen und verarbeiteten Informationsmenge kommt nur ab einer individuellen Überlastungsgrenze zum Tragen. Unterhalb dieser Schwelle kann eine (mögliche) Verbesserung der Informationsberücksichtigung und der Effizienz von Entscheidungen nicht auf physiologische Vorteile zurückgeführt werden, sondern muß mit anderen Phänomenen wie z.B. erhöhter Akzeptanz oder verbesserter Aggregation begründet werden.

Ausgehend von der Überlastungshypothese werden auch in der Konsumentenforschung Wirkungen visueller Darstellungen untersucht, und dabei wird auf die Imagery-Forschung zurückgegriffen (Unter Imagery versteht man die Entstehung, Verarbeitung und Speicherung von inneren Bildern ("images"): Images sind bildliche Vorstellungen im Gehirn (Wahrnehmungsbilder bzw. Gedächtnisbilder) – im Gegensatz zu "pictures" (äußere Bilder). Images werden in einer nicht-verbalen Form kodiert. Dieser Begriff wird - erstaunlicherweise - in der entsprechenden Managementliteratur nur selten verwendet). Deren Anwendung auf das Informationsverhalten von Konsumenten ist im deutschsprachigen Raum besonders von Kroeber-Riel und Schülern (zusammenfassend Kroeber-Riel 1993) diskutiert worden. Das primäre Anwendungsfeld dieser Forschung ist die Werbung, in der mittels visueller Darstellungen eine größere Informationsmenge vom Konsumenten wahrgenommen werden und zu beabsichtigtem Verhalten führen soll. Beeinflussungswirkungen stehen somit im Vordergrund des Interesses (Kroeber-Riel 1993).

Neben generellen Befunden zur Überlegenheit von Bildern wurden in der Konsumentenforschung weitere Erkenntnisse zur Schemata-Bindung und zur Aufmerksamkeitssteuerung erarbeitet. In der Literatur werden wiederholt folgende Aussagen hervorgehoben, die als gesichert angesehen werden können: Bilder, insbesondere Bilder mit starkem Realbezug, können die kognitive Kontrolle des Rezipienten unterlaufen und so unterschwellig Informationen transportieren und Einstellungsänderungen auslösen. Diese Erscheinung ist um so leichter, je geringer das Involvement des Rezipienten in die Information ist. Zudem wird darauf hingewiesen, daß mit der Ansprache innerer Schemata - d.h. hier innerer Bilder - zusätzliche Informationen hervorgebracht werden, die die Einstellung zu den Informationen positiv wie negativ beeinflussen. Innere Bilder können kognitiv und emotional wirken. Die kognitive Wirkung liegt primär in der Orientierungs- und Informationsfunktion. Über Bilder können aber zudem Emotionen gespeichert werden (Während beide Wirkungen u.U. in der Werbung gewünscht sind, sind sie im Management als Gefahr anzusehen). Sie besitzen eine stärkere Verhaltenswirkung als Worte, sofern weder anderes Wissen noch andere Emotionen dem inneren Bild entgegenstehen. Die Verhaltenswirksamkeit innerer Bilder ist von der Lebendigkeit des Bildes (= Deutlichkeit des inneren Bildes) und dem Gefallen (positive oder negative Haltung des Rezipienten gegenüber dem Bild) abhängig. Je lebendiger ein (auch inneres) Bild, desto stärker ist seine Verhaltenswirkung.

4.4.3 Fazit aus der Visualisierungsforschung

Die theoretische Forschung zur Visualisierung, die insbesondere in der Informations- und Entscheidungsverhaltensforschung, der Akzeptanz- und Implementierungs- sowie der Softwareergonomie- und Konsumentenforschung besteht, liefern kaum unmittelbare Forschungsergebnisse zur Wirkung visueller Informationsdarstellungen auf das Informations- und Entscheidungsverhalten von Managern. Es existiert jedoch eine Vielzahl mittelbarer theoretischer Erkenntnisse, die genutzt werden können, z.B. aus der Entscheidungstheorie oder der Wahrnehmungsforschung. Die empirische Forschung hingegen liefert zahlreiche unmittelbare Befunde. Allerdings sind die Befunde sehr heterogen und widersprüchlich.

Ein Grund hierfür ist die besondere Dominanz der Parameter der Person (z.B. kognitiver Stil, emotionale Ausrichtung, Erfahrung) und Situation (z.B. Zeitdruck, Störungen) für den individuellen Anwendungsfall der Visualisierung. Die Folge sind ...

- entweder Visualisierungsregeln, die auf diese Bedingungen zurückgreifen und aufgrund dieser u.U. die konkrete Wahl einer Darstellungsform vorschlagen,
- oder Visualisierungsregeln, die von diesen Bedingungen abstrahieren und damit sehr allgemein ausfallen. Diese Regeln geben keine konkreten Wahlvorschläge für einzelne Darstellungsformen. Sie sind vielmehr als Grundprinzipien (oder auch "Strategieoptionen") der Visualisierung als zu verstehen.

Zwischen diesen beiden Extremen existieren nur wenige Aussagen, die zwar weitgehend von Bedingungen aus dem PSA-Modell abstrahieren, aber dennoch konkrete Gestaltungsvorschläge machen. Hierzu gehören z.B. die Wertheimerschen Gestaltgesetze. Sie besitzen keine besonderen Bedingungen zur Person oder Situation, geben jedoch konkrete Gestaltungsanweisungen vor. Wiederum sind sie nicht so allgemein ausgelegt, daß sie als Grundprinzipien über alle Bedingungen und alle Anwendungsfelder visueller Darstellungen gültig sind.

Es stellt sich nun angesichts der vielen nebeneinanderstehenden Forschungsbefunde die Frage, welche dieser für die Visualisierungsforschung besonders bedeutend sind. Folgende Erkenntnisse können aus der bisherigen Forschung über alle Einzelbefunde herausgehoben werden:

Die Auswertung der Forschungsergebnisse zeigte, daß die in der Managementpraxis gebräuchlichen Diagrammformen (z.B. farbige Säulen-, Kreis- und Kurvendiagramme) den Tabellen weder in der Entscheidungsqualität noch in der Entscheidungsgeschwindigkeit prinzipiell überlegen sind. Die Erkenntnisse widersprechen zudem der vielfach geäußerten "naiven Überlegenheitshypothese", daß Bilder textlichen Informationen immer überlegen sind. Diese Annahme kann nicht vertreten werden.

Die im Hinblick auf Vollständigkeit und Systematik noch unbefriedigenden Befunde der Empirie lassen sich erklären, wenn die Wirkung visueller Darstellungsformen im Kontext von der zu lösenden Aufgabe, der Person (Manager) und des ihn umgebenden Umfeldes gesehen wird. Dieser Kontingenzeinfluß ist somit durch die Parameter "Person", "Situation" und "Aufgabe" als "Randbedingungen" der Visualisierungswirkung charakterisiert (PSA-Modell vgl. Kapitel 4.2.2.). Das Modell von DeSanctis verdient darüber hinaus besondere Beachtung, da es eine Verknüpfung dieser Größen vorschlägt. Zusätzlich konnte die Erkenntnis festgehalten werden, daß die Erfahrung/der "cognitive skill" als personaler Faktor und die Aufgabe (z.B. Typ, Komplexität, Struktur der Informationen) herausragende Parameter der Wirkung visueller Darstellungen sind ("cognitive fit", Vessey 1991). Danach ist die Übereinstimmung von Aufgabe und Darstellungsart für die Wirkung visueller Darstellungen entscheidend. Innerhalb der PSA-Gruppen besitzen die folgenden Konstrukte die größte Bedeutung für die Verhaltenswirkungen visueller Darstellungen.

Person
Motivation/Nutzenerwartung
Cognitive style und cognitive skill
Wissen/Erfahrung
Intuition und emotionale/kognitive Grundhaltung
Situation
Routine-/Exzeptional-Situation
Zeitdruck und Störungen
Streß /wahrgenommene Informationsüberlastung
Aufgabe
Aufgaben-/Informationsinhalt
Aufgaben-/Informationskomplexität
Aufgaben-/Informationsstruktur
Lösungsalternativen

Tab. 19: Wesentliche Einflußfaktoren der Visualisierungswirkung im PSA-Bezugsrahmen

Ein zentrales Ergebnis der Visualisierungsforschung ist, daß der Erfolg visueller Informationen wesentlich durch die Übereinstimmung mit beim Manager vorhandenen Schemata und kognitiven Stilen bestimmt wird. Besondere persönliche Veranlagungen und vorhandene Erfahrungen können diese Wirkungen unterstützen. Die Befunde von DeSanctis (zum cognitive skill) und Vessey (zum cognitive fit) nehmen dabei eine dominierende Rolle ein.

Aus dieser Erkenntnis können zwei grundlegende Strategierichtungen in der Gestaltung visueller Darstellungen abgeleitet werden (Meyer 1996): Erzeugung von Konsistenz oder Inkonsistenz mit vorhandenen Schemata/kognitiven Stilen durch die Informationsdarstellung. Zudem konnte aus den theoretischen Beiträgen zur Visualisierung die Erkenntnis gezogen werden, daß für den Erfolg (im Hinblick auf die Erleichterung der Informationsverarbeitung und ggf. damit auch der Entscheidungsqualität) einer Visualisierungsform auch davon positiv beeinflußt wird, daß nur die unbedingt notwendigen Informationen visuell dargestellt werden und so das Informationsverarbeitungsprinzip entlastet wird. Diese ohne Zweifel sehr triviale Erkenntnis ist also nicht nur für semantische Informationen von Bedeutung, sondern auch für visuelle.

Die Forschung kann bislang kein umfassendes Modell zur Visualisierungswirkung auf das Informations- und Entscheidungsverhalten von Managern erbringen. Sie liefert lediglich singuläre Befunde, die im späteren Kapitel - ohne hier alle genannt worden zu sein - für Regeln der Visualisierung herangezogen werden. Was jedoch aus der Forschung zu einem Modell zusammengefügt werden kann, sind die Faktoren, die auf das Informations- und Entscheidungsverhalten der Manager wirken (vgl. Abb. 54). Es ist ein beschreibendes Modell, das alle verhaltenswissenschaftlichen Konstrukte (Person), Bedingungen der Situation und Einflußfaktoren der Aufgabe berücksichtigt und so das bereits vorgestellte PSA-Modell (Person-Situation-Aufgabe) vervollständigen.

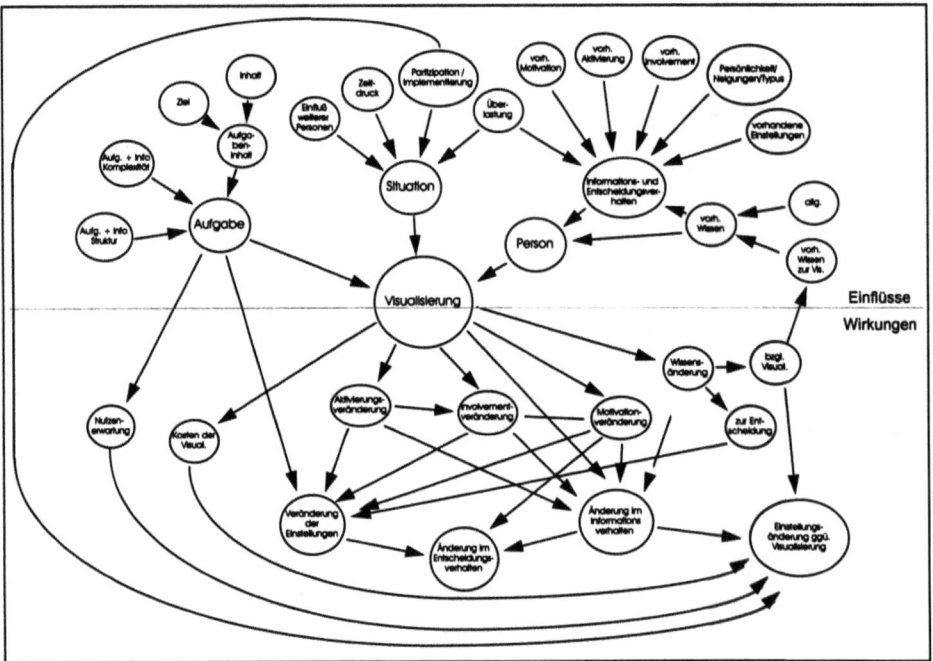

Abb. 54: Gesamtkonzept der Einflüsse und Wirkungen visueller Informationsdarstellungen (PSA-Modell)

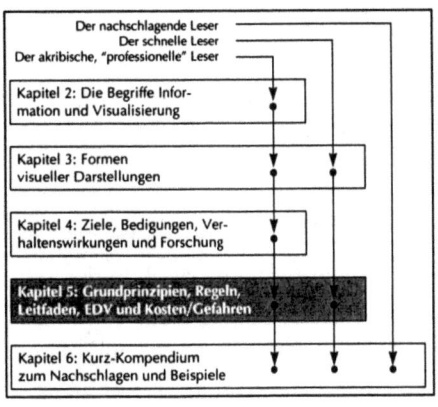

Kapitel 5:
Einsatz der Visualisierung

5.1 Überblick

In diesem Kapitel soll nach den Grundlagen zur Visualisierung konkret auf die Einsatz eingegangen werden. Einsatz heißt die Anwendung von Regeln der Visualisierung, die eine möglichst hohe Entscheidungsqualität im Management erreichen läßt.

Diese Regeln können zum einen von der Seite der Visualisierungsformen her erstellt sein, d.h. vom Angebot der Visualisierungstechniken her. So wird es in Kapitel 5.2 vorgeführt. Sie können aber auch - und das ist in diesem Lehrbuch von Vorrang - aus der Sicht des Rezipienten, aus verhaltenswissenschaftlicher Sicht und damit von der Nachfrage her entwickelt werden. Dieser Schritt erfolgt in Kapitel 5.3.

Nur Regeln alleine - wenn auch wissenschaftlichen basiert - helfen dem Ersteller visueller Vorlagen wenig. Vielmehr bedarf es einer Anleitung, in deren Rahmen die Visualisierungsregeln angewandt werden, diese Anleitung ist der Visualisierungsprozeß.

Abschließend in diesem Lehrbuch werden zwei wesentlich Themen angesprochen: Die EDV-Unterstützung der Visualisierung und Gefahren und Kosten des Visualisierungseinsatzes.

Anschließend an dieses Kapitel werden die Grundprinzipien und Regeln zusammengefaßt und Beispiele für eine systematische Visualisierung gegeben.

5.2 Technische Regeln der Visualisierung

Im Kapitel 3 wurden visuelle Darstellungsformen entlang der vier bereits oben beschriebenen Dimensionen (Form, Farbe, Bewegung, Bindung) beschrieben.

Jede der beschriebenen Visualisierungsformen findet ein unterschiedlich breites Einsatzfeld, das durch die darzustellende Informationsstruktur bestimmt wird. In der Tab. 20 sind die auf die obigen Dimensionen bezogenen Eigenschaften der jeweiligen Darstellungsform gezeigt. Zudem sind die durch die jeweilige Form darstellbaren Informationen anhand der in Kapitel 3.1 benannten Arten bzw. Klassen von Informationen charakterisiert.

Die Tabelle zeigt damit nicht nur die Grenzen des Einsatzes auf, sondern auch sachlogisch-technisch begründete Zuordnungen der Darstellungsform zur Informationsstruktur. Diese können als (technische) Regeln der Visualisierung angesehen werden. Es sind Regeln, die aus einer "Angebotssicht" (dem Angebot an Visualisierungsformen) heraus entstanden sind und den Parameter der Aufgabe zugeordnet werden. Die Bedeutung dieser Regeln ist groß, können sie doch den Erkenntnissen aus den Verhaltenswissenschaften (im folgenden Kapitel), d.h. der "Nachfragesicht", gegenübergestellt werden.

In der Tabelle wurden der Wertebereich und die Wertearchitektur herausgestellt. Der Begriff "Wertearchitektur" beschreibt die Anzahl der Dimensionen (in der Tabelle „Dim"), in denen die Informationen vorliegen die "Breite" sowie die Zahl der Ausprägungen je Dimension die "Tiefe". Zwei Beispiele hierzu: Beispiel für wenige Dimensionen (geringe "Breite"), viele Werte (hohe "Tiefe"):

Dimension 1	13	15	10	5	16	8	5	13	0	3	4	3	45	2	12	9	11	0	13	68
Dimension 2	9	11	8	2	12	5	3	12	1	2	1	2	56	1	4	3	5	9	0	36

Beispiel für viele Dimensionen (hohe "Breite"), wenige Werte (geringe "Tiefe")

Dimension 1	Dimension 2	Dimension 3	Dimension 4	Dimension 5	Dimension 6	Dimension 7
13	9	13	12	11	6	6
15	11	15	9	11	7	9

Für die folgende Tabelle ist folgenden Legende zu verwenden:

- Das Symbol „■" bedeutet bei der Charakterisierung der Darstellungsform "Eigenschaft ist vorhanden"

- Das Symbol „■" bedeutet bei der Charakterisierung der Informationen "ausschließliches Einsatzgebiet"

- wenn bei der Informationscharakterisierung der Einsatzbereich nicht ausschließlich einer Ausprägung zugeordnet werden kann,
    - dann bedeutet das Symbol „♦" : dies ist das primäre Einsatzgebiet
    - dann bedeutet das Symbol „O" : dies ist das sekundäre Einsatzgebiet, also „hierfür ebenso verwendbar, jedoch nicht vordergründiges Einsatzgebiet"

Grundformen der Visualisierung	Bewegungsdimension		Gestalt. Bindung			Formdimension					Farbdimension			Eigenschaften der Informationen										Wertebereich	Wertearchitektur
	starr	bewegt	Formbindung	Vektorbindung	Pixelbindung	1D	2D	2½D	pseudo 3D	3D	schwarz/weiß	Graustufen	farbig	qualitativ	quantitativ	Objekte	Gegebenheiten	Bestandsinformationen	Prozeßinformationen	real	abstrakt/gedanklich	zeitlich	logisch		
Balkendiagramme	■		■			■			■		■	■	■	○	●		■	■			■		■	neg. + pos. Werte möglich	max. 3 Dim.; Gesamtzahl < 50
Säulendiagramme	■		■			■			■		■	■	■	○	●		■	■			■		■	neg. + pos. Werte möglich	max. 3 Dim.; Gesamtzahl < 50
Kurvendiagramme	■		■				■		■		■		■	○	●		■	■			■		■	neg. + pos. Werte möglich	max. 3 Dim.
Punktediagramme	■		■				■		■		■		■	○	●		■	■			■		■	neg. + pos. Werte möglich	max. 3 Dim.
Strukturdiagramme	■		■								■	■	■	●			■	■			■		■	Begrenzung durch Gesamtwert	je nur eine Dim.; Tiefe: max 10-15 Werte
Ratingskalen	■		■			■					■		■	■			■	■			■		■	diskrete, festgelegte Werte	jedes Rating eine Dim.; Tiefe: <3 Werte
Profildarstellungen	■		■				■				■		■	●	○		■	■			■		■	diskrete, festgelegte Werte	beliebig viele Dim.; Tiefe: max. 5 Werte
Symplex-Graphiken	■		■				■				■		■	○	●		■	■			■		■	neg. + pos. Werte möglich	3-4 Dim.; Tiefe: max. 20 Werte
Gray-Scale-Charts	■		■				■					■	■	■	●		■	■			■		■	nur durch Farbgebung limitiert	3 Dim.; große Datenmengen
Icongraphic techniques	■		■				■				■		■	■			■	■			■		■	von der Wertedarstellung abhängig	von der Wertedarstellung abhängig
Flächendiagramm	■		■				■				■	■	■	○	●		■	■			■		■	von der Wertedarstellung abhängig	von der Wertedarstellung abhängig
Portfoliodarstellungen	■		■				■				■		■	■			■	■			■		■	i.d.R. positiv	3 Dim.; Tiefe: max. 10 Werte

Grundformen der Visualisierung	Bewegungsdim. starr	Bewegungsdim. bewegt	Gestalt. Formbindung	Gestalt. Vektorbindung	Gestalt. Pixelbindung	Form 1D	Form 2D	Form 2½D	Form pseudo 3D	Form 3D	Farb s/w	Farb Graustufen	Farb farbig	qualitativ	quantitativ	Objekte	Gegebenheiten	Bestandsinfo.	Prozeßinfo.	real	abstrakt/gedanklich	zeitlich	logisch	Wertebereich	Wertearchitektur
Bildstatistiken	■		■				■	■			■	■	■	●	○		■	■			■		■	neg. + pos. Werte	max. 3 Dim.
Netzdiagramme	■		■				■				■		■	●	○		■	■			■		■	positive Werte	bis zu 10 Dim.; je Objekt/Dimen. ein Wert
Chernoff-Faces	■		■				■				■	■	■	■			■	■			■		■	i.d.R. positiv	viele Dim.; je Dim. nur ein Wert
Hyperboxes	■		■				■	■			■	■	■	●			■	■			■		■	i.d.R. positiv	viele Dim.
Strukturdarstellung räumlich	■		■				■				■	■	■	●		○	●			○	■		■	-	-
Strukturdarstellung zeitlich	■		■				■				■	■	■	●	○	■	■		■		■	■	■	-	-
Strukturdarstellung	■		■				■				■	■	■	●	○		■		■		■		■	-	-
Strukturdarstellung sonstige	■		■				■				■		■	●	○		■		■		■		■	-	-
Sankeydiagramm	■		■				■						■	■	■	■	■	■	■		■		■	positive Werte	wenig Dim.; geringe Tiefe
Multiples	■		■				■				■	■	■	●	■	■	■	■	■	■	■	■	■	-	-
Prozeßpiktogramme	■		■				■				■	■	■	●	■	■	■		■		■	■	■	-	-
Piktogramme	■			■			■				■	■	■	■			■	■	■		■		■	-	-
Photos	■				■		■	■				■	■	●	○	■	■	■	■	■	■		■	-	-
Photoreal. Darstellungen	■				■		■	■				■	■	●	○	■	■	■	■	■	■		■	-	-

	Eigenschaften der Darstellungsform													Eigenschaften der Informationen										Werte-bereich	Werte-architektur
	Bewegungs-dimension		Gestalt. Bindung			Formdimension					Farb-dimension														
Grundformen der Visualisierung	starr	bewegt	Formbindung	Vektorbindung	Pixelbindung	1D	2D	2½D	pseudo 3D	3D	schwarz / weiß	Graustufen	farbig	qualitativ	quantitativ	Objekte	Gegebenheiten	Bestandsinformationen	Prozeßinformationen	real	abstrakt / gedanklich	zeitlich	logisch		
Hologramme	■				■			■	■				■	■		■		■	■	■		■	■	-	-
Dynamische Graphiken		■	■				■		■		■	■	■	○	●		■	■			■	■	■	neg. + pos. Werte möglich	eine oder wenige Dim.; viele Werte
Computeranimationen		■		■			■	■			■	■	■	●	○	●	○		■	■		■	■	-	-
Film		■			■			■			■	■	■	●	○	●	○	●	○	■		■		-	-
Video		■			■			■			■	■	■	●	○	●	○	●	○	■		■		-	-
Multimediale Darstellungen	■		■	■	■	■	■	■	■		■	■	■	■	■	■	■	■	■	■	■	■	■	-	-
Virtuelle Realität		■		■						■			■	●	○	■	○	■	○	■		■		-	-
Prozeßvisualisierung	■	■			■		■	■	■		■	■	■	●	○	■	■	○	●	●	○	●	○	-	-

Tab. 20: Charakterisierung visueller Darstellung – Technische Regeln ihrer Anwendung

5.3 Verhaltenswissenschaftliche Regeln der Visualisierung

5.3.1 Überblick

Im Kapitel zuvor wurden Darstellungsformen anhand von vier Dimensionen charakterisiert und klassifiziert sowie deren Anwendungsbereich anhand der darstellbaren Informationsstruktur beschrieben ("Angebots- bzw. technische Sicht"). Daraus ergab sich eine konsistente Zuordnung (Darstellungsform zu Informationsstruktur), nach der die Auswahl einer Darstellungsform erfolgen kann.

Wesentliches Unterscheidungsmerkmal dieses Lehrbuches von anderen Regelwerken ist es, verhaltenswissenschaftliche Erkenntnisse aus der Forschung in Regeln zur Visualisierung umzusetzen. Damit werden nun hier der zuvor sachlogischen Herleitung von Auswahlregeln verhaltenswissenschaftlich basierte Regeln gegenübergestellt ("Nachfragesicht", d.h. Nachfrage ist der rezipierende Manager). Sie stammen aus der Forschung, die in Kapitel 4 im Überblick dargestellt wurde. Die im folgenden beschriebenen Grundprinzipien der Visualisierung und weitere Regeln sind aus dieser Forschung von Meyer (1996) entwickelt worden.

Aufgrund der noch sehr lückenhaften Forschung und damit Erkenntnissen zur Wirkung von Bildern zeigen die Regeln sehr unterschiedliche Gültigkeit und Konkretisierung: Sehr allgemeine Aussagen mit großer Reichweite (Breite der Anwendung) stehen sehr konkreten mit geringer Reichweite (geringe Anwendungsbreite) gegenüber. Es ist bis heute zudem unmöglich, für alle Ausprägungen und Kombinationen der Parameter von Person, Situation und Aufgabe jeweils eine Regel aus der bisherigen Forschung zu ziehen und damit einen vollständigen Regelkatalog entstehen zu lassen. Dies soll jedoch nicht heißen, daß die bisherige Forschung nur wenig hervorgebracht hätte, vielmehr liegt das Problem in der großen Vielfalt der Eingangsbedingungen: Aus dem Modell in Kapitel 4.4.3 wird ersichtlich, daß die konkrete Wahl visueller Darstellungsformen von einer großen Zahl von Parametern der Person, Situation und Aufgabe des individuellen Falls abhängt.

Drei Gruppen von Regeln lassen sich aus der bisherigen Forschung zusammentragen:
- Generelle Prinzipien bzw. Strategien der Visualisierung, die unabhängig von den besonderen Bedingungen der Person, Situation und Aufgabe des individuellen Anwendungsfalls und somit über alle Auswahl- und Gestaltungsentscheidungen hinweg gültig sind.

- Regeln, die exakt eine Bedingung aus den Parametern des PSA-Modells zur Voraussetzung benennen. Aus den vorhergehenden Untersuchungen konnten wenige wesentliche Einflußgrößen erkannt werden.
- Regeln, die eine größere Zahl (zwei und mehr) Bedingungen aus dem PSA-Modell heraus besitzen und daher nur für sehr ausgewählte Fälle verwendbar sind. Gerade für sie gilt das Problem der Unvollständigkeit, ein gemeinsamer Katalog würde bei dem heutigen Stand der Erkenntnisse aufgrund der großen Lücken zusammenhangslos und wenig aufschlußreich sein. Auf sie soll daher später verzichtet werden. Die Kombination der Regeln aus der Gruppe zuvor erscheint in nahezu allen Visualisierungsfällen ausreichend.

5.3.2 Grundregeln und -strategien der Visualisierung

Meyer (1996) zog aus der bisherigen verhaltenswissenschaftlichen Forschung einige Grundprinzipen und Strategien, die den gesamten Visualisierungsprozeß begleiten müssen.

1 *Minimalprinzip:* Nur die Informationen sollen visuell dargestellt werden, die auch als nicht-visuelle Form vorgegeben sind.

Zusätzliche oder redundante Informationen (z.B. wiederholte Firmenlogos) und gestalterische Maßnahmen, die u.a. den Zusatzzielen wie der "schönen" Darstellung dienen (z.B. 3D-Darstellungen für zweidimensionale Datenstrukturen), jedoch nicht durch eine der gefundenen Regeln der Visualisierung begründet werden, sind abzulehnen. Dies bedeutet auch, daß eine visuelle Darstellung den minimal möglichen Visualisierungsgrad (vgl. Kapitel 2) aufweisen soll. Für Verstöße gegen dieses Prinzip sei auf einige der Abbildung in Kapitel 2 des vorliegenden Buches (Abb. 2, 4, 6) verwiesen. Denn dort sind die grauen Hinterlegungen einzelner Felder nur dann sinnvoll, wenn es sich um Kernbegriffe handelt, die es herauszuheben gilt. Auch ist der Schatten an der Pyramide in Abbildung 3 überflüssig und verlangt nur zusätzliche geistige Verarbeitungsprozesse.

Die folgenden Abbildung zeigt ein Beispiel mit Verstößen gegen das Minimalprinzip und die korrekte Lösung. Die Fehler in der Darstellung links sind: Die 2½D-Darstellung ist (auch in der Tiefe) überflüssig, wie die grauen Hintergründe, die enge Skalie-

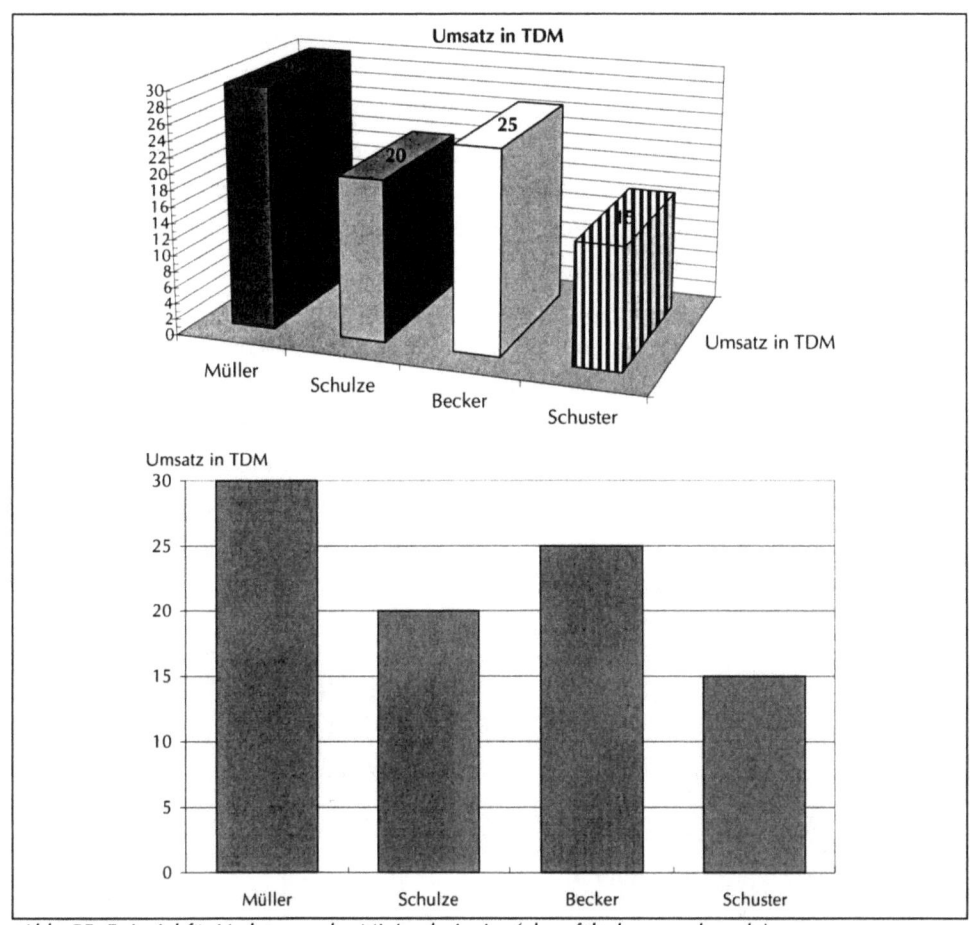

Abb. 55: Beispiel für Verletzung des Minimalprinzips (oben falsch, unten korrekt)

2 *Authentizitätsprinzip*: Es besagt in einfacher Form, daß nur die Informationen visuell dargestellt werden sollen, die durch die zu verwendenden Informationen vorgegeben werden, und daß die Informationsinhalte nicht verzerrt oder verfälscht wiedergegeben werden dürfen.

Dies schließt im weiteren Sinne auch die Frage ein, ob und in welchem Maße z.B. durch Emotionalisierungswirkungen oder eine geringere Ablesegenauigkeit, durch die Visualisierung Verzerrungen der realen Informationen entstehen und ob dies dem Authentizitätsprinzip in einem Maße widerspricht, das nicht mehr geduldet werden kann. Die Bewertung, ob das Ausschließlichkeitsprinzip (ausreichend) erfüllt wurde, muß dem Entscheider überlassen bleiben, ein generelles Maß gibt es hier nicht. Die Rolle des Authentizitätsprinzips als eine grundlegende Regel der Visualisierung unterscheidet sich von der des Konsistenz- und Inkonsistenzprinzips. Während es offensichtlich ist, die Einhaltung des Authentizitätsprinzips zum Ziele einer möglichst hohen Entscheidungsqualität immer zu fordern, stellen sich Konsistenz- und Inkonsistenzprinzip als zwei alternative Wege dar. Je nach primärem Visualisierungsziel erscheint die Anwendung des einen oder anderen Prinzips sinnvoller.

Die folgende Abbildung 56 zeigt einen Verstoß gegen das Authentizitätsprinzip, links die ursprünglichen Daten, rechts die bildliche Umsetzung in Pictogrammen. Zum einen gehen die Angaben über die absoluten Umsätze verloren, was besonders wichtig ist, weil zum anderen die Aussagen aus den Gesichtern der Pictogramme eine zusätzliche Interpretation darstellen, die sich aus den Daten nicht zwangsläufig ergibt. Sie scheint in Anbetracht der geringen Differenzen bei den Umsätzen kaum die „richtige Emotion" zu erzeugen.

Jahr	Umsatz		Jahr	Umsatz
1994	200.000		1994	☺
1995	199.000		1995	☹
1996	201.000		1996	☺
1997	200.000		1997	☺

Abb. 56: Beispiel für Verletzung des Authentizitätsprinzips (links Ursprung, rechts Umsetzung in Pictogramme)

3a   *Konsistenzstrategie*: Aufgabe der Konsistenzstrategie ist es, eine weitgehende Übereinstimmung der bildlichen Darstellung mit vorhandenen Schemata und kognitiven Stilen zu erzeugen ("Konsistenzfall")

Die Informationen sind also visuell so darzustellen, daß sie im Gedächtnis und in der Informationsverarbeitung vorhanden Strukturen (Schemata, cognitive style) entsprechen. Die Verarbeitung verläuft dann in vorgegebenen Bahnen und mit geringerer kognitiver Kontrolle. Damit ergibt sich eine effektivere, effizientere und mengenmäßig bessere Nutzung der verfügbaren Informationen. Die Konsistenzstrategie erscheint dort naheliegend, wo durch die visuelle Darstellung besonders dem Ziel hoher informationeller Fundierung und dem Ziel der Effizienzsteigerung der Entscheidung zugearbeitet werden soll und wo gleichartige, sich wiederholende Sachverhalte vorliegen, so z.B. bei Routineentscheidungen.

Die Abbildung 57 ist ein typisches Beispiel für eine Darstellung die vorhandene Schemata anspricht. Es wird eine bekannte Darstellungsform aufgegriffen und die typische Reihenfolge für die Darstellung von positiven zu negativen Werten eingesetzt. Die Abbildung besitzt also nichts überraschendes und soll diese auch nicht erzeugen. Der Beschauer weiß sofort, worum es sich handelt und wie die Umsatzentwicklung der Personen links gegenüber dem der Personen rechts zu bewerten ist. Es ist lediglich zu diskutieren, ob die positiven werte nach rechts und die negativen Werte nach links zu ordnen sind.

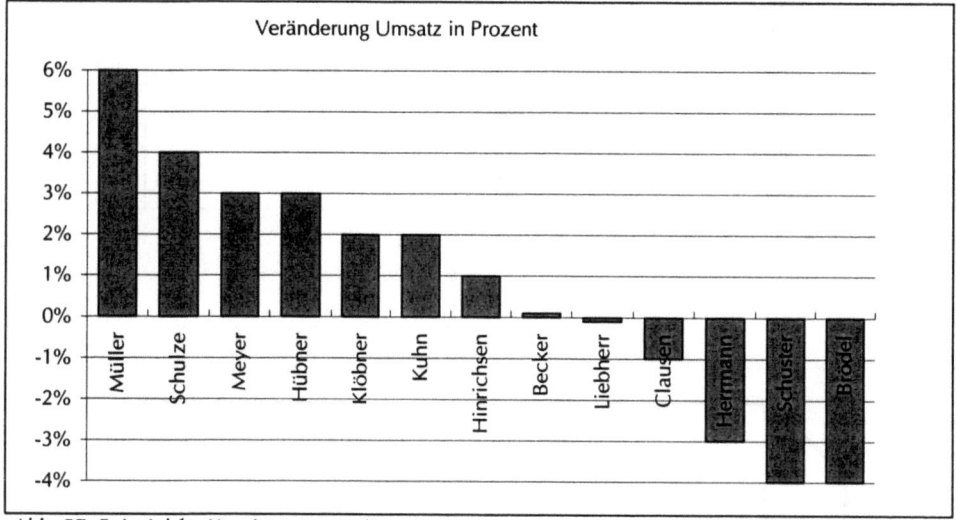

Abb. 57: Beispiel für Konsistenzstrategie

3b *Inkonsistenzstrategie*: Aufgabe in der Inkonsistenzstrategie ist es, Dissonanzen zwischen der bildlichen Darstellung und vorhandenen Schemata bzw. kognitiven Stilen zu erzeugen (Inkonsistenzfall, Schemata-Konflikt).

Hierzu gehören auch auffällige Bildelemente. Der Konflikt bzw. die Auffälligkeit erhöht die Aufmerksamkeit und die kognitive Kontrolle. Dabei sind die psychologischen Prozesse, die durch die jeweiligen Maßnahmen angeregt werden, sehr unterschiedlich (vgl. auch dazu Kapitel 4).

Dies kann eine auf das Gesamtbild bezogene und zunächst noch auf Elemente innerhalb des Bildes ungerichtete Aufmerksamkeit sein. Der Betrachter wendet sich der

Ursache der Inkonsistenz zu, also zeigt eine innerhalb des Bildes gerichtete Aufmerksamkeit. Während ersteres z.B. durch sich widersprechende inhaltliche Ergebnisse erzeugt wird (vgl. z.B. die populären Escher-Bilder (vgl. unten Abbildung 58) als extremen Fall oder Abweichungen von typischen Darstellungen wie Pfeile auf Kuchendiagrammen als gängigen Fall), so kann letzteres durch den Einsatz auffälliger Farben (vgl. unten Abbildung 58), durch Bewegung oder durch Zentrierung in der Bildmitte unterstützt werden.

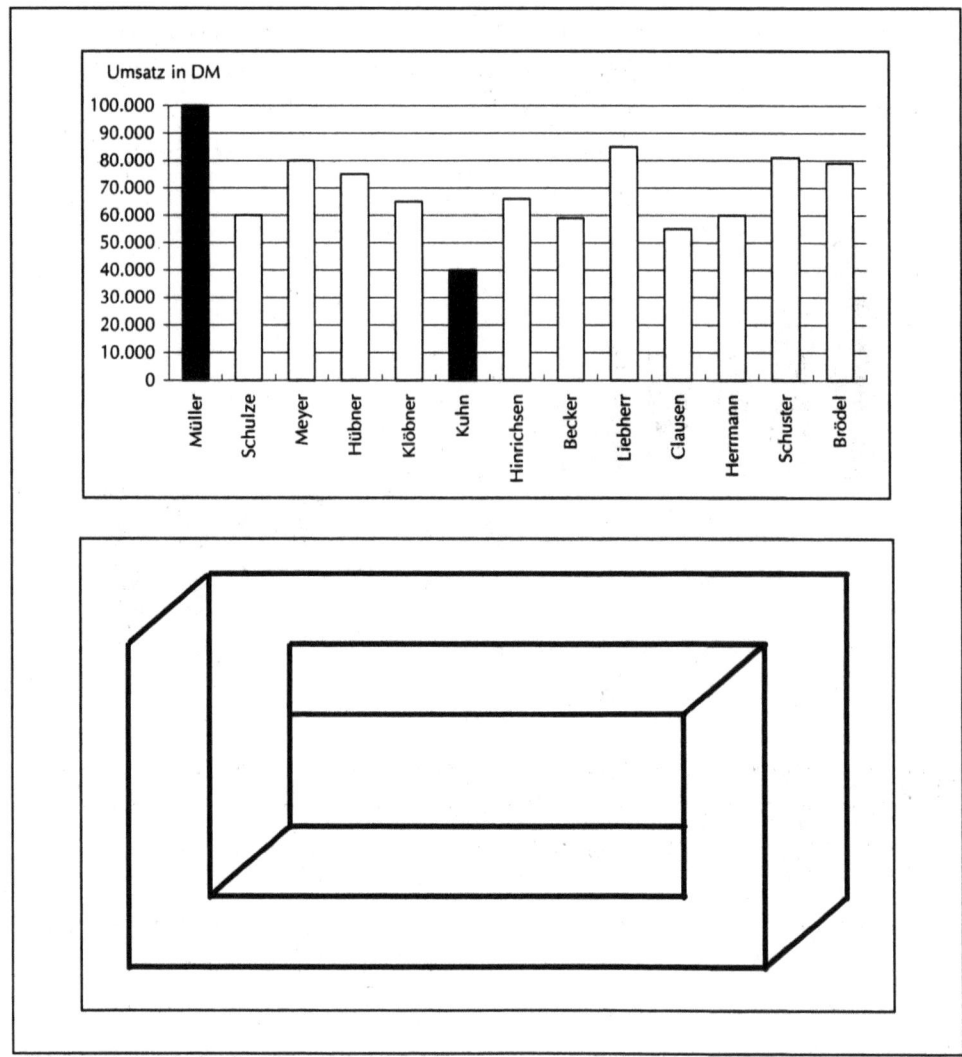

Abb. 58: Beispiele für die Inkonsistenzstrategie

Ein extremer, wenn auch naheliegender Fall ist ein blinkendes Licht. Die Inkonsistenzstrategie ist dann anzuwenden, wenn aufgrund der Fülle von Informationen physische Belastungsgrenzen nicht überwunden werden können und Informationsreduktionsmechanismen einsetzen. Dann müssen die Darstellungen, deren Informationen als wichtig angesehen werden, von bestehenden Schemata abweichen, um zuerst wahrgenommen zu werden. So werden exzeptionelle Gegebenheiten (z.B. neue oder andere Informationen oder Problemstellungen) besser zur Kenntnis genommen, Wesentliches wird so von Unwesentlichem getrennt, dem Informationsgesamt kann so eine zusätzliche Struktur gegeben, und besondere Zusammenhänge können aufgezeigt werden.

Zwar schließen sich die Strategien für eine einzelne darzustellende Informationseinheit oder eine Gruppe von Informationseinheiten gegenseitig aus, sie können jedoch innerhalb einer Gesamtdarstellung kombiniert - d.h. zwischen Informationsitems - verwendet werden. Beispiele sind die Anordnung der Informationen je nach Bedeutung von links oben im Bild nach unten rechts, mehrere mit Pfeilen verbundene Kuchendiagramme (Abfolge zwischen den Diagrammen entlang der Pfeile und innerhalb der Kuchendiagramme nach gewohnten Mustern) oder nebeneinander dargestellte Balkendiagramme unterschiedlicher Größe (die in der Reihenfolge der Größe abgearbeitet werden). Jenseits des immer zu beachtenden Authentizitätsprinzips sind dem Bearbeiter einer Darstellung grundlegende Strategieoptionen der Visualisierung sowie ihre Kombination gegeben, in deren Rahmen sich die weitere Gestaltung einfügen muß:

	Aufmerksamkeit nicht steuern	**Aufmerksamkeit steuern**
kein Aufgreifen oder sogar Widersprechen vorhandener Schemata	-	Inkonsistenz-strategie
Aufgreifen vorhandener Schemata	Konsistenz-strategie	kombinierte Strategie

Tab. 21: Strategiematrix

5.3.3 Trend-Regeln der Visualisierung

Die Regeln des folgenden Katalogs besitzen nur jeweils eine Eingangsbedingungen von Person, Situation oder Aufgabe (vgl. Kapitel 4 PSA-Modell) und beruhen auf Untersuchungsergebnissen, die häufig experimentell bestätigt wurden und von einer Vielzahl von Autoren getragen werden. Dabei ist zu beachten, daß die Regeln nur selten isoliert verwendet werden, sondern vielmehr in einem Verbund mit anderen Gestaltungsregeln.

Daher sollen sie nicht zu starren Wenn-Dann-Entscheidungen führen, sondern Präferenzen nahelegen (im Sinne einer "Wenn-Dann je eher"-Aussage), von denen in Abhängigkeit anderer Parameter und Regeln abzuweichen ist sie sind also „Trend"-Regeln.

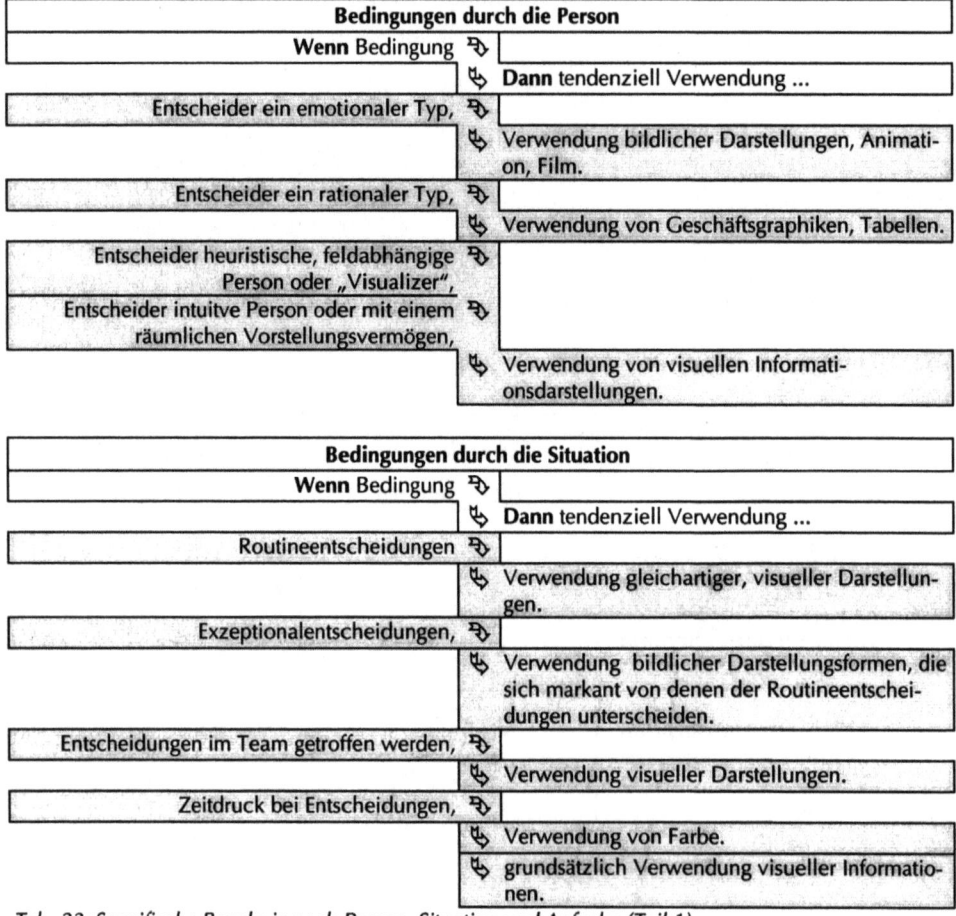

Bedingungen durch die Person	
Wenn Bedingung	**Dann** tendenziell Verwendung ...
Entscheider ein emotionaler Typ,	Verwendung bildlicher Darstellungen, Animation, Film.
Entscheider ein rationaler Typ,	Verwendung von Geschäftsgraphiken, Tabellen.
Entscheider heuristische, feldabhängige Person oder „Visualizer",	
Entscheider intuitve Person oder mit einem räumlichen Vorstellungsvermögen,	Verwendung von visuellen Informationsdarstellungen.

Bedingungen durch die Situation	
Wenn Bedingung	**Dann** tendenziell Verwendung ...
Routineentscheidungen	Verwendung gleichartiger, visueller Darstellungen.
Exzeptionalentscheidungen,	Verwendung bildlicher Darstellungsformen, die sich markant von denen der Routineentscheidungen unterscheiden.
Entscheidungen im Team getroffen werden,	Verwendung visueller Darstellungen.
Zeitdruck bei Entscheidungen,	Verwendung von Farbe.
	grundsätzlich Verwendung visueller Informationen.

Tab. 22: Spezifische Regeln je nach Person, Situation und Aufgabe (Teil 1)

Bedingungen durch die Aufgabe	
Wenn Bedingung ⇨	
	⇨ **Dann** tendenziell Verwendung ...
Erkennen von Zusammenhängen, Beziehungen, (relationale Informationen), ⇨	
Erkennen von zeitlichen Entwicklungen (Trends), Extrapolationen, ⇨	
Statische und dynamische Vergleiche, ⇨	
Erkennen, Erinnern und Wiedergabe von Strukturen, bzw. Mustern, ⇨	
Gewinnen eines Gesamteindrucks, eines Überblicks, (Verständnisaufgaben), ⇨	
Verdeutlichung nicht-linearer bzw. dynamischer Entwicklungen von Größen, ⇨	
	⇨ Verwendung von Graphiken.
Ablesen und bestimmen exakter Werte, ⇨	
Erinnern und Wiederholen von Einzelwerten, ⇨	
Darstellung einer Reihenfolge, ⇨	
	⇨ Verwendung von Tabellen.
Aufgaben mit räumlichen Charakter, ⇨	
	⇨ Verwendung von bildlichen, analogen Darstellungsformen, (Business-Graphiken).
Aufgaben mit symbolischen Charakter, ⇨	
	⇨ Verwendung verbal-analytischer Darstellungsformen, (Tabellen).
Führungsaufgaben (schneller Überblick), ⇨	
	⇨ Verwendung von Graphiken.
Fachaufgaben (fachliche Details, Präzision), ⇨	
	⇨ Verwendung von Tabellen.
Unterstützungsaufgaben, ⇨	
	⇨ Verbindung mehrerer Darstellungsformen, Multimedia.
Höhere Alternativenzahl in Mehrzielentscheidungsprozessen, ⇨	
	⇨ Verwendung von Netzdiagrammen.
	⇨ Verwendung von "schematic faces".
Faktoranalytische Darstellungen mit mehreren, nicht unabhängigen Variablen, ⇨	
	⇨ Verwendung von 2D-Punktdiagrammen, deren Achsen nicht orthogonal sind.
Aussagen einen hierarchischen Bezug zueinander aufbauen, ⇨	
	⇨ Verwendung kettenartiger Ablaufdarstellungen, ähnlich den Flußdiagrammen.

Tab. 23: *Spezifische Regeln je nach Person, Situation und Aufgabe (Teil 2)*

Bedingungen durch die Aufgabe (Fortsetzung)	
Wenn Bedingung	
	Dann tendenziell Verwendung ...
Urteilsprozesse,	
	Verwendung von „schematic faces".
Diagnostische Fragestellungen,	
	Verwendung von „schematic faces".
Aufgaben mit geringer Komplexität,	
	Verwendung von Graphiken.
Aufgaben mit hoher Komplexität,	
	Verwendung von Tabellen.
Reduktion komplexer Aufgaben in Teilaufgaben,	
	Verwendung von Tabellen.
Vergleiche von Informationen,	
	Verwendung von Pictogrammen.
	Verwendung multipler Liniendiagramme.
Vergleich mehrerer Werte einer Variablen,	
	Verwendung von Säulen- oder Balkendiagrammen.
Vergleich vieler Werte einer Variablen,	
	Verwendung von Histogrammen.
Informationen mit gemeinsamen geographischen Bezug,	
	Verwendung von Kartendarstellungen.
Aggregationen von wenigen Elementen,	
	Verwendung von Balken- oder Säulendiagrammen.
Extrapolation aus Zeitreihen, insbesondere, wenn gewisse Muster hervorstehen,	
	Verwendung von Kurvendiagrammen.
Beziehungen von Teilmengen zu einem Ganzen verdeutlichen,	
	Verwendung von Kreisdiagrammen.
Abhängigkeit zweier Größen,	
	Verwendung von Scatterplots.
Aufmerksamkeit auf Objektkombinationen,	
	Verwendung eines einfachen und regelmäßigen Verlaufs der Objekte.
Aufmerksamkeitssteuerung mit Bildern,	
	Verwendung vektorgebundener Darstellungsformen.

Tab. 24: Spezifische Regeln je nach Person, Situation und Aufgabe (Teil 3)

Bedingungen durch die Aufgabe (Fortsetzung)	
Wenn Bedingung	**Dann** tendenziell Verwendung ...
Aufmerksamkeit auf bestimmte Informationen,	Positionierung der Informationen in der Mitte des Bildes.
	Plazierung am Anfang oder Ende einer Folge von Informationen.
	Informationen und graphische Elemente so anordnen, daß das "Wichtigste" in der linken oberen und der rechten unteren Ecke plaziert ist.
Aufmerksamkeitssteuerung durch Anordnung,	Visuelle Informationen entsprechend der Blickbewegung anordnen.
Projizierte, funktionale Verläufe,	Verwendung gestrichelter Linien.
Trennung logischer Informationsgruppen von anderen Gruppen,	Umrahmung logischer Informationsgruppen.
Verbesserung des Überblicks,	Verwendung von Farben und Grauabstufungen.
Gleichartige oder ähnliche Elemente,	Zusammenfassung der Elemente zu Gruppen gleicher Form oder Farbe.
Räumlich naheliegende Elemente,	Zusammenschließen der Elemente in Gruppen.
Erzielung der Wahrnehmung von Figurenform,	Verwendung symmetrischer Gebilde.
Erzielung räumlicher Geschlossenheit,	Verwendung Flächen einschließender Konturen.
Balken-, Säulen- oder Kreisdiagramme alternativ als Visualisierungsform möglich,	Verwendung von Balken- oder Säulendiagrammen.
Balken- und Säulendiagramme alternativ als Visualisierungsform möglich,	Balkendiagramme verwenden.
Ablesegenauigkeit entscheidend,	Verwendung der Diagramme in folgender Reihenfolge: Kreisdiagramme > Kurvendiagramme > Säulendiagramme > Balkendiagramme.

Tab. 25: Spezifische Regeln je nach Person, Situation und Aufgabe (Teil 4)

5.3.4 Spezielle Einzelregeln

Über diese Regeln hinaus finden sich in der Literatur weitere, sehr verstreute und isolierte Regeln der Visualisierung, die sich durch zwei oder mehr Eingangsbedingungen auszeichnen. Derartige Regeln sind z.B.: "In Urteilsprozessen mit diagnostischer Fragestellung sind schematic faces anzuwenden" oder "Zur Lösung eines Aufgabentyps mit vornehmlich räumlichem Charakter, welcher zudem durch ganzheitliche Prozesse gelöst werden kann (Vergleiche), empfehlen sich bildliche, analoge Darstellungsformen wie Business-Graphiken".

Es wäre müßig, alle diese Regeln hier aufzuführen, sie wären zu zahlreich und dennoch zu lückenhaft, als daß sich damit ein Katalog von Regeln für alle Aufgaben erstellen ließe. Vielmehr lassen sie sich i.d.R. durch die Kombination der obigen Regeln erstellen. Es kann also auf sie verzichtet werden.

5.4 Der Visualisierungsprozeß - Ein Leitfaden zur Erstellung von Bildern

Die obigen Regeln sollten nicht in unstrukturierter Weise angewendet werden. Vielmehr ist ein Leitfaden vonnöten, entlang dessen Schritt für Schritt eine visuelle Vorlage erstellt wird. Eine sinnvolle Vorgehensweise besteht darin, zunächst das Informationsgesamt in Information zu segmentieren und dann jeweils für die Gruppen durch den Vergleich der zu visualisierenden Information mit den technisch-formalen Eigenschaften visueller Darstellungsformen eine Auswahl einer (Grund-)Form zu treffen. Dafür steht die Tabelle am Ende des Kapitels 5.2 zur Verfügung. An dieser (vorläufigen) Auswahl setzt die Korrektur an. Es schließt sich ein Prozeß der Korrektur und Optimierung auf der Basis der verhaltenswissenschaftlichen Aussagen bzw. Regeln großer, mittlerer und geringer Reichweite an.

Grundsätzlich sind während des gesamten Erstellungsprozesses die Ergebnisse des jeweiligen Schrittes auf Widersprüche zum Authentizitätsprinzip hin zu prüfen. Zu dieser inhaltlichen Prüfung kann natürlich keine einheitliche Methodik vorgeschlagen werden. Vielmehr ist es Aufgabe des Bearbeiters, im individuellen Fall die Informationsbasis mit der visuellen Darstellung zu vergleichen sowie die Gefahren zu identifizieren, abzuschätzen und ggf. auf die Anwendung der Gestaltungs- oder Auswahlregel zu verzichten.

Dieses Vorgehen muß zudem gewährleisten, daß die Prüfung anhand der Regeln jederzeit zum Ergebnis führt, daß eine Visualisierung der Information grundsätzlich abzulehnen ist (also das "ob" der Visualisierung). Damit soll vermieden werden, daß vorschnell Entscheidungen für oder gegen eine Visualisierung getroffen werden, die dann nicht mehr revidiert werden können. Dies erweitert den Prozeß um zwei weitere, vorgelagerte Schritte.

Der Leitfaden kann nunmehr in fünf Schritte gegliedert werden (Abb. 59). Je nach Schritt ist dazu die Kenntnis einiger Bedingungen der Person, Situation und Aufgabe erforderlich.

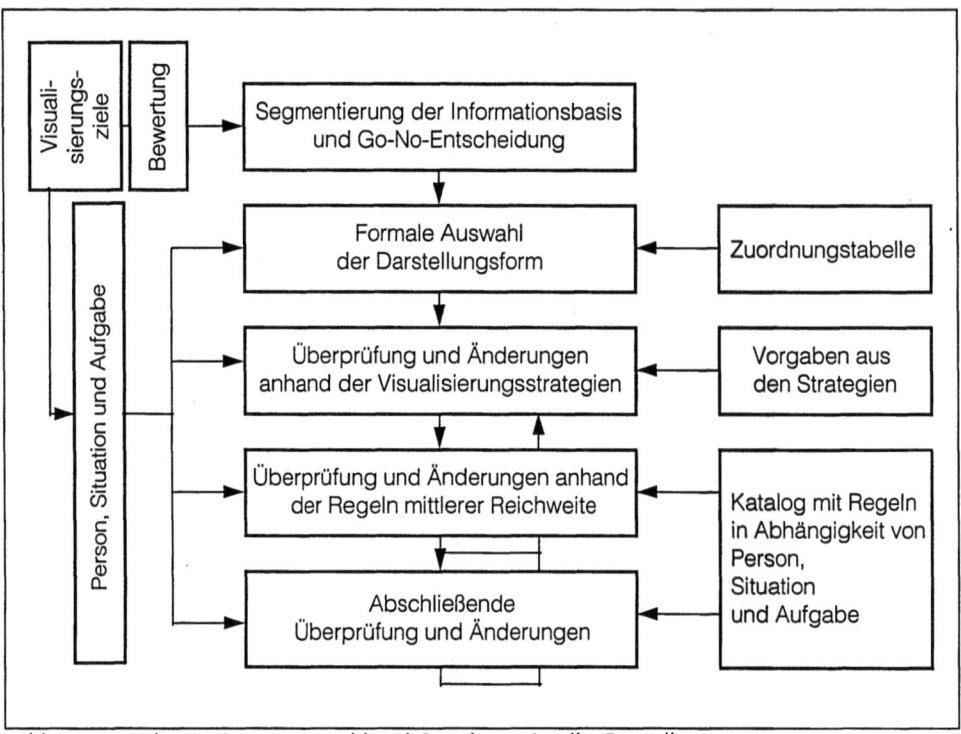

Abb. 59: Vorgehensweise zur Auswahl und Gestaltung visueller Darstellungen

1 *Schritt 1 - "Segmentierung der Informationsbasis anhand gemeinsamer Eigenschaften oder Ziele der Visualisierung sowie Go-No-Entscheidung"*

I.d.R. wird nicht eine einzelne Informationseinheit visuell darzustellen sein, sondern eine größere Zahl von Informationseinheiten. Es ist dann sinnvoll, den Visualisierungsprozeß nach jeder einzelnen Informationseinheit oder einer Gruppe von Einheiten zu differenzieren. Dazu muß zunächst für jede Informationseinheit festgestellt werden, ob sie besondere Eigenschaften besitzt, die sie mit anderen Informationseinheiten verbindet und welche Ziele der Visualisierung der Informationen mit ihr verbunden werden sollen. Sind hier innerhalb der Informationsbasis Gruppen gemeinsamer Zielsetzungen zu erkennen (z.B. müssen einige Informationen sehr exakt ablesbar sein, andere wiederum nicht), so ist das Informationsgesamt entsprechend zusammenzufassen, d.h. die Gesamtinformation ist zu segmentieren. An den Zielen der Visualisierung für die jeweiligen Segmente ist festzustellen, welche dieser durch Visualisierung grundsätzlich unterstützt bzw. nicht unterstützt werden können. Ggf. ist im Sinne einer Go-No-Entscheidung abzuwägen, ob auf eine Visualisierung eines Segmentes der Informationsbasis oder sogar auf eine visuelle Darstellung der Informationen völlig verzichtet werden soll.

2 Schritt 2 - "Formale Auswahl der Darstellungsform"

Für die verbliebenen Segmente ist jeweils eine Auswahl der Visualisierungsform durch Vergleich der Darstellungsformen mit der Struktur der zu visualisierenden Informationen vorzunehmen. Die Wahl ergibt sich aus der in Kapitel 5.2 gezeigten Tabelle. Unter ggf. mehreren Möglichkeiten ist das Minimalprinzip anzuwenden. Das Ergebnis dieses Schrittes ist die Auswahl einer Darstellungsform.

3 Schritt 3 - "Überprüfung und Änderungen anhand der Visualisierungsstrategien"

Hier sind nochmals die Ziele (also die Vermittlung gleichartiger, sich wiederholender Sachverhalte oder das Aufzeigen von Zusammenhängen und Besonderheiten) zu betrachten, und es zu entscheiden, ob, und wenn ja, welche der oben genannten Strategieoptionen (Konsistenz-, Inkonsistenzstrategie) gewählt werden sollen. Gemäß dieser Strategien sind die Instrumente (z.B. Farbe, bisher verwendete Art und Weise der Darstellung) für die jeweiligen Informationsitems einzusetzen. Für diesen Schritt ist dann die Kenntnis notwendig, welche Informationen herauszuheben sind, welche eine Wiederholung darstellen und welche Darstellungsform der Manager schon für vergleichbare Fälle benutzt hat. Das Ergebnis ist ggf. eine Abänderung der Darstellung oder sogar die Auswahl einer anderen Darstellungsform.

4 Schritt 4 - "Überprüfung und Änderungen anhand der je nach Person, Situation und Aufgabe relevanten Regeln

Dieser Schritt sollte in gleicher Weise der Überprüfung und Änderung erfolgen wie der Schritt 3. Grundlage der Überprüfung und Änderung sind jedoch nicht die Strategien und ihre Maßgaben, sondern die obigen Regeln. Natürlich können nur diejenigen Regeln zur Anwendung kommen, für die entsprechende Kenntnisse über die Eingangsbedingungen vorliegen oder mit angemessenem Aufwand beschafft werden können. Sollte sich hier eine grundlegende Änderung ergeben, so erscheint es sinnvoll, den Prozeß der Auswahl und Gestaltung beginnend mit Schritt 3 ggf. sogar Schritt 2 (wenn dort die Auswahl aus mehreren Alternativen

Darstellungen bestand) zu wiederholen. Eine grundlegende Änderung wäre z.B. eine gänzlich andere Darstellungsform oder eine Erhöhung des Visualisierungsgrades um mehrere Stellen.

5 Schritt 5 - "Letzte Überprüfung und ggf. Änderungen"

Dieser Schritt stellt die abschließende Prüfung der Einhaltung der Grundprinzipien dar (Minimalprinzip, Authentizitätsprinzip etc.) der Schritt sollte in gleicher Weise der Überprüfung und Änderung erfolgen wie Schritt 4. Sollten sich auch hier wieder grundlegende Änderungen ergeben, sollte wiederum der Prozeß der Auswahl und Gestaltung mit Schritt 4 beginnend wiederholt werden.

Zudem sollte zumindest in zweifelhaften Fällen überlegt werden, ob die Kosten der Erstellung der ausgewählten visuellen Darstellung durch den im individuellen Fall erwarteten Nutzen zu rechtfertigen sind. Dies wird später noch diskutiert und ist zudem eine Entscheidung, die nur der Vorbereiter im individuellen Fall treffen kann. In Kapitel 6 wird der Leitfaden dann noch an konkreten Beispielen durchgeführt.

5.5 Anmerkungen zum EDV-Einsatz für die Visualisierung

5.5.1 Überblick

Im Kapitel 3 wurden Formen visueller Informationsdarstellung beschrieben. Dabei wurde schon dort deutlich, daß viele dieser Formen den Computereinsatz verlangen - sei es bei ihrer Erstellung oder ihrer Präsentation.

Die verschiedenen Themen der Computerunterstützung der Visualisierung sind sehr kurzlebig und befinden sich in einem sehr schnellen Wandel. Die Darstellung des jeweils neuesten Stand der Technik ist daher besser in den zahlreichen populärwissenschaftlichen, aber z.T. auch in der Fachwelt anerkannten Computerzeitschriften aufgehoben denn in einem Lehrbuch. Daher muß hier auf Grundbegriffe der EDV-Technik (Zentraleinheit, Graphikhardware, Monitore, Beamer, Overhead-Displays etc.) wie auch auf allseits bekannte „Schlagwort-Technologien" (Multimedia, Videokonferencing etc.) nicht mehr eingegangen werden.

Die Zeitschriften - der Aktualität und Anwendung verschrieben - zeigen jedoch i.d.R. nicht die Grundprinzipien der Gestaltung von EDV, die sich aus der Forschung ergeben haben. In der Berichterstattung über Soft- und Hardware der computergestützten Visualisierung gehen u.E. die gemeinsamen technologischen Grundprinzipien unter. Diese unterliegen jedoch über die Zeit nur mäßigen Veränderungen. Daher soll hier auf diejenigen Technologien und deren Gemeinsamkeiten eingegangen werden, die jenseits der Tagesaktualität für die EDV-Unterstützung der Visualisierung Bedeutung besitzen.

Dazu werden hier ein kurzer historischer Abriß, der zentrale Begriff „Visualisierungssystems" sowie - schlaglichthaft - ausgewählte Beispiele für Visualisierungssysteme gezählt, die in den vergangen Jahren neue und z.T. ungewöhnliche Wege gegangen sind.

5.5.2 Zur Historie der Visualisierung in der Computertechnik

Zunächst soll ein Blick zurück in die Historie geworfen und anhand weniger Ereignisse charakterisiert werden, um somit einen Eindruck von der bisherigen und zu erwartenden Entwicklung zu vermitteln.

Die bildliche Darstellung von Informationen und Bedienelementen stellt hohe Anforderungen an die Ressourcen (Rechenleistung, Speicherkapazität, Anzeigekapazität) von Computersystemen. Daher waren bis vor ca. 15 Jahren anspruchsvolle Visualisierungen mittels Computer nicht möglich. Die Software wies nur einfache Textdarstellungen für Bedienung und Informationen auf. Hierzu ein Beispiel: Bis zur Mitte der 70er Jahre besaßen selbst Hochleistungscomputer eine Speicherkapazität (RAM) von kaum mehr als 64 KByte. Zur Bildschirmanzeige mit 20 Zeilen und 40 Spalten (256 Zeichen) wurden nur 800 Byte des Speichers benötigt. Dagegen benötigt eine graphische Bilddarstellung von (nur) 800 x 600 Punkten bei 256 Farben (in etwa die Bildqualität heutiger Fernseher) etwa 500.000 Byte, also etwa das dreißig- bis fünfzigfache der Speicherkapazität damaliger Großrechner.

Da die Softwareentwicklung von der begrenzten Leistung der Hardware bestimmt wurde, gab es für eine nennenswerte Bildverarbeitung nur rudimentäre Erstellungs- und Bearbeitungsfunktionen. Dies änderte sich jedoch mit der schnell wachsenden Leistungfähigkeit der Computerhardware. Hierzu ein Vergleich: Ein Hochleistungscomputer von 1972 besaß eine Prozessorleistung von ca. 0,2 bis 0,5 MIPS (Millionen Instruktionen pro Sekunde), 36 bis 64 KByte Hauptspeicher (RAM) und externe Speicher von ca. 5 bis 10 MB. Ein häufig eingesetzter Großrechner (z.B. Siemens 7130) wies um 1972 etwa 1 bis 2 MIPS Rechenleistung, ca. 1 bis 2 MB RAM und 100 bis 400 MB (externe) Festplattenspeicher auf. Heutige Personal Computer werden mit Prozessorleistungen von mehreren einhundert MIPS, mit internen Speicher (RAM) von weit über 100 MB und mit externen Speichern von 10 Gbyte und mehr angeboten. Allein für die Speicherung des Bildschirminhalts werden in PCs zusätzlich heute 4 bis 8 MB RAM zur Verfügung gestellt.

Der wohl größte Entwicklungsschub für graphische Gestaltung der Oberflächen (Bedienung und Informationspräsentation) kam aus dem Bootstrap-Projekt, das von 1971 bis 1979 an der Stanford University und dem Xerox Palo Alto Research Center durchgeführt wurde (Engelbart/Lethman 1988). Im Rahmen dieser Forschung entstanden auch die "Maus" als Eingabeinstrument und die Fenstertechnik zur Strukturierung von Softwaretasks (Ziegler 1988). Diese Elemente wurden seit 1985 durch den Apple Macintosh populär. Nahezu jedes heutige System mit einer graphischen Oberfläche findet in der ehemaligen Xerox-Oberfläche seinen Ursprung (z.B. X-Windows-Standard, MS Windows, GEM, OS/2). Mit ihnen kamen Bedientechniken wie drag & drop, seeing & pointing, Metaphern, WISIWYG, Modale Fenster, Dialog-Boxes, selecting objects und DMI (Direct Manipulating Interface) auf - Techniken, die heute nahezu jeder Anwender nutzt. Derzeit standen Themen wie die Verbindung von Sprache, Bewegt- und Standbild mit neueren Bedienungselementen (z.B. Push-Botton-Touch-Screen, Light- und Touch-Pen, Penbook-Technik) unter dem Schlagwort "Multimedia" und, aus den naturwissenschaftlichen Forschungsfeldern kommend, der Einsatz von Artificial Environments (auch als Virtual Reality bezeichnet) im Vordergrund der Diskussion (Krüger 1992, Astheimer 1992, Fleischmann 1992).

Mittlerweile hat - über ein Jahrzehnt nach seiner ersten Installation - das Internet einen gewaltigen Aufstieg auch in der betrieblichen Praxis genommen. Bilder - ob starr oder bewegt - können nunmehr über völlig neue Wege transportiert und für den Beschauer aufbereitet werden.

5.5.3 Visualisierungssysteme

Im Zusammenhang mit computergestützten visuellen Darstellungen von Informationen wird vielfach auch von Visualisierungssystemen gesprochen (Krömker 1992). Mit Hilfe von Visualisierungssystemen werden nicht-visuelle Informationen bzw. Informationen mit niedrigem Visualisierungsgrad in eine bildliche Darstellungsform höheren Grades umgewandelt. Die Eingabe von Informationen in DV-Systeme zur Visualisierung ist insbesondere für die Erhebung von Informationen z.B. aus der Marktforschung relevant.

Die Anforderungen an ein Visualisierungssystem ergeben sich aus der individuellen Anwendung und müssen zusammen mit dem Benutzer erarbeitet werden. Aus technischer Sicht lassen jedoch drei grundlegende Eigenschaftskriterien die Qualität von Visualisierungssystemen bemessen (Krömker 1992, S.11ff.): Art und Anzahl der visualisierbaren Objekte, Bildqualität, Interaktionsgeschwindigkeit.

Auf der Hardware-Seite bestehen Graphik-Arbeitsplatzsysteme immer aus den Komponenten Hauptprozessor, Hauptspeicher, Videoprozessor, Ausgabegeräte. Je nach Rechnerarchitektur wird zusätzlich zum Hauptspeicher noch ein spezieller Bildspeicher und neben dem Hauptprozessor noch ein Graphik-Prozessor verwendet (Krömker 1992, S.75). Wesentliche Bedingung für eine hohe Leistung eines Visualisierungssystems ist die ausgewogene Abstimmung aller Komponenten, so daß kein "Flaschenhals" entsteht. Die Rechenleistung, die für Visualisierungssysteme zur Verfügung steht

(Schätzungen sagen für graphische Datenverarbeitungssysteme eine Leistungsfähigkeit von fünf bis zehn GIPS (giga instruktions per second) voraus), ist immer durch wirtschaftliche Restriktionen begrenzt.

Auch die Software determiniert die Leistungsfähigkeit des Computers. Art und Geschwindigkeit der visualisierbaren Objekte ist davon abhängig, welche Primitiven verarbeitet werden können. Unter Primitiven werden einfache geometrische Objekte verstanden, die der Beschreibung komplexerer Objekte dienen. Die Art und Anzahl dieser Objekte hat großen Einfluß auf die Rechenleistung. Visualisierungssysteme sind nahezu ausschließlich interaktive Systeme. Besondere Anforderungen stellen Visualisierungssysteme an die betriebliche Kommunikationstechnologie, da starre und insbesondere bewegte Bilder aus immensen Datenmengen bestehen. Was jedoch vor einigen Jahren noch ein großes Problem darstellte, ist heute nunmehr durch die erhebliche Steigerung der Verarbeitungs- und Übertragungsleistung von Computersystemen gewährleistet.

5.5.4 Bedienelemente als Beispiele für Visualisierung

Die Funktionen einer Software werden dem Anwender über Benutzeroberflächen zur Verfügung gestellt. Durch die Gestaltung der Schnittstelle wird festgelegt, wie der Benutzer einzelne Funktionen auswählen kann. Dabei müssen Navigations- und Filtertechniken festgelegt werden. Grundsätzlich wird die topologische und die kategorienbasierte Navigationsform unterschieden. Bei der topologischen Navigationsform kann der Anwender einen bestimmten Ausschnitt aus dem Informationsangebot auswählen, ohne daß die Informationsdarbietung verändert wird. Bei Verwendung der kategorienbasierten Filtertechnik hingegen kann die Detailliertheit der Information bestimmt werden. In den meisten heutigen Benutzerschnittstellen ist eine Kombination aus topologischer und kategorienbasierter Navigationsform realisiert.

Zur Darstellung der Bedienmöglichkeiten auf dem Bildschirm sind folgende Techniken und Elemente bekannt: Menü-Technik, Window- und Layer-Technik, Hypermedia-Konzepte, Metaphern. Insbesondere Menü- und Window-Technik sind in allen bedeutenden Betriebssystemen realisiert und müssen wohl nicht mehr erläutert werden. Hypermedia-Konzepte werden zwar vielfach genutzt (so z.B. sind sie die Grundlage für die Bewegung in WWW-Pages im Internet), ihre konzeptionelle Bedeutung ist jedoch jenseits der Informatik-Fachwelt wenig bewußt. Da sie zudem ein wichtiges Visualisierungselement darstellen, sollen sie hier kurz erläutert werden.

Wenn der Benutzer zu einem auf einer Web-Seite gezeigten Objekt genauere Informationen oder eine andere Darstellungsform wünscht, ist z.B. nur ein Mausklick erforderlich. Programmiertechnisch sind diese gekennzeichneten Objekte durch sogenannte Hyperlinks miteinander verbunden (Möhrle 1993, S.62). Z.B. sind in Hypertext-Anwendungen, die einen Sonderfall von Hypermedia darstellen (Mühlhäuser 1991, S.282), bestimmte Wörter im Fließtext gekennzeichnet, zu denen nach Anklicken mit der Maus detailliertere Informationen ausgegeben werden. Die Begriffe Hypertext und Hypermedia werden in sehr unterschiedlichen Bedeutungen verwendet. Unter Hypertext wird eine Verknüpfung von "elementaren Informationseinheiten" (Knoten) durch ein Netzwerk von Verweisen (Links) verstanden, wobei die Informationen in textlicher Form dargestellt sind. Hypermedia als allgemeine Navigationsform leistet die Verknüpfung von mindestes zwei verschiedenen Medien untereinander. Z.B. weist ein Hypermedia-System nicht nur Verknüpfungen von starren Bildern untereinander, sondern auch Verknüpfungen mit mindestens einem anderen Medium wie Text oder bewegten Bildern auf. Bekannt wurde Hypermedia durch das 1987 von Macintosh auf den Markt gebrachte Autorensystem "Hypercard", das dem PC-Nutzer die Möglichkeit bietet, selber Hypermedia-Anwendungen zu erstellen (Thome 1991, S.21). Allerdings stammt die Idee des Hypermedias von Pionieren wie Bush, Engelbart und Nelson aus den vierziger Jahren, die aber erst seit den achtziger Jahren realisiert wurde (Mühlhäuser 1991, S.281). Bajka (1991, S.10) beschreibt Hypercard als eine Software, die eine "assoziative Organisation" von Informationen möglich macht. Mit Hypercard lassen sich seit über einem Jahrzehnt Text auch Ton oder (starre und bewegte) Bilder in eine solche Anwendung integrieren (Wittwer 1991, S.18, Tai 1990, S.247). Heute existieren ein Reihe von deratigen Programmen, die populär als „Authering-Software" bezeichnet werden.

Auch Metaphern werden in der täglichen betrieblichen Praxis verwendet, ohne daß deren Bedeutung als Visualisierungsform für Bedienelemente bewußt wird. Metaphern sind analoge Abbildungen von natürlichen Systemen auf neuartige, abstrakte oder unbekannte Systeme. Dabei sind Eigenschaften, Verhalten und Beziehungen des natürlichen Systems bekannt und werden auf das neue System übertragen. Somit sind Metaphern besonders dann sinnvoll und nützlich, wenn das neue System nicht unmittelbar anschaulich dargestellt werden kann (Caroll et al. 1988). Zudem sind Metaphern sehr geeignet, um Schnittstellen von Computersystemen benutzerfreundlicher zu gestalten (van der Veer/Wijk 1988, S.194ff.). Heute hat sich bei Benutzerschnittstellen weitgehend die Desk-Top-Metapher durchgesetzt. Bekannte Elemente des natürlichen Systems "Büro" und des Subsystems "Schreibtisch" werden durch Pictogramme dargestellt und auf das "abstrakte System Computer" übertragen. So wird in Textverarbeitungsprogrammen der Text auf ein Blatt (Datei) geschrieben, in einem Ordner (Verzeichnis) abgelegt oder in den Papierkorb geworfen (Löschen) (Rohr 1988, S.45). Außerdem können Textbausteine "ausgeschnitten" und an anderer Stelle wieder "aufgeklebt" werden (Drag & Drop, s.u.). Ein großer Vorteil von Metaphern ist, daß das natürliche System, in diesem Fall der Schreibtisch, sehr leicht visualisiert werden kann. Die Funktion "Ausschneiden" wird z.B. häufig durch eine Schere symbolisiert, die Funktion "Speichern" wird durch das Pictogramm einer Diskette veranschaulicht. Das *"Rechenschiebermodell"* als Metapher (Abb. 60) bietet die Ansicht auf ein multidimensionales Daten- bzw. Informationsfeld, z.B. eine Absatzstatistik, das zahlreiche Deskriptoren verschiedener Aggregationsstufen enthält.

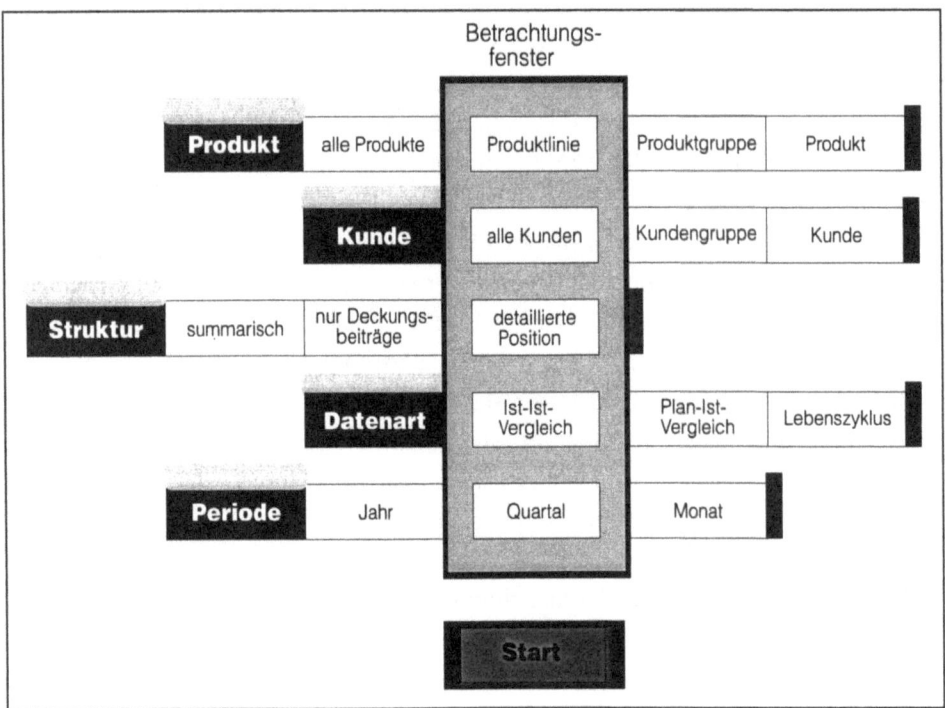

Abb. 60 : "Rechenschiebermodell" (Back-Hock 1993, S.34)

Der Vorteil dieses Konzeptes besteht in der vereinfachten Erzeugung visualisierter Informationen, da hier ein Wechseln in verschiedene Ebenen von Anwendungsprogrammen oder Informationsbeständen vermieden wird. Die Verknüpfung der Informationen erfolgt, für den Anwender nicht sichtbar, im Hintergrund.

5.5.5 IVE - Verbindung von visuellen Bedienelementen und visueller Informationsdarstellung

Immersive Virtual Environments (IVE) werden als Virtual-Reality-Systeme (vgl. Kapitel 3) gekennzeichnet, da sie eine erhebliche Einbindung des Benutzers aufweisen. Technisch sind zwei wichtige Systeme, Simulatorsysteme und Systeme, die mit Monitorhelmen arbeiten, zu unterscheiden.

- Bei Simulator-Systemen wird die Darstellung der virtuellen Realität auf Leinwände projiziert oder auf Monitoren dargestellt. Das Ziel hierbei ist, reale Situationen nachzuahmen. Als Beispiel kann hier ein LKW-Simulator (zum Produkttest) angeführt werden, bei dem ein Blickwinkel von 170 Grad auf drei Leinwänden simuliert wird und der "Rückspiegel" eigentlich ein Monitor ist. Zur Simulation der Kräfte, die normalerweise auf die Fahrerkabine wirken, dient eine Hydraulikanlage (Linsmeier 1993). Ein Beispiel aus dem Militärbereich ist CyberView. Hierbei handelt es sich um einen Raum, der dem Training von Piloten dient (Long et al. 1992, S.49ff., Sperlich 1993, S.84). Die Lufthansa verwendet zur Schulung ihrer Piloten einen 20 Millionen DM teuren Flugsimulator, bei den die Piloten kaum noch einen Unterschied zum realen Flugverhalten feststellen können (Börger 1993, S.100ff.).

- Immersive Virtual Environment Systeme, die die Einbindung mit Monitorhelmen realisieren, bestehen hardwareseitig neben dem Monitorhelm aus den Komponenten Rechner, Audiosysteme, Eingabegerät, Tracking-Einheiten. Bei diesen VR-Systemen generiert das Computer-System insbesondere visuelle Reize, die die Sinne des Benutzers stimulieren. Je nach Qualität der Simulation und dem Grad der Abschirmung des Rezipienten von der Umwelt entsteht beim Benutzer der mehr oder minder starke Eindruck, sich in einer künstlichen Welt zu befinden. Da dieser Eindruck nur durch eine Computersimulation hervorgerufen wird, wird diese Scheinwelt als virtuelle Realität bezeichnet. Neben den bis heute noch recht hohen Kosten stellt die z.T. unbequeme Benutzung ein Hindernis für den Einsatz in der betrieblichen Praxis dar. Es ist kaum wahrscheinlich, daß ein Manager sich bereit erklärt, tagtäglich einen Datenhandschuh und eine Monitorbrille zu tragen. Im Gegensatz zum Kostenproblem wird sich dieses Problem wohl nicht mit der Zeit auflösen.

Die Software-Lösungen zur Erstellung solcher Computersimulationen sind VR-Entwicklungssysteme. Ähnlich der Vorgehensweise zur Erstellung von Animationen (s.o.) bilden auch hier Objekte, die mit CAD-Programmen erzeugt wurden, den Ausgangspunkt für die Entwicklung von VR-Software (Sperlich 1993, S.83f.).

Die einfachsten Formen der Systeme sind virtuelle Archive und Büros. Sie verzichten auf einen Datenhandschuh und eine Monitorbrille. Eingaben erfolgen über die Maus, die Ausgabe über den Bildschirm. Eine Erweiterung ist zwar i.d.R. möglich, aber u.U. aufgrund der aufwendigen Bedienung nicht erwünscht.

- *Virtuelle Archive* werden als dreidimensionale Räume dargestellt, in denen sich der Anwender "bewegen" kann. Er kann auf Akten oder andere Informationen zugreifen, indem er sich wie in einer Bibliothek oder einem Archiv verhält. Er öffnet z.B. Schubladen oder nimmt Aktenordner aus dem Regal. Das Anwendungsspektrum im Marketingmanagement ist damit äußerst vielfältig.

- Wird nicht nur das Archiv simuliert, sondern das gesamte Büro, spricht man vom *virtuellen Büro*. Ein auf dem Bildschirm virtuell gezeigtes Büro wird vom Benutzer interaktiv genutzt, d.h. der Anwender kann es sich individuell einrichten und im "vollen" Umfang nutzen. Die Organisation von Dateien, das Ordnen von Akten, die Telekommunikation etc. werden realistisch visualisiert. Dadurch werden komplexe Informationsstrukturen vereinfacht nutzbar. Einen sinnvollen Einsatz kann das virtuelle Büro im Außendienst haben. Mit einem portablen EDV-System (Laptop, Notebook) hat so der Außendienstmitarbeiter bei Kundenbesuchen immer "sein" Büro dabei.

3D-kartographische Systeme und der *"Informationsflugsimulator"* arbeiten in ähnlicher Weise. Ausgehend von geographischen Informationssystemen wird eine virtuelle 3D-Landschaft erzeugt, in der man sich frei bewegen kann (Kopka 1993, Fleischmann/Strauss 1992, Saradeth 1991). Der Anwender sieht zunächst eine 3D-Landkarte. Durch Bestimmung eines Ortes mit der Maus (Hyperlinking) wird er in die Lage versetzt, diesen Ort "anzufliegen" (Flugsimulatormetapher). Das System führt den Anwender immer weiter zum Ziel. Dort angekommen, können weitere Informationen mittels Hyperlinking abgefragt bzw. eingegeben werden. Mit diesem System ist es somit möglich, sowohl einen ganzheitlichen visuellen Eindruck einer Situation zu erhalten (Blick aus der Distanz z.B. auf ein Vertriebsgebiet) als auch Detailangaben zu erhalten ("Flug herunter zur Detailinformation"). Denkbare Marketinganwendungen sind die Außendienstplanung, -steuerung und -kontrolle sowie Marktsegmentierung und Beschreibung von Verkehrsaufkommen in Nahverkehrsnetzen (U-Bahn, S-Bahn, Straßenbahn, Bus, Taxi etc.).

Datavisualizer Datavisualizer visualisieren Informationen und ihre inhaltliche Verwandtschaft u.a. mittels dreidimensionaler Darstellungen ("Informationsraum"). Dem Anwender wird (visuell) gezeigt, an welcher Stelle des Informationsraumes er sich gerade aufhält und welche Möglichkeiten der weiteren Informationssuche ihm offen stehen.

- Im System *LyberWorld* (Hemmje 1993, S.43ff.) wird das Informationsspektrum durch aufeinanderstehende Kegel (Kegelbäume, auch Lybertrees genannt) räumlich abgebildet. Die von der Seite zu sehenden Kegel tragen eine Beschriftung, die auf den Inhalt des Kegels verweist. Der Benutzer kann nun eine ihn interessierende Kegelebene im Baum anwählen. Der ausgewählte Kegel dreht sich zur Frontseite. Er ist also mit dem Boden dem Benutzer zugewandt. Dadurch gelangt er in eine neue Informationsebene. Soll nun ein Element innerhalb der aktuellen Ebene ausgewählt werden, wird der Teilbaum wie ein Karussell gedreht, bis sich das gewünschte Element (Begriff, Dokument) im Vordergrund der Ebene befindet. Von hieraus kann der Benutzer einen neuen Unterbaum öffnen. Für die Interaktionen nutzt er einen Spaceball, ein dem Joystick ähnliches Eingabegerät. So kann der Anwender mit Hilfe der Visualisierung inhaltlicher Zusammenhänge die relevanten Informationen "durchblättern", ohne alle Dokumente vollständig lesen oder eigene Suchbegriffe angeben zu müssen. Im Marketingmanagement kann das LyberWorld-Konzept als anschauliche Benutzungsoberfläche von Informations- oder Expertensystemen eingesetzt werden, insbesondere zur Sortiments- und Kundenstrukturdarstellung. Auch als Ersatz für die bisherigen Darstellungen von Kausalsystemen ist LyberWorld geeignet.

5.5.6 Ausgewählte Anwendungsbeispiele für Visualisierungssysteme

Ein allgemeines Beispiel: Computeranimation

Im Kapitel 3 wurden Animationen in dynamische Graphiken und Computerfilme unterschieden. Diese Unterscheidung ist auf der Technikseite von untergeordneter Bedeutung, da hier weniger interessiert, was dargestellt wird, sondern vielmehr, mit welchem Aufwand die Darstellung erzeugt wird. Der Enstehungsproßeß von Computeranimationen läßt sich in die Phasen Objekt-Modellierung, Festlegung der Animation und Berechnung der fertigen Sequenz mit Rendering gliedern (Willim 1989, S.398ff.).

Objekt-Modellierung: Entweder werden Objekte von mitgelieferten Beispielen geladen, die nach den eigenen Wünschen verändert werden, oder die Objekte werden vom Anwender selbst entworfen. Eine andere Quelle sind Darstellungen aus CAD-Systemen, die i.d.R. eingelesen werden können. Zur Objekt-Modellierung sind eine Fülle von Hilfsmitteln (Funktionen) entwickelt worden, von denen beispielhaft einige genannt werden sollen. Die Funktion "Bevel" schneidet scharfe Kanten von Körpern ab. Dieser Vorgang kann beliebig oft wiederholt werden, so daß die Kanten im Extremfall abgerundet werden. Um komplizierte Körper zu generieren, kann eine "Spline"-Funktion benutzt werden. Hier werden einige Punkte vorgegeben, die dann durch eine "weiche" Kurve miteinander verbunden werden (Gebert 1993, S.141, Willim 1989, S.414).

Festlegung der Animation: Im Rahmen der Festlegung der Animation wird jedes einzelne Bild der Filmsequenz bearbeitet, wobei die Objekte und die Position einer imaginären Kamera von Bild zu Bild verändert werden können. Wichtige Techniken sind in diesem Zusammenhang die "keyframe animation" und das "morphing". Um eine gleichförmige Bewegung zu erstellen, genügt es bei einer "keyframe animation" den Anfangs- und Endzustand einzugeben. Die Zwischenstufen werden dann automatisch ermittelt. "morphing" hat nicht das Ziel, Objekte zu bewegen, sondern in kleinen Schritten einen Körper in einen anderen zu transformieren. Ergebnis des "morphing" sind Filmsequenzen, die z.Zt. insbesondere in Werbespots eingesetzt werden. Ein Beispiel ist die Transformation einer Kräuterpflanze in eine Flasche sowie die aktuellen Werbespots für Fendi oder Lancia γ).

Nach Fertigstellen der Bilderfolge wird die detaillierte Gestaltung der Objekte vorgenommen, die zum großen Teil für den Grad des später erreichten Photorealismus verantwortlich ist. Die Objekte werden bis zu dieser Phase meist als Drahtmodelle dargestellt, weil sie nach dem Rendering nur durch große Datenmengen beschrieben werden können, was zu langen Wartezeiten bei der Bearbeitung führen würde. Zur detaillierten Gestaltung der Objekte können Umgebungseinflüsse (Wind, Regen, Nebel o.ä.) und Oberflächeneigenschaften (Texturen etc.) einbezogen werden (vgl. hierzu Krömker 1992, S.15ff., Willim 1989, S.499ff.).

Rendering und Sequenzerstellung: Während bei Programmen zur Bildverarbeitung früher ein Skript geschrieben werden mußte, in dem in Worten die Anweisungen zur Bildmanipulation festgehalten sind, kann der Benutzer heute bei den meisten Programmpaketen die Operationen direkt am Objekt durchführen. Diese Verfahrensweise wird als Inversion des graphischen Arbeitens bezeichnet. Der Vorgang des Rendering wurde schon im Zusammenhang mit photorealistischen Abbildungen kurz erwähnt. Ziel des Rendering ist es, künstlich erstellten Objekten ein realistisches Aussehen zu verleihen. Unter dem Rendering-Prozeß wird die Transformation von geometrischen Formen und zugehörigen Merkmalen in eine photorealistische Darstellung verstanden (Krömker 1992, S.77). Der Rendering-Prozeß wird zumeist Bild für Bild durchgeführt. Dabei werden aus einem Drahtmodell die exakten Formen, Oberflächenstrukturen, -farben und Schatten berechnet. Die Rechenzeit ist in hohem Maße von der später gewünschten Auflösung und Farbtiefe (Zahl der Farbstufen) sowie der Leistungsfähigkeit der Hardware abhängig. Je nach Grad des erreichten Photorealismus und der Dauer der Animation kann die Rechenzeit Größenordnungen von mehreren Tagen annehmen. Im Rahmen des Rendering-Prozesses werden verschiedene Techniken zur Erzeugung von photorealistischen Abbildungen benutzt. Diese werden grundsätzlich in Modelle zur Geometrieauswertung und solche zur Beleuchtungsauswertung unterschieden. Die theoretisch-mathematische Basis stammt dabei schon aus den 70er Jahren.

Beispiel für Entscheidungsunterstützung: Geographische bzw. Kartographische Informationssysteme

Für Informationen mit einem geographischen Bezug bietet sich die Visualisierung in kartographischen Darstellungen an. Ohne die Hilfe des Computers wäre diese Form der Präsentation von Informationen mit einem immensen Aufwand verbunden. Computergestützt jedoch genügt ein Knopfdruck, um solche Graphiken zu erstellen. Programme, die kartographische Darstellungen unterstützen, beinhalten Kartenmaterial in digitalisierter Form, sogenannte GIS - Geographische Informationssysteme. Zumeist sind solche Informationssysteme in der Lage, geographische und Daten (z.B. statistische Daten, aber auch lexikalische Informationen) miteinander zu verknüpfen und zu visualisieren. Seit einigen Jahren werden diese Systeme auch mit Routing-Funktionen zur Ermittlung des von Fahrwegen erweitert. Dazu muß die Karte jedoch in vektorisierter Form statt in Pixelform vorliegen. Zudem müssen Ist- und Soll-Standort vorgegeben werden. Erstes wird heute in KFZ auch per Satellit bestimmt und dem im Fahrzeug betriebenen Computer mitgeteilt. Die einfachste Form der computergestützte

Arbeiten mit Kartenmaterial wird auch als "Desktop-Mapping" bezeichnet. I.d.R. handelt es sich um thematische Karten, wie z.B. Landkarten, die zusätzlich statistische Daten (z.B. Bevölkerungs- oder Umsatzzahlen) visualisieren. Eine andere Bezeichnung für eine solche Art der kartographischen Darstellung ist Kartogramm (Willim 1989, S.62f.). Die (statistischen) Daten werden häufig durch die Farben oder Schraffuren, mit denen die entsprechenden Regionen dargestellt sind, visualisiert. Eine andere Möglichkeit ist, die Daten in Wertedarstellungen, wie Säulendiagrammen, vor dem Hintergrund der Region zu präsentieren (Saradeth/Siebert 1993, S.74f.):

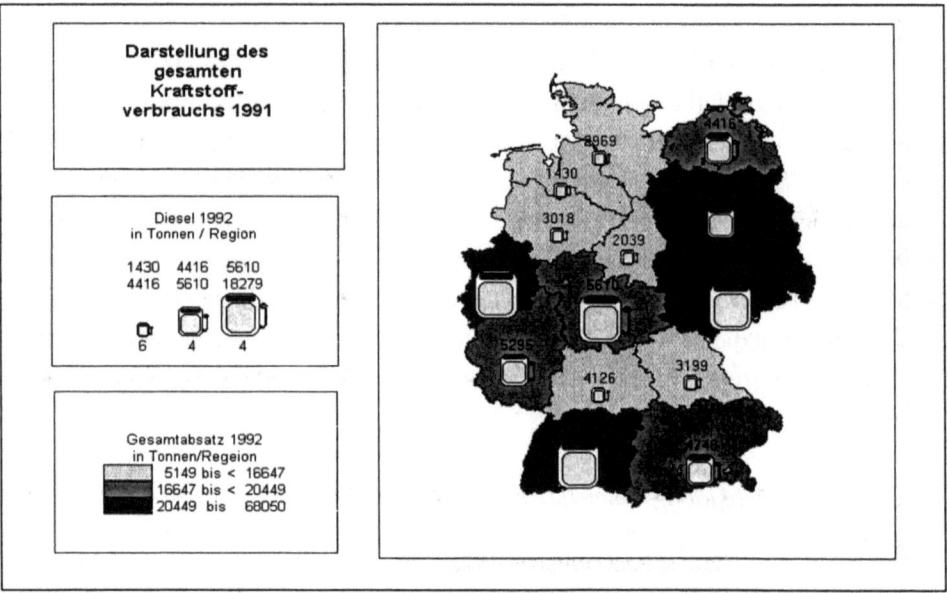

Abb. 61: Kraftstoffverbrauch, insbesondere Diesel, nach Regionen (Ausdruck aus der Software Regiograph)

Beispiel im Management: Tolomeo-System

Das wissensbasierte Tolomeo-System (Angehrn/Lüthi 1990) hilft dem Manager bei der Erstellung von Modellen mit geographischem Bezug (z.B. Produktionsstätten- oder Distributionsmodelle). Auf die bildlich interaktive Arbeit des Benutzers mit dem System haben die Entwickler besonderen Wert gelegt. Für die Modellgestaltung können bildliche Symbole, vektorisierte Landkarten und Hypermediafunktionen genutzt werden. Das wissensbasierte System, das den Benutzer bei der Strukturierung der Problemstellung und des Modells unterstützt, visualisiert jeden Erstellungsschritt.

Beispiel im Marketing-Management: Market-Metrics-Knowledge-System

Das Market-Metrics-Knowledge-System (McCann/Gallagher 1989) ist ein wissensbasiertes System, das mit einem statistischen Programmsystem verbunden wird. Hierauf ist eine flexible graphische Oberfläche aufgesetzt. Dreidimensionale Darstellungen sind ebenso integriert wie Animationen, der Einsatz von Farbe und Hypermediafunktionen (mit Hypermediafunktionen können Informationen durch Text-, Graphik-, Audio- oder Videoelemente assoziativ verknüpft werden (Turban 1993, S.239). Ein Beispiel: Die strategischen Geschäftseinheiten (SGE) eines Unternehmens werden in einer "pseudo"-3-D-Matrix angezeigt. Über ein Pull-Down-Menü werden Kennzahlen (z.B. Gewinn, Umsatz etc.) ausgewählt. Die Matrix-Flächen zeigen für jede Kennzahl über die Farbe (ähnlich Gray-Scale-Charts) die Tendenz in der jeweiligen SGE an (z.B. Schwarz für hohen Gewinn, Weiß für weder Gewinn noch Verlust, Rot für hohen Verlust sowie das Farbspektrum dazwischen). So kann sehr schnell ein Überblick über die SGEs für verschiedene Kriterien gewonnen werden. Jede Fläche kann über die Maus ausgewählt werden. In einem sich dann langsam aus dem Matrix-Feld öffnenden Fenster werden weitere Informationen gegeben.

Exkurs: Trends in statistischen Visualisierungssystemen

Aufgrund des breiten Einsatzes und der Bedeutung für Forschung und unternehmerische Praxis sind neuere Entwicklungen in Softwaresystemen zur quantitativen Datenauswertung (insbesondere Statistiksoftware) von besonderem Interesse. Hier sind einige Entwicklungen aufgezeigt. Die frühere Spezialisierung von Standardsoftware auf die Lösung von Teilproblemen ist heute einer weitgehenden Funktionserweiterung und -zusammenfassung gewichen. Nunmehr liefern folgende Softwarearten Beiträge sowohl zur statistischen Auswertung von Daten als auch zu deren Visualisierung:

- Software zur Erstellung von Geschäfts- und Präsentations-Graphik, die ursprünglich nur der Visualisierung von Ergebnissen diente, unterstützt heute zum Beispiel die Durchführung einer Regressionsanalyse. Geschäfts- und Präsentations-Graphiksoftware läßt sich in Programme gliedern, die auf die Erstellung von Einzelbildern ausgerichtet sind, und in solche, die die Erstellung kompletter Präsentationen unterstützen. Die Grenzen zwischen diesen beiden Ansätzen sind jedoch fließend.

- Tabellenkalkulationssoftware, mit der man ursprünglich nur relativ einfache Zahlentabellen berechnen konnte, bietet heute die Möglichkeit der Erstellung graphischer Wertedarstellungen sowie einer Datenanalyse, die jedoch für multivariate statistische Untersuchungen noch zu erweitern ist.

- Statistiksoftware, die früher nur zur statistischen Datenanalyse konzipiert war, unterstützt heute auch die visuelle Aufbereitung von Datenmaterial. Statistische Standardsoftware kann gegliedert werden in Programme, die lediglich ein einzelnes Datenanalyseverfahren unterstützen, und in umfassende Systeme, die eine große Zahl von Analyseverfahren anbieten.

Die Entwicklungen der jeweiligen Softwarelösungen können anhand der folgenden Portfoliodarstellung visualisiert werden (Abb. 62).

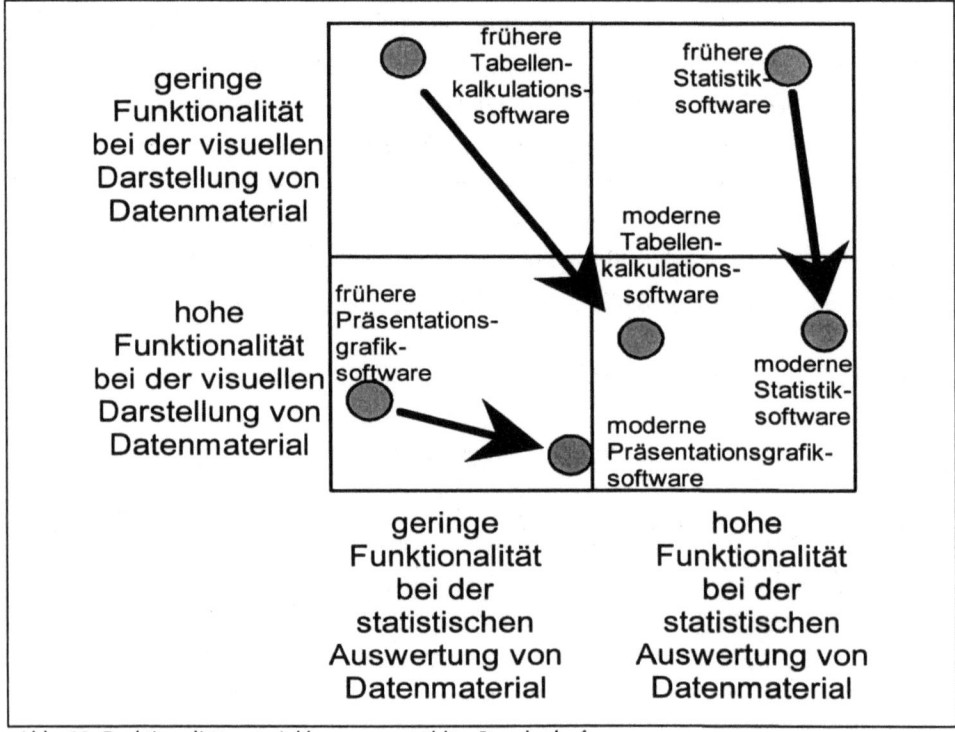

Abb. 62: Funktionalitätsentwicklung ausgewählter Standardsoftware

Der Prozeß der Funktionserweiterung beschränkt sich bei der Statistiksoftware - wie auch bei anderen Standardsoftwarearten nicht nur auf die Funktionen der Visualisierung oder der statistischen Datenanalyse, sondern schließt auch Bereiche wie Datenspeicherung und -verwaltung sowie den Datenaustausch ein.

Wichtige Zusatzfunktionen, die Statistiksoftware bietet, sind Datenspeicherung, -transformation und -verwaltung in eigenen Datenbankmodulen sowie die Erstellung von Präsentationsgraphiken durch integrierte Graphikmodule. Diese können auch zur graphischen Analyse der Daten herangezogen werden. In begrenztem Umfang lassen sich die Graphikmodule auch zur Präsentation von Analyseergebnissen auf dem Bildschirm einsetzen. Die Integration von Datenexportfunktionen in die Softwarepakete ermöglicht die Übernahme von Graphiken und Tabellen bei der Erstellung von Projektberichten, ggf. auch direkt per Internet. Datenimportfunktionen unterstützen die schnelle Aufnahme von Daten aus externen Datenbanken und anderen Softwarepaketen in das Datenbankmodul einer Statistiksoftware, ebenso ggf. per Internet. Der erweiterte Funktionsumfang von statistischer Standardsoftware läßt sich anhand der folgenden Graphik veranschaulichen:

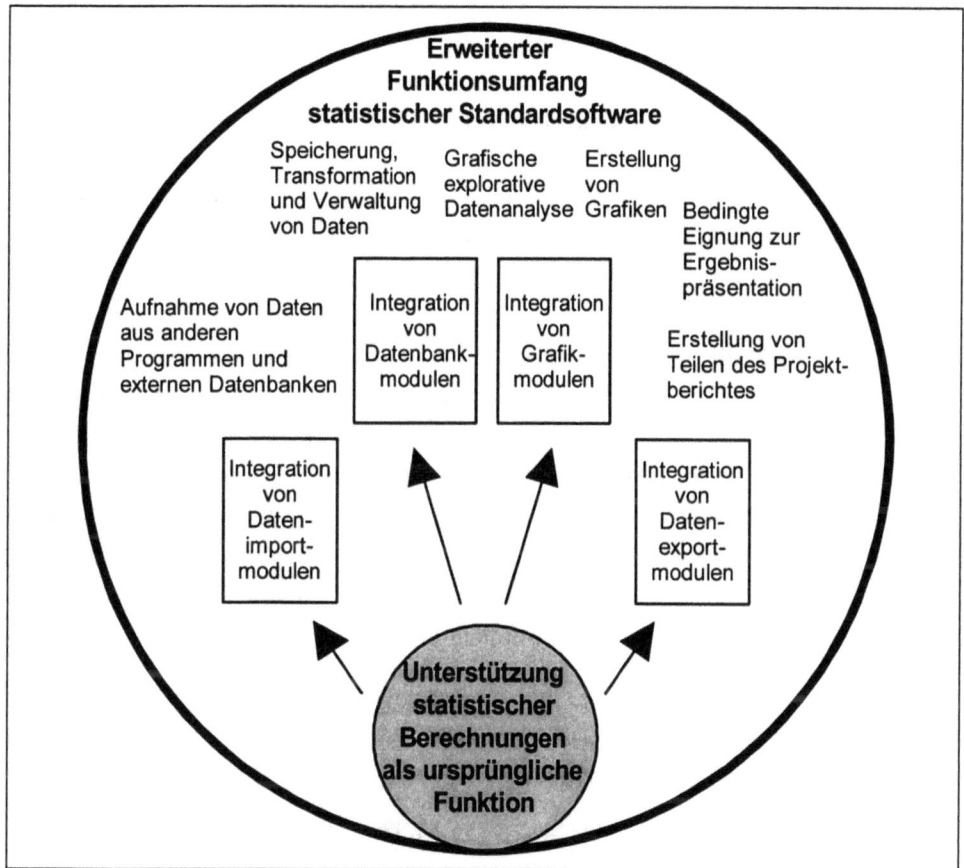

Abb. 63: Erweiterung des Funktionsumfanges statistischer Standardsoftware

5.6 Kosten der Visualisierung

In den letzten beiden Kapitel dieses Teils 5 soll auf die negativen Seiten der Visualisierung hingewiesen werden. Hierzu gehören insb. die in Kapitel 5.6.2 beschriebenen Gefahren, wie z.B. ungewollte Wirkungen beim Rezipienten bis hin zum Falschverständnis der Informationen. Neben den Gefahren der Visualisierung ergibt sich ein weiteres Problem: So kann zwar durch den Einsatz einer visuellen Darstellung die Visualisierungsziele (vgl. Kapitel 4) erreicht werden, diese jedoch nur mit unverhältnismäßigem Aufwand an Zeit und Material, wodurch das Kosten-Nutzen-Verhältnis nicht mehr vertretbar erscheint. Dieses Problem soll eine kurze Darstellung zu den Kosten der Visualisierung einleiten.

Zum Mißverhältnis von Kosten und Nutzen

Ein Problem der Visualisierung kann sich also aus einem unangemessenen Verhältnis der Kosten zum Nutzen ergeben. Dies besteht darin, daß die Erstellung der visuellen Darstellung den Nutzen unverhältnismäßig übersteigt. Das wirft jedoch drei Fragestellungen auf: Die Frage nach der Bestimmung der Kosten, des Nutzens und die Frage, wann das Verhältnis unangemessen ist. Die Frage nach den *Kosten der Visualisierung* erscheint zunächst leicht zu beantworten zu sein. Die Kosten sind in dem Aufwand der Erstellung und Nutzung visueller Darstellungen z.B. durch Computereinsatz zu sehen. Als entscheidungsrelevante Kosten können auch Opportunitätskosten in das Entscheidungskalkül einbezogen werden, und neben monetären Kriterien lassen sich auch nicht-monetäre Kriterien in die Bewertung einbeziehen (Schneeweiß 1993, S.1025). Der Kosten der Visualisierung können nach drei Ebenen differenziert werden:

- Technische (Sachkosten, z.B. EDV) vs. personale Kosten (z.B. Schulung).
- Klassische Unterscheidung in fixe und variable Kosten. Variable Kosten sind Personalkosten (Erstellungszeit), Kosten durch den Einsatz von Kommunikationsmitteln (Papier, Folien, variable EDV-Kosten), fixe Kosten sind z.B. Teile der EDV-Kosten.
- Unterscheidung gemäß des Informationsflusses, d.h. Zuordnung der Kosten zum zeitlichen Ablauf der Visualisierung von Dateneingabe bis zur Entscheidung. Dies kann entlang der Informationskette Eingabe, Speicherung, Kommunikation, Transport, Verarbeitung und Ausgabe erfolgen. Fixe Kostenbestandteile fallen hier besonders beim Einsatz von EDV an: Kosten der Hardware, Kosten der Software.

Die folgende Tabelle stellt die möglichen Kosten der Visualisierung zusammen. Die Kosten der Visualisierung sind in Geldeinheiten einfach zu bestimmen, es können jedoch erhebliche Zurechnungsprobleme entstehen. So sind gerade personale Kosten (z.B. Kosten vor, während und nach der Entscheidung) nur schwer der Visualisierungsmaßnahme zuzurechnen.

Kostenart	Bezug	Meßgröße	Anmerkungen
Sachkosten			
Abschreibung	Hardware/Software	DM /Zeiteinheit	je nach Leistungsfähigkeit sehr differente Anschaffungskosten, Abschreibezeitraum sinnvollerweise zwischen 3 und 7 Jahren, die Zuordnung erfolgt anteilig gemäß dem Grad der Nutzung für Visualisierungszwecke
Kosten für Verbrauchsmaterial (variable Kosten)	Verbrauch durch den Einsatz der Visualisierung: z.B. Kosten für die Reproduktion auf Papier oder Folien	DM/Stck. DM/Mbyte DM/Zeiteinheit	Kosten variieren erheblich je nach gewünschter Qualität und eingesetzter Hardware
Kommunikationskosten	Durch Datenübertragung verursachte Kosten, Telefon (ISDN) BTX, Internet	DM/Zeiteinheit DM/MByte	Aufteilung in variable Kosten (Nutzungsgebühren) und fixe Kosten durch Installation von Übertragungsgeräten
Wartung der Software	Updates und Upgrades	DM	Je nach Softwaretyp
Wartung der Hardware	Datensicherung, Sicherung der Betriebsfähigkeit des Systems	DM/Zeiteinheit. bei betriebsexterner Wartung, DM/ Arbeitsstunde bei interner Wartung	Je nach Komplexität und Größe des Systems variieren diese Kosten. Externe Wartung i.d.R. 5-15% des Investitionsvolumens p.a.
technische Sunk costs	Kosten, die beim Wechsel des Vis.-Systems entstehen	DM	Software- /Hardwarekosten
Personalkosten			
Personalschulung	Bei externer Schulung Kursgebühren für EDV- Anwendung und Visualisierungssoftware	DM/Schulung/ Person	Zuordnung nicht vollständig möglich, da gewonnene Kenntnisse auf andere Software übertragbar (z.B. Windows-Programme mit einheitlicher Benutzeroberfläche).
Personalkosten vor der Entscheidung	Dateneingabe, Auswahl der Visualisierungsform, Erstellung der Visualisierung	DM/Zeiteinheit * Zeiteinheit (z.B. DM/Std. *Std.)	-
Personalkosten im Entscheidungsprozeß und ggf. nach der Entscheidung	Kommunikationskosten bedingt durch Problemdarstellung und Abstimmungsprozeß	DM/Zeiteinheit * Zeiteinheit (z.B. DM/Std. *Std.)	Die zur Visualisierung benötigte Zeit ist von der Leistungsfähigkeit der Hardware, Effizenz der Software, Kenntnisstand der Mitarbeiter und gewünschter Qualität des Ergebnisses abhängig.
personale Sunk costs	Kosten, die beim Wechsel des Visualisierungssystems entstehen	DM/Zeiteinheit * Zeiteinheit (z.B. DM/Std. *Std.)	Einarbeitungszeit

Tab. 26: Kostenbestandteile der Visualisierung

Die Diskussion zum betriebswirtschaftlichen Nutzen ist in den vergangenen Jahrzehnten ausführlich geführt worden, sie kann weitgehend als abgeschlossen betrachtet und muß hier nicht nochmals dargelegt werden. Es sei auf die entsprechende Literatur verwiesen, zusammenfassend z.B. Westphal 1984, Habrecht 1993, weitergehend für Nutzwertanalyse Zangemeister (1985) und Weber 1992, neuere Betrachtungen des Kosten-Nutzen-Vergleichs u.a. Mühlenkamp 1994, Hanusch 1995.

Den Nutzen der Visualisierung zu definieren erscheint leicht, dessen Operationalisierung und Messung jedoch problematisch. Zunächst zu seiner Definition: Der Nutzen wurde bereits durch die Vorgabe der Ziele in Kapitel 4 festgelegt; er ist im Beitrag zur Erreichung der Visualisierungsziele zu sehen, also in einer erhöhten Aufnahme und Verarbeitung und damit Berücksichtigung von Informationen für die Entscheidungen, in der Verbesserung der Übersichtlichkeit und in der Reduktion von Komplexität oder in einer Steigerung der Entscheidungseffizienz oder generell der Qualität.

Dagegen ist es schwer, den Nutzen der Visualisierung zu messen:

- Einige der Teilnutzen sind in praxi kaum ermittelbar (z.B. Reputationsgewinn), andere unterliegen wiederum einer subjektiven - u.U. willkürlichen - Einschätzung (z.B. Entscheidungszufriedenheit).

- Der Nutzen der Visualisierung läßt sich nur z.T. monetär beschreiben, z.B. Zeitgewinn in DM/Std. Für qualitative Elemente jedoch (z.B. Entscheidungszufriedenheit), ist eine Beschreibung in Geldeinheiten unmöglich.

- Der Nutzen setzt sich aus mehreren Komponenten (Teilnutzen) zusammen, die voneinander abhängig sind und sich schwer gegeneinander abgrenzen lassen. Eine Gewichtung der Teilnutzen muß zudem willkürlich erfolgen.

Die Indikatoren für den Nutzen der Visualisierung können so unterschiedliche Meßgrößen wie die Zeit der Entscheidung, Recall- und Recognitionraten oder monetärer Gewinn aus der Entscheidung und Akzeptanzindikatoren sein. Dies verlangt jedoch, die - zudem wenig quantitativen - Meßgrößen auf eine gemeinsame vergleichbare Nutzenskala zu transformieren. Das würde jedoch eine Quantifizierung der maximalen Zielerreichung und eine Gewichtung der Ziele bzw. Teilziele untereinander erfordern, die es jedoch ohne eine willkürliche und wohl kaum plausibel begründbare Festlegung nicht geben kann.

Zur Ermittlung eines Gesamtnutzens werden in der Literatur wiederholt Verfahren und Regeln genannt (u.a. Obermeier 1977, Lukat 1983, Mishan 1982, Zangemeister 1985). Sie verzichten i.d.R. auf die Umsetzung in einen monetären Wert und vergleichen einheitenlose Werte verschiedener Alternativen untereinander. Hier sind die Alternativen durch das Ausmaß der Visualisierung gegeben (inkl. "Nichtvisualisierung"). Das ist insbesondere für eine Gegenüberstellung von Kosten und Nutzen der Visualisierung ein Problem, da dies ein gemeinsames Maß voraussetzt (Mishan 1982), was sinnvollerweise eine monetäre Einheit (z.B. DM) ist. Ein Lösungsweg ist in der Anwendung der Conjoint-Analyse zu sehen, wie sie z.B. von Green/Rao (1971, S.355ff.) und später von Trommsdorff et al. (1980, S.275) vorgeschlagen wird. Sie besitzt den Vorteil, daß mit dieser Methode das zuvor ausgeschlossene Problem der Bestimmung des individuellen (Zusatz-)Nutzens berücksichtigt werden kann. Der Nachteil dieses Vorgehens ist in dem großen Aufwand zur Ermittlung der Teilnutzen zu sehen, der eine Ermittlung für jeden individuellen Fall nicht sinnvoll erscheinen läßt. Als Ausweg sind zwar beispielhaft durchgeführte Untersuchungen für ausgewählte Darstellungsformen denkbar, sie besitzen jedoch aufgrund der dominanten individuellen Rahmenbedingungen von Erstellung und Einsatz nur begrenzte Gültigkeit.

Die Unmöglichkeit eines objektiven Kosten-Nutzen-Vergleichs

So problematisch wie die Bestimmung des Nutzens gestaltet sich damit auch die Identifikation des Netto-Nutzen-Maximums. Ein Kosten-Nutzen-Vergleich kann nur dann zu einem Ergebnis führen, wenn zwei Bedingungen erfüllt sind:

- Kosten und Nutzen müssen in monetärer Einheit bestimmbar sein. Diese Bedingung kann wohl aufgrund des oben gesagten nicht erfüllt werden.
- Ein Ergebnis ist nur dann möglich, wenn ein Netto-Nutzen-Maximum (Differenz zwischen Kosten und monetär bewertetem Nutzen) vorhanden und bestimmbar ist. Dies wäre dann der Fall, wenn der Grenznutzen der Visualisierung mit steigendem Visualisierungsgrad abnimmt oder geringer als die Grenzkosten ist, die Kosten also stärker oder progressiv ansteigen (Marginalbetrachtung). Während letzteres noch nachvollziehbar erscheint, kann zu ersterem keine Aussage getroffen werden: Ungeachtet der Frage, ob der Grenznutzen abnimmt (man vergleiche z.B. ein starres mit einem bewegten Bild), ist ein Grenznutzen nur dann bestimmbar, wenn die zugrunde liegende Funktion stetig ist. Dies ist hier nicht der Fall.

Sollte ungeachtet dessen ein Vergleich vorgenommen werden, so kann die Festlegung eines "angemessenen oder vertretbaren" Verhältnisses nur willkürlich erfolgen. Kann darüber noch ein Konsens gefunden werden, daß der alleinige Einsatz virtueller Realität zur Darstellung eines Vergleichs zwischen den Umsätzen zwei Außendienstmitarbeiter nicht gerechtfertigt ist, so wird dies schon nicht mehr möglich sein, wenn die Wahl zwischen starrem und bewegtem (animierten) Balkendiagramm zur Darstellung der Umsatzzahlen über die letzten 20 Perioden erfolgen soll. Regeln zur Wahl aufgrund eines Kosten-Nutzen-Verhältnisses können somit nicht aufgestellt werden. Auch grobe Regeln scheinen hier wenig weiterzuhelfen, da sie aufgrund der vielen wesentlichen Bestimmungsparameter (Wer stellt die Vorlagen her? Welche EDV-Ausstattung ist schon vorhanden, die genutzt werden kann? etc.) nur zu unzulässigen Verallgemeinerungen und "Rules of Thumb" führen können. Die Entscheidung muß somit auch der individuellen Einschätzung des Entscheiders überlassen bleiben.

Fazit: Ein objektiver Kosten-Nutzen-Vergleich ist unmöglich. Jedes noch so aufwendige Verfahren wäre dennoch ungenau und willkürlich und würde eine Scheingenauigkeit aufweisen. Sinnvolle Regeln zur Visualisierung lassen sich hieraus nicht ableiten. Es muß daher der (subjektiven) Abwägung durch den Entscheider überlassen bleiben, ob, und wenn ja, in welchem Ausmaß er eine Visualisierung von Informationen und Prozessen vornimmt.

5.7 Gefahren der Visualisierung

Die Darstellungen in diesem Lehrbuch mögen den Eindruck vermittelt haben, es ginge ausschließlich darum, die positiven Seiten der Visualisierung zu zeigen. Es gibt aber neben den Kosten auch weitere Probleme mit dem Einsatz visueller Informationen. Diese sind in Gefahren der Visualisierung zu sehen. Die bisherige Literatur zeigt eine ganze Reihe von Erkenntnisse und entsprechende Regeln zur Vermeidung.

Welche Gefahren bestehen grundsätzlich bei der Visualisierung von Informationen?
- Gefahren durch Emotionalisierungswirkungen: Subtile Unterschiede in der konkreten Ausgestaltung einer Graphik haben einen signifikanten Einfluß auf die Lesbarkeit und Interpretierbarkeit von Graphiken. Sie beeinflussen insbesondere die affektive Komponente des Entscheidungsverhaltens. Visuelle Informationen werden tendenziell unter geringer gedanklicher Kontrolle verarbeitet. U.U. wird dabei eine rationale Auseinandersetzung mit den Informationen zugunsten emotionaler Wirkungen zurückgedrängt. Gerade reale bildliche Darstellungen bewirken eine Emotionalisierung des Betrachters.

Jahr	Umsatz	Jahr	Umsatz
1994	200.000	1994	😐
1995	199.000	1995	☹
1996	201.000	1996	🙂
1997	200.000	1997	😐

Abb. 64: Beispiel für Emotionalisierungswirkung (Problem: Die Gesichter geben eine Wertung vor, die nicht durch die Daten begründbar ist, siehe auch Beispiel zum Authentizitätsprinzip)

- Gefahren durch Konsistenz bzw. Inkonsistenz mit Schemata bzw. Beeinflussung im Sinne anderer: Mit den Konsistenz- bzw. Inkonsistenzbestrebungen sind Gefahren verbunden, die es zu beachten gilt: mangelnde Kontrolle der Richtigkeit der Auswahl von Wichtigem und Unwichtigem. Eine Gefahr ist insbesondere dadurch gegeben, daß ein möglicher Einfluß durch Dritte oder eine vorangehende Falschinterpretation der gegebenen Informationen schneller nicht erkannt wird. Eine beabsichtigte oder unbeabsichtigte Beeinflussung durch sich selbst oder Dritte wird somit erleichtert. Auch können Fehler bei der Bilderstellung später nur schwer korrigiert werden.

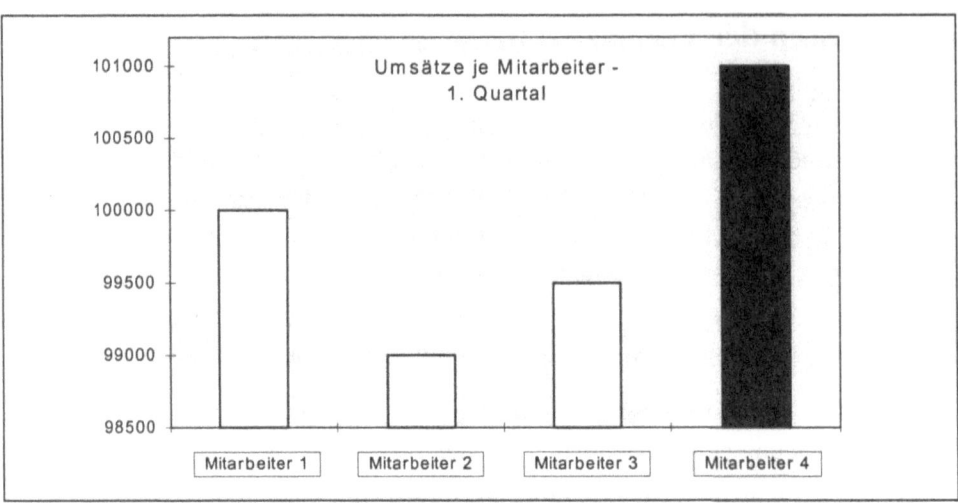

Abb. 65: Beispiel für verfehlte Inkonsistenzstrategie (Problem: Der Mitarbeiter 4 ist gar nicht gesondert zu beachten, lediglich die Farbwahl (hier Grauton) läßt ihn hervortreten)

- Gefahren durch Scheinwirkungen: Graphische Visualisierungsformen suggerieren eine Vollständigkeit und eine Scheinlogik des Inhalts, so daß entscheidende Lücken ("omissions") nicht erkannt werden. Eine subjektiv wahrgenommene Vollständigkeit der Darstellung (z.B. in einem Entscheidungsbaum) suggeriert den Eindruck einer vollständigen Informationsversorgung. Eine konsistente graphische Visualisierung kann zudem dazu führen, daß nur eine einzige – u.U. falsche – Schlußfolgerung gezogen wird. Wenn bildliche Darstellungen verwendet werden, können zudem Entscheidungen extremer ausfallen. Der Entscheider ist von der Richtigkeit der getroffenen Entscheidung überzeugt und empfindet weniger Ambivalenz.

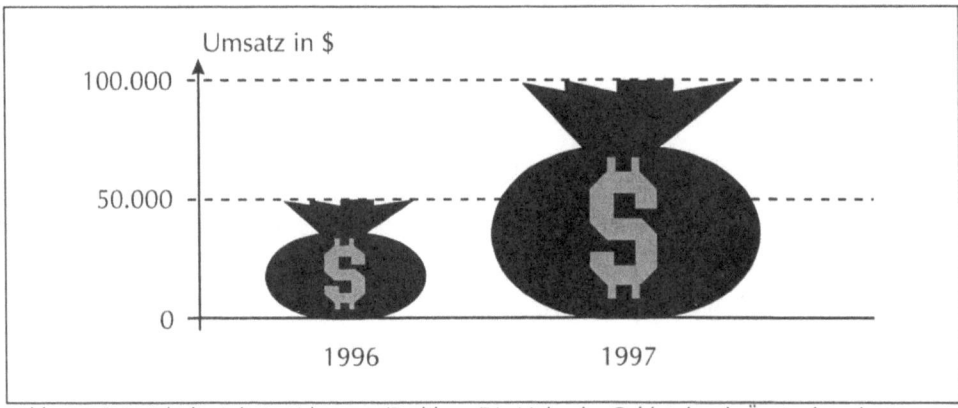

Abb. 66: Beispiele für Scheinwirkungen (Problem: Die Höhe der Geldsäcke als Äquivalent der Umsatzentwicklung suggeriert eine Verdopplung; eine Betrachtung der Fläche ergäbe jedoch eine Verdreifachung des Umsatzes.)

- Gefahren aus Genauigkeit der Ablesung: Tabellarische Informationsdarstellungen gewährleisten eine höhere Ablesegenauigkeit (Fehlerfreiheit) als Bilder / Graphiken. Bei Verwendung von Graphiken ist nur die Erreichung eines befriedigenden Anspruchsniveaus zu erwarten (suboptimale Lösung). Unter Diagrammen gilt in bezug auf die Ablesegenauigkeit folgende Reihenfolge: Kreisdiagramme > Kurvendiagramme > Säulendiagramme > Balkendiagramme.

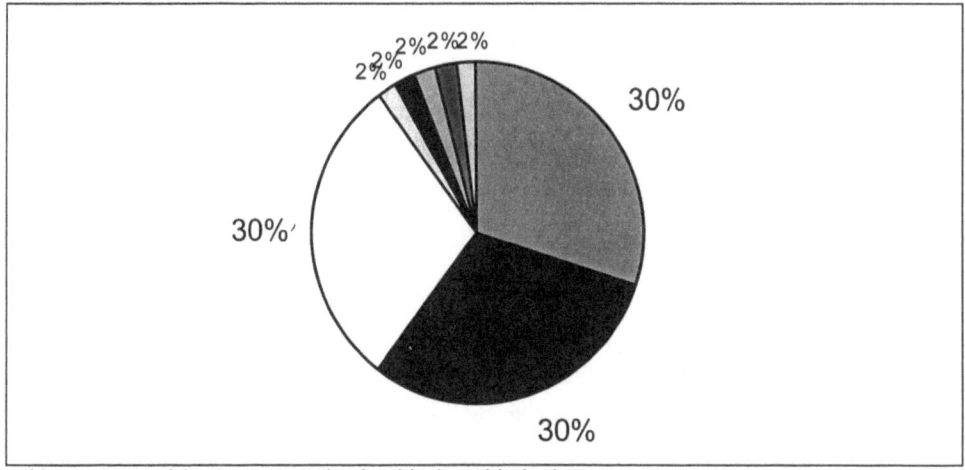

Abb. 67: Beispiel für Verzerrung durch schlechte Ablesbarkeit

- Gefahren durch Über-/Unterbewertung durch ungeschickte Teildarstellungen oder Diagrammwahl: Bei identischem Informationsinhalt können unterschiedliche Visualisierungsformen zu unterschiedlichen Perzepten führen (z.B. durch Unterbrechungen auf Diagrammachsen, fehlende Nullinie). Durch abgeschnittene Achsen, durch die Wahl des Achsenmaßstabs bei Kurvendiagrammen oder durch die Ausrichtung und Größe der Balken in Balken- bzw. Säulendiagrammen wird der Betrachter verleitet, Daten entweder unter- oder überzubewerten. Auch besonders farblich herausgestellte Details können eine Überbewertung der Daten zur Folge haben. Balkendiagramme sind z.B. Säulendiagrammen vielfach vorzuziehen, da Individuen zur Überbewertung der Säulenlänge neigen. Da Baumstrukturen erheblich den Wahrnehmungsprozeß beeinflussen, kann es bei der Verwendung von Baumstrukturen zu Über-/Unterschätzungen kommen.

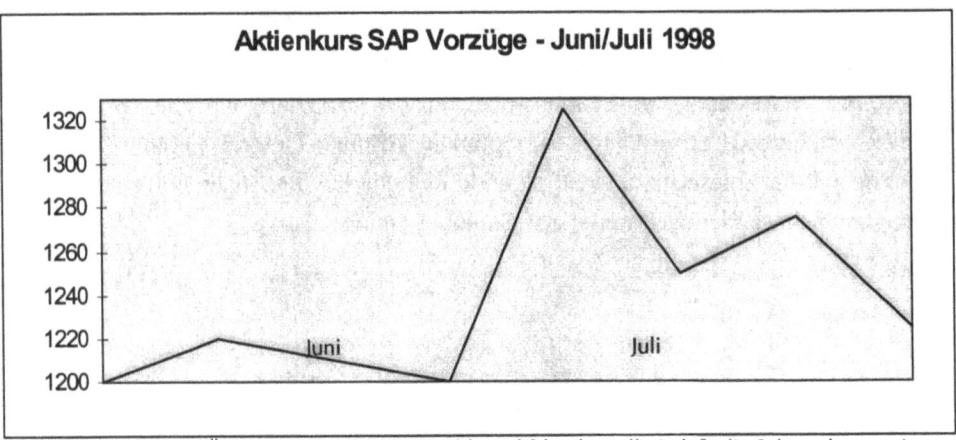

Abb. 68: Beispiel für Überbewertungsgefahr (Problem: fehlende Nullinie läßt die Schwankungen im Wechselkurs nicht in Relation zum absoluten Kurs erkennen, hier bewegen sich die Schwankungen in einer Bandbreite von unter 10 %!)

- Gefahren durch die formal falsche Wahl der Darstellungsform: Hinzu kommt die Gefahr, die sich aus der falschen Wahl einer Darstellungsform schon nach formalen Kriterien ergibt, also eine Darstellungsform, die grundsätzlich eine andere Informationsstruktur abbildet, als die Informationen aufweisen (siehe dazu die technischen Regeln in Kapitel 5.2). Ein Beispiel ist die Verwendung eines Kuchendiagramms für Informationen, die nicht einen Anteil an der Summe darstellen (z.B. Umsätze von Vertriebsmitarbeitern in einem Quartal) und besser mit einem Balkendiagramm dargestellt werden. Genauso verkehrt ist in diesem Fall auch die

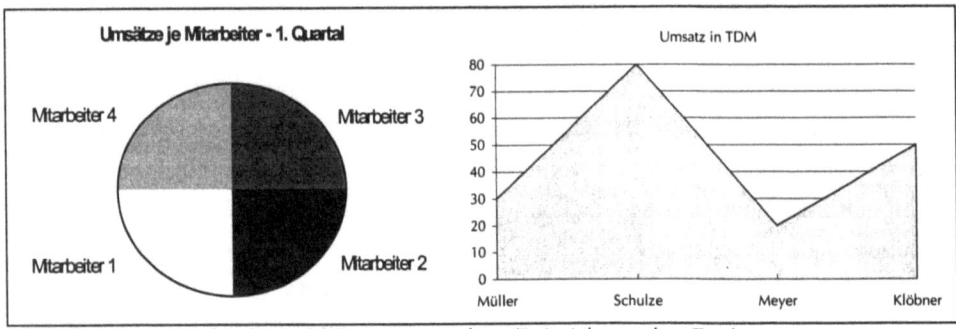

Abb. 69: Beispiel für falsche Wahl der Diagrammform (Beispiele aus dem Text)

Abb. 69: Beispiel für falsche Wahl der Diagrammform (Beispiele aus dem Text)

- Gefahren durch „schöne" statt adäquate Darstellungen: Darüber hinaus bedeutet auch die Wahl eines zu hohen Visualisierungsgrades oder zusätzliche Bildelemente, die nur der "Schönheit" dienen, zusätzliche Informationen, die nicht durch den Sachverhalt gegeben werden (auch Verstoß gegen das Minimalprinzip). Abbildung 70 zeigt ein Beispiel. Die dort gegebenen Werte sind durch die „dynamische" Darstellung kaum ablesbar und vergleichbar.

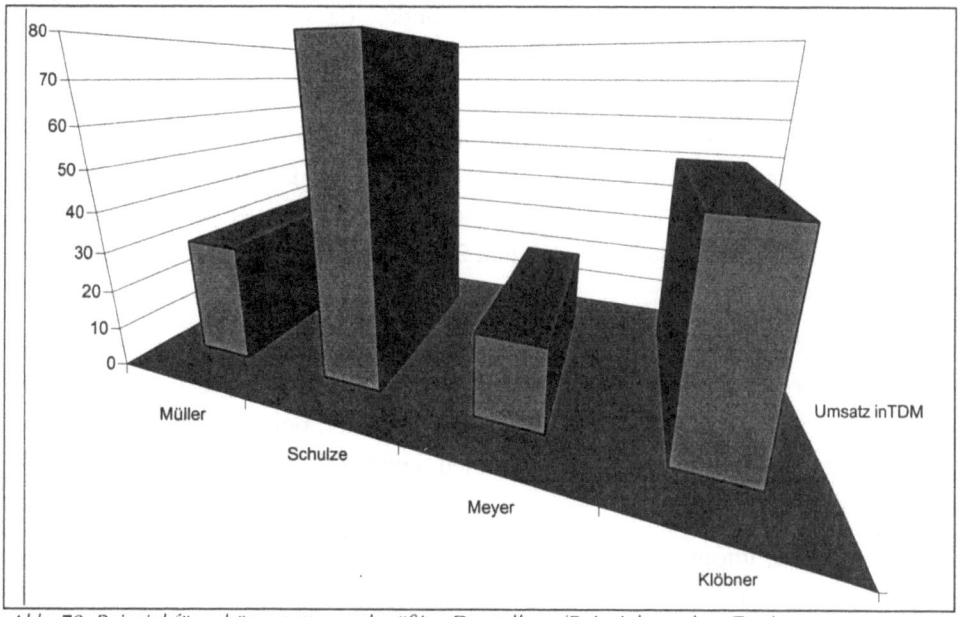

Abb. 70: Beispiel für schöne statt zweckmäßige Darstellung (Beispiel aus dem Text)

Dies kann in manchen Fällen nur geringe Probleme (z.B. Ablenkung) verursachen, wenn dadurch die Aussage der Informationen nicht verändert wird (z.B. unnötige 3D-Darstellung einer Säulenreihe, s.o.) und nur der Nachteil der Wahrnehmung einer zusätzlichen, aber unnötigen Information entsteht (unnötiges Pictogramm oder Cartoon). Ebenso stellen nicht adäquate oder fehlende verbale Bezeichnungen der Bildelemente eine Gefahr für Mißverständnisse dar (z.B. fehlender Hinweis auf Prozentangaben). Wenn jedoch daraus eine Verfälschung der Informationen folgt, so stellt dies eine Gefahr dar: z.B. wenn sich in einer Animation mit der Bewegung eines Diagrammbalkens auch die Farbe von schwarz nach rot verändert und so der - nicht zutreffende - Schluß suggeriert wird, der Wert läge nun im negativen Bereich.

Eine Gemeinsamkeit aller dieser Gefahrenpotentiale ist auffällig: Die Folge bei Eintritt der Gefahr ist, daß die wahrgenommenen Informationen nicht den tatsächlichen Sachverhalt authentisch wiedergeben (Verletzung des Authentizitätsprinzips, ggf. auch des Minimalprinzips). Diese Wirkung kann entweder beabsichtigt oder unbeabsichtigt sein. Im ersten Fall wäre von intentionaler Beeinflussung zu sprechen. Der andere Fall kann als nicht-intentionale ("fahrlässige") Beeinflussung aufgefaßt werden. Zwar ist letztlich auch die Anwendung von Konsistenz- und Inkonsistenzprinzip (s.o.) eine solche Beeinflussung, jedoch nur im Sinne der Repräsentation des tatsächlichen Sachverhaltes. Gefahren entstehen also insbesondere daraus, daß das Instrument Visualisierung falsch (d.h. hier nicht zielkonform) eingesetzt wird.

Jenseits dieser Gemeinsamkeit können die Gefahren danach unterschieden werden, ob sich der Verlust der Authentizität durch eine konkrete gestalterische Maßnahme, durch den Umstand der Visualisierung an sich oder durch Bewertungen der Informationen im Vorfeld der Visualisierung ergibt: So kann sich der Verlust der Authentizität dadurch ergeben, daß

... eine nicht dem tatsächlichen Sachverhalt entsprechende Gewichtung der Informationen oder durch über den Sachverhalt hinausgehende Interpretation vorgenommen wird und somit diese zusätzlichen Informationen bei Anwendung des Konsistenz- bzw. Inkonsistenzprinzips kaum mehr erkannt und damit ggf. korrigiert werden können,

... mit der Wahl, Informationen zu visualisieren, grundsätzliche nachteilige Wirkungen verbunden und diese nur schwer zu vermeiden sind, wie z.B. Emotionalisierungswirkungen und generelle Scheinwirkungen (geringe Ablesegenauigkeit, Geschlossenheits- und Vollständigkeitsanschein) und

... inadäquate gestalterische Maßnahmen, wie eine nicht kenntlich gemachte fehlende Nullinie und Skalierungsabweichungen von Ordinate und Abszisse, grundlegende formale falsche Wahl der Darstellungsform (s.o.), nicht den Aufmerksamkeitszielen gemäße Farbverwendung und damit Steuerung der Aufmerksamkeit auf nicht hervorzuhebende Informationsitems, zu hoher Visualisierungsgrad und damit Darstellung von zusätzlichen Informationen, gleiches durch zu große oder zu kleine Darstellung sowie unpräzise Beschreibungen (Legende, Achsenbeschriftungen, s.o.) gewählt werden. Dies kann insbesondere durch konkrete gestalterische Maßnahmen verstärkt werden, wie z.B. durch Farbe oder Realitätsnähe der Darstellung.

Die Gefahrenpotentiale der Visualisierung können wie folgt zusammengefaßt werden (Tabelle 27):

Gefahrenpotentiale		
aus der Bewertung der Informationen im Vorfeld der Visualisierung	aus der grundsätzlichen Entscheidung für eine Visualisierung der Informationen	aus einzelnen Gestaltungsmaßnahmen
• falsches Urteil darüber, was wichtig und was unwichtig ist • zusätzliche, unzweckmäßige Interpretation	• Emotionalisierungswirkungen • grundlegende Scheinwirkungen der Geschlossenheit, Vollständigkeit und Logik des Informationsinhalts	• Nichtkenntlichmachung von fehlender Nullinie oder besonderen Skalierungen • formal falsche Wahl der Darstellungsform • unpräzise Kommentierung • unsinnige Farbgestaltung • unsinnige Größenwahl • zu hoher Visualisierungsgrad • zusätzliche "begleitende" Bildelemente • unpräzise Kommentierung

Tab. 27: Strukturierung der Gefahren der Visualisierung

Als Regel läßt sich daher zunächst ableiten: Grundsätzlich ist das Authentizitätsprinzip und auch das Minimalprinzip einzuhalten, d.h. kein höherer Visualisierungsgrad als notwendig und keine unnötigen, d.h. über die Notwendigkeit der Informationsrepräsentation hinausgehende Bildelemente. Jenseits dieser Grundregeln der Gefahrenvermeidung, können aus den einzelnen o.g. Gefahren weitere Regeln gezogen werden:

- Werden von der üblichen Formbindung abweichende Gestaltungselemente verwendet (fehlende Nullinie, Skalierung der Achsen), so sind diese immer kenntlich zu machen.

- Die Farbwahl und eine von der Formbindung abweichende Wahl der Bildelementgröße darf nur nach Maßgabe der Bedeutung im Informationsgesamt erfolgen.

- Die gewählte Darstellungsform muß zur Struktur der zu visualisierenden Informationen "passen" (siehe technische Regeln).

- Soll die Gefahr emotionaler Bildwirkungen reduziert werden, so sind weniger realistische Bildelemente, die Reduktion des Visualisierungsgrades und die Reduktion der Farben auf Graustufen oder s/w anzustreben.

- Soll die Genauigkeit der Ablesung von Werten erhöht werden, so sind Zahlen zu ergänzen oder die bildliche Darstellung durch gänzlich andere Darstellungen (z.B. Text, Zahlen) zu ersetzen.

Die Bedeutung dieser Regeln der Gefahrvermeidung sollten nicht unterschätzt werden. Denn mitunter kann eine primär über Gefühl und Schönheitsempfinden erstellte visuelle Darstellungen beim Rezipienten das Gegenteil vom Gewollten bewirken.

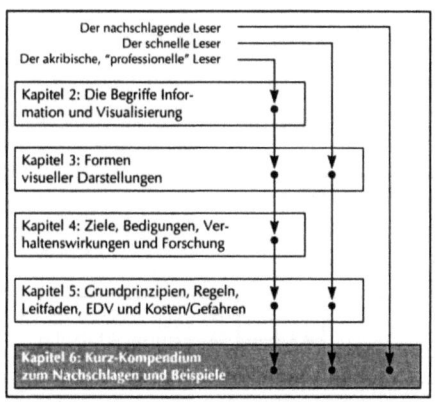

Kapitel 6:
Kurz-Kompendium zum Nachschlagen

Hier sind alle zuvor aufgeführten Grundprinzipen, Regeln und der Leitfaden der Visualisierung zusammengestellt. In diesem Sinne ist die Wiederholung als kurzes Kompendium der Visualisierung im Management anzusehen und daher für den Leser gedacht, der nur noch nachschlagen möchte.

Teil I: *Leitfaden zum Vorgehen der grundlegende Visualisierungsprozeß*

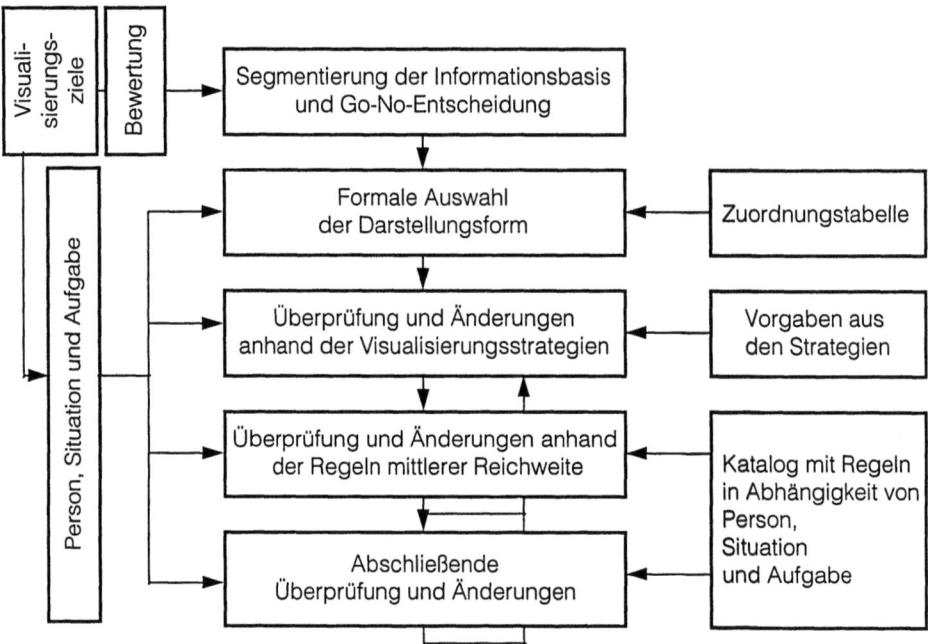

Teil II: *Grundprinzipen und -strategien der Visualisierung*

1 *Minimalprinzip:* Nur die Informationen sollen visuell dargestellt werden, die auch als nicht-visuelle Form vorgegeben sind.

2 *Authentizitätsprinzip*: Es besagt in einfacher Form, daß nur die Informationen visuell dargestellt werden sollen, die durch die zu verwendenden Informationen vorgegeben werden, und daß die Informationsinhalte nicht verzerrt oder verfälscht wiedergegeben werden dürfen.

3a *Konsistenzstrategie*: Aufgabe der Konsistenzstrategie ist es, eine weitgehende Übereinstimmung der bildlichen Darstellung mit vorhandenen Schemata und kognitiven Stilen zu erzeugen ("Konsistenzfall")

3b *Inkonsistenzstrategie*: Aufgabe in der Inkonsistenzstrategie ist es, Dissonanzen zwischen der bildlichen Darstellung und vorhandenen Schemata bzw. kognitiven Stilen zu erzeugen (Inkonsistenzfall, Schemata-Konflikt).

Teil III: *Technische Regeln der Visualisierung*

Grundformen der Visualisierung	Bewegungsdimension		Gestalt. Bindung			Formdimension					Farbdimension			Eigenschaften der Informationen										Wertebereich	Wertearchitektur
	starr	bewegt	Formbindung	Vektorbindung	Pixelbindung	1D	2D	2½D	pseudo 3D	3D	schwarz/weiß	Graustufen	farbig	qualitativ	quantitativ	Objekte	Gegebenheiten	Bestandsinformationen	Prozeßinformationen	real	abstrakt/gedanklich	zeitlich	logisch		
Balkendiagramme	■		■			■	■				■	■	■	○	●		■	■			■		■	neg. + pos. Werte möglich	max. 3 Dim.; Gesamtzahl < 50
Säulendiagramme	■		■			■	■	■	■		■	■	■	○	●		■	■			■		■	neg. + pos. Werte möglich	max. 3 Dim.; Gesamtzahl < 50
Kurvendiagramme	■		■				■		■				■	○	●		■	■			■		■	neg. + pos. Werte möglich	max. 3 Dim.
Punktediagramme	■		■				■		■				■	○	●		■	■			■		■	neg. + pos. Werte möglich	max. 3 Dim.
Strukturdiagramme	■		■				■	■					■	●			■	■			■		■	Begrenzung durch Gesamtwert	je nur eine Dim.; Tiefe: max 10-15 Werte
Ratingskalen	■		■			■							■	■	○		■	■			■		■	diskrete, festgelegte Werte	jedes Rating eine Dim.; Tiefe: <3 Werte
Profildarstellungen	■		■				■						■	○	●		■	■			■		■	diskrete, festgelegte Werte	beliebig viele Dim.; Tiefe: max. 5 Werte
Symplex-Graphiken	■		■				■						■	○	●		■	■			■		■	neg. + pos. Werte möglich	3-4 Dim.; Tiefe: max. 20 Werte
Gray-Scale-Charts	■		■				■					■	■	■			■	■			■		■	nur durch Farbgebung limitiert	3 Dim.; große Datenmengen
Icongraphic techniques	■		■								■		■	■			■	■			■		■	von der Wertedarstellung abhängig	von der Wertedarstellung abhängig
Flächendiagramm	■						■					■	■	○	●		■	■			■		■	von der Wertedarstellung abhängig	von der Wertedarstellung abhängig
Portfoliodarstellungen	■		■				■				■		■	■			■	■			■		■	i.d.R. positiv	3 Dim.; Tiefe: max. 10 Werte

Grundformen der Visualisierung	Eigenschaften der Darstellungsform													Eigenschaften der Informationen										Wertebereich	Wertearchitektur
	Bewegungsdimension		Gestalt. Bindung			Formdimension					Farbdimension														
	starr	bewegt	Formbindung	Vektorbindung	Pixelbindung	1D	2D	2½D	pseudo 3D	3D	schwarz/weiß	Graustufen	farbig	qualitativ	quantitativ	Objekte	Gegebenheiten	Bestandsinformationen	Prozeßinformationen	real	abstrakt/gedanklich	zeitlich	logisch		
Bildstatistiken	■		■				■	■			■	■	■	●	○		■	■			■		■	neg. + pos. Werte	max. 3 Dim.
Netzdiagramme	■		■				■						■	●	○		■	■			■		■	positive Werte	bis zu 10 Dim.; je Objekt/Dimen. ein Wert
Chernoff-Faces	■		■	■			■							■			■	■			■		■	i.d.R. positiv	viele Dim.; je Dim. nur ein Wert
Hyperboxes	■		■				■	■			■	■	■	■			■	■			■		■	i.d.R. positiv	viele Dim.
Strukturdarstellung räumlich	■		■				■						■	●		○	●	■	■	○	●		■	-	-
Strukturdarstellung zeitlich	■		■				■							●	○	■		■	■		■	■	■	-	-
Strukturdarstellung	■		■				■							●	○			■	■		■		■	-	-
Strukturdarstellung sonstige	■		■				■							■	○			■	■		■		■	-	-
Sankeydiagramm	■		■				■						■	■	■	■	■	■	■	■	■	■	■	positive Werte	wenig Dim.; geringe Tiefe
Multiples	■		■				■					■	■	■	■			■	■		■	■	■	-	-
Prozeßpiktogramme	■		■				■						■	■				■	■		■		■	-	-
Piktogramme	■		■				■						■	■				■	■		■		■	-	-
Photos	■				■		■	■				■	■	●	○	■		■		■	■		■	-	-
Photoreal. Darstellungen	■				■		■	■				■	■	●	○	■		■		■			■	-	-

Eigenschaften der Darstellungsform und der Informationen

Grundformen der Visualisierung	Bewegungs-dim. starr	bewegt	Formbindung	Vektorbindung	Pixelbindung	1D	2D	2½D	pseudo 3D	3D	schwarz / weiß	Graustufen	farbig	qualitativ	quantitativ	Objekte	Gegebenheiten	Bestandsinformationen	Prozeßinformationen	real	abstrakt / gedanklich	zeitlich	logisch	Wertebereich	Wertearchitektur
Hologramme	■				■			■	■		■	■	■	■		■	■	■		■		■	■	–	–
Dynamische Graphiken		■	■					■	■		■	■	■	○	●			■			■	■	■	neg. + pos. Werte möglich	eine oder wenige Dim.; viele Werte
Computeranimationen		■		■				■			■	■	■	●	○	●	○	●	○	■		■		–	–
Film		■			■			■				■	■	●	○	●	○	●	○	■		■		–	–
Video	■				■			■				■	■	●	○	●	○	●	○	■		■		–	–
Multimediale Darstellungen		■	■	■	■	■	■	■	■		■	■	■	■	■	■	■	■	■	■	■	■	■	–	–
Virtuelle Realität		■		■						■			■	■	○	■	○	●	○	■		■		–	–
Prozeßvisualisierung	■	■	■	■	■		■	■	■		■	■	■	■	○	■	■	○	●	●	○	●	○	–	–

Symbol — Bedeutung

Symbol	Bedeutung
■	⇔ bei der Charakterisierung der Darstellungsform = "Eigenschaft vorhanden" ⇔ bei der Charakterisierung der Informationen = "ausschließliches Einsatzgebiet"
◆	wenn bei der Information der Einsatzbereich nicht ausschließlich einer Ausprägung zugeordnet werden kann, dann: = primäres Einsatzgebiet
○	= sekundäres Einsatzgebiet (hierfür ebenso verwendbar, jedoch nicht vordergründiges Einsatzgebiet)
Dim	Dimension

180

Teil IV: *Verhaltenswissenschaftliche Regeln der Visualisierung*

Bedingungen durch die Person	
Wenn Bedingung	
	↳ **Dann** tendenziell Verwendung ...
Entscheider ein emotionaler Typ,	
	↳ Verwendung bildlicher Darstellungen, Animation, Film.
Entscheider ein rationaler Typ,	
	↳ Verwendung von Geschäftsgraphiken, Tabellen.
Entscheider heuristische, feldabhängige Person oder „Visualizer",	
Entscheider intuitve Person oder mit einem räumlichen Vorstellungsvermögen,	
	↳ Verwendung von visuellen Informationsdarstellungen.

Bedingungen durch die Situation	
Wenn Bedingung	
	↳ **Dann** tendenziell Verwendung ...
Routineentscheidungen	
	↳ Verwendung gleichartiger, visueller Darstellungen.
Exzeptionalentscheidungen,	
	↳ Verwendung bildlicher Darstellungsformen, die sich markant von denen der Routineentscheidungen unterscheiden.
Entscheidungen im Team getroffen werden,	
	↳ Verwendung visueller Darstellungen.
Zeitdruck bei Entscheidungen,	
	↳ Verwendung von Farbe.
	↳ grundsätzlich Verwendung visueller Informationen.

Bedingungen durch die Aufgabe	
Wenn Bedingung	
	↳ **Dann** tendenziell Verwendung ...
Erkennen von Zusammenhängen, Beziehungen, (relationale Informationen),	
Erkennen von zeitlichen Entwicklungen (Trends), Extrapolationen,	
Statische und dynamische Vergleiche,	
Erkennen, Erinnern und Wiedergabe von Strukturen, bzw. Mustern,	
Gewinnen eines Gesamteindrucks, eines Überblicks, (Verständnisaufgaben),	
Verdeutlichung nicht-linearer bzw. dynamischer Entwicklungen von Größen,	
	↳ Verwendung von Graphiken.
Ablesen und bestimmen exakter Werte,	
Erinnern und Wiederholen von Einzelwerten,	
Darstellung einer Reihenfolge,	
	↳ Verwendung von Tabellen.
Aufgaben mit räumlichen Charakter,	
	↳ Verwendung von bildlichen, analogen Darstellungsformen, (BusinessGraphiken).

Bedingungen durch die Aufgabe (Fortsetzung)	
Wenn Bedingung ⇨	
	⇨ **Dann** tendenziell Verwendung ...
Aufgaben mit symbolischen Charakter, ⇨	
	⇨ Verwendung verbal-analytischer Darstellungsformen, (Tabellen).
Führungsaufgaben (schneller Überblick), ⇨	
	⇨ Verwendung von Graphiken.
Fachaufgaben (fachliche Details, Präzision), ⇨	
	⇨ Verwendung von Tabellen.
Unterstützungsaufgaben, ⇨	
	⇨ Verbindung mehrerer Darstellungsformen, Multimedia.
Höhere Alternativenzahl in Mehrzielentscheidungsprozessen, ⇨	
	⇨ Verwendung von Netzdiagrammen.
	⇨ Verwendung von "schematic faces".
Faktoranalytische Darstellungen mit mehreren, nicht unabhängigen Variablen, ⇨	
	⇨ Verwendung von 2D-Punktdiagrammen, deren Achsen nicht orthogonal sind.
Aussagen einen hierarchischen Bezug zueinander aufbauen, ⇨	
	⇨ Verwendung kettenartiger Ablaufdarstellungen, ähnlich den Flußdiagrammen.
Urteilsprozesse, ⇨	
	⇨ Verwendung von „schematic faces".
Diagnostische Fragestellungen, ⇨	
	⇨ Verwendung von „schematic faces".
Aufgaben mit geringer Komplexität, ⇨	
	⇨ Verwendung von Graphiken.
Aufgaben mit hoher Komplexität, ⇨	
	⇨ Verwendung von Tabellen.
Reduktion komplexer Aufgaben in Teilaufgaben, ⇨	
	⇨ Verwendung von Tabellen.
Vergleiche von Informationen, ⇨	
	⇨ Verwendung von Pictogrammen.
	⇨ Verwendung multipler Liniendiagramme.
Vergleich mehrerer Werte einer Variablen, ⇨	
	⇨ Verwendung von Säulen- oder Balkendiagrammen.
Vergleich vieler Werte einer Variablen, ⇨	
	⇨ Verwendung von Histogrammen.
Informationen mit gemeinsamen geographischen Bezug, ⇨	
	⇨ Verwendung von Kartendarstellungen.
Aggregationen von wenigen Elementen, ⇨	
	⇨ Verwendung von Balken- oder Säulendiagrammen.
Extrapolation aus Zeitreihen, insbesondere, wenn gewisse Muster hervorstehen, ⇨	
	⇨ Verwendung von Kurvendiagrammen.

Bedingungen durch die Aufgabe (Fortsetzung)	
Wenn Bedingung	
	Dann tendenziell Verwendung ...
Beziehungen von Teilmengen zu einem Ganzen verdeutlichen,	
	Verwendung von Kreisdiagrammen.
Abhängigkeit zweier Größen,	
	Verwendung von Scatterplots.
Aufmerksamkeit auf Objektkombinationen,	
	Verwendung eines einfachen und regelmäßigen Verlaufs der Objekte.
Aufmerksamkeitssteuerung mit Bildern,	
	Verwendung vektorgebundener Darstellungsformen.
Aufmerksamkeit auf bestimmte Informationen,	
	Positionierung der Informationen in der Mitte des Bildes.
	Plazierung am Anfang oder Ende einer Folge von Informationen.
	Informationen und graphische Elemente so anordnen, daß das "Wichtigste" in der linken oberen und der rechten unteren Ecke plaziert ist.
Aufmerksamkeitssteuerung durch Anordnung,	
	Visuelle Informationen entsprechend der Blickbewegung anordnen.
Projizierte, funktionale Verläufe,	
	Verwendung gestrichelter Linien.
Trennung logischer Informationsgruppen von anderen Gruppen,	
	Umrahmung logischer Informationsgruppen.
Verbesserung des Überblicks,	
	Verwendung von Farben und Grauabstufungen.
Gleichartige oder ähnliche Elemente,	
	Zusammenfassung der Elemente zu Gruppen gleicher Form oder Farbe.
Räumlich naheliegende Elemente,	
	Zusammenschließen der Elemente in Gruppen.
Erzielung der Wahrnehmung von Figurenform,	
	Verwendung symmetrischer Gebilde.
Erzielung räumlicher Geschlossenheit,	
	Verwendung Flächen einschließender Konturen.
Balken-, Säulen- oder Kreisdiagramme alternativ als Visualisierungsform möglich,	
	Verwendung von Balken- oder Säulendiagrammen.
Balken- und Säulendiagramme alternativ als Visualisierungsform möglich,	
	Balkendiagramme verwenden.
Ablesegenauigkeit entscheidend,	
	Verwendung der Diagramme in folgender Reihenfolge: Kreisdiagramme > Kurvendiagramme > Säulendiagramme > Balkendiagramme.

Literatur

Abbot, L., Quality and Competition, New York 1955.

Abel, B., Problemorientiertes Informationsverhalten, individuelle und organisatorische Gestaltungsbedingungen innovativer Entscheidungssituationen, Darmstadt 1977.

Abels, H., Degen, H., Handbuch des statistischen Schaubilds, Herne u.a. 1981.

Abraham, M., Lodish, L., "Promotor, An Automated Promotion Evaluation System", Working Paper 86-033R, Wharton School of the University of Pennsylvania 1986.

Ackermann, D., Empirie des Softwareentwurfs, Richtlinien und Methoden, in: Balzert, H., Hoppe, H., Oppermann, R., Peschke, H., Rohr, G., Streitz, N. (Hrsg.), Einführung in die Software-Ergonomie, Berlin 1988, S.253-276.

Ackermann, D., Ulich E. (Hrsg.), Softwareergonomie´91, Mensch-Computer-Interaktion, Stuttgart 1991.

Ackoff, R.L., Management Misinformation Systems, Management Science 1967, Nr. 4, S.147-153.

ACM (Hrsg.), Proceedings of the ACM Symposium on User Interface Software and Technology, Monterey u.a.1987.

Ahrens, H. J., Multidimensionale Skalierung, Weinheim u.a. 1974.

Alba, J., Chattopadhyay, A., Werbeerinnerung - leere Phrasen, Viertel-Jahreshefte für Media- und Werbewirkung 1989, Nr. 2, S.23-27.

Alkinson, J.W., Einführung in die Motivationsforschung, Stuttgart 1975.

Allen, R. G. D., Professor Slutsky`s Theory of Consumers`s Choice, in: Page, A. N. (Hrsg.), Utility Theory, A Book of Readings, Washington 1968, S.183-195.

Allerbeck, K., Datenanalyse und Datenmanagement - Die Entwicklung ihres Verhältnisses, in: Faulbaum, F., Uehlinger, H. (Hrsg.), Fortschritte der Statistik-Software, Stuttgart u.a. 1988, S.81-92.

Alpern, B., Carter, L., The Hyperbox, in: Proceedings Visualization ´91, Institute of Electrical and Electronics Engineers (IEEE), Washington u.a. 1991, S.133-139.

Alteneder, A., Visualisieren mit dem Computer, ComputerGraphik und Computeranimation, Entwicklung, Realisierung, Kosten, Berlin u.a. 1993.

Alteneder, A., Bianga, F., Nitkewitz, R., Visualisieren mit dem Computer, Berlin u.a. 1993.

Amador, J.A., Information Formats and Decision Performance, An Experimental Investigation, Diss., University of Florida 1977.

Anders, H.-J., Neue Informationstechniken und ihre Bedeutung für die Marktforschung, Marketing -ZFP 1988 Nr. 3, S.172-176.

Anderson, J.R., Cognitive Psychology and Its Implications, San Francisco 1980 (2.Aufl., New York 1985).

Anderson, J.R., The Architecture of Cognition, Cambridge (Mass.) 1983.

Anderson, J.R. (Hrsg.), Kognitive Psychologie - eine Einführung, Heidelberg 1988.

Angehrn, A., Lüthi, H-J., Intelligent Decision Support Systems, A Visual Interactive Approach, Interfaces 1990, Nr. 6, S.36-47.

Angehrn, A.A., Triple C, Visual Interaction for Individual and Group Decision Support, in: Unicom Ltd. (Hrsg.), Computer Supported Collective Work - the Multimedia and Networking Paradigm, Uxbridge 1991, S.101-109.

Aschenbrenner, K.M., Single-peaked Risk Preferences and their Dependability on the Gambles' Presentation Mode, Journal of Experimental Psychology, Human Perception and Performance, 4 (1978), Nr. 3, S.513-520.

Ashcraft, M.H., Human Memory and Cognition, Glenview (Illinois) 1989.

Astheimer, P., Sonification in Scientific Visualization and Virtual Reality Applications, in: Krüger, W. (Hrsg.), Reader zum Workshop "Visualisierung - Rolle von Interaktivität und Echtzeit, Gesellschaft für Mathematik und Datenverarbeitung, St. Augustin, Juni 1992.

Atkinson, R.L., Shiffrin, R.M., Human Memory, A Proposed System and It's Control Processes, Spence 1968, S.89-195.

Back-Hock, A., Rechenschiebermenü für eine Deckungsrechnung, in: Mertens, P., Griese, J., Integrierte Informationsverarbeitung 2, 7. Aufl., Wiesbaden 1993.

Bailey, W., Human Performance Engineering, A Guide for Systems Designers, Englewood Cliffs (N.J.) 1982.

Bajka, D., Multimedia - ein neuer Umgang mit Informationen, VM International 9/91, S.10-11.

Bajuk, M., Camera evidence, Visibility analysis through a multi-camera viewpoint, in: Alexander, R. J. (Editor), Visual Data Interpretation, Proc. SPIE (The International Society for Optical Engineering) 1668, San Jose 1992, S.61-72.

Bamberg, G., Coenenberg, A.G., Betriebswirtschaftliche Entscheidungslehre, 2.Aufl., München 1977.

Barnard, C.I., The Functions of the Executive, Cambridge (Mass.) 1938.

Bartlett, F.C., Remembering, A Study in Experimental and Social Psychology, Cambridge 1932.

Beach, L.R., Mitchell, T.R., A Contingency Model for the Selection of Decision Strategies, Academic Management Review, 3 (1978), S.439-449.

Beck, J., Textural Segmentation, in: Beck, J. (Hrsg.), Organization and Representation in Perception, Hillsdale (N.J.) 1982.

Becker, R., Eick, S.G., Miller, E. O., Wilks, A. R., Dynamic Graphics for Network Visualization, in: Proceedings Visualization '90, Institute of Electrical and Electronics Engineers (IEEE), Washington u.a. 1990, S.93-96.

Behrens, G., Werbewirkungsanalyse, Opladen 1976.

Behrens, G., Das Wahrnehmungsverhalten der Konsumenten, Frankfurt 1982.

Benbasat, I., An Experimental Evaluation of The Effects of Information System and Decision Maker Charakteristics on Decision Effectiveness, Diss., University of Minnesota 1974.

Benbasat, I., Dexter, A.S., An Experimental Evaluation of Graphical and Color-Enhanced Information Presentation, Management Science, 31 (1985), Nr. 11, S.1348-1364.

Benbasat, I., Dexter, A.S., An Investigation of the Effectivenes of Color and Graphical Information Presentation under Varying Time Constraints, Management Information Systems Quarterly 1986, Nr. 10, S.59-81.

Benbasat, I., Dexter, A.S., Todd, P., The Influence of Color and Graphical Information Presentation in a Managerial Decision Simulation, Human Computer Interaction, 1986a, S.65-92.

Benbasat, I., Schroeder, R.G., An Experimental Investigation of Some MIS Design Variables, MIS Quarterly, 1 (1977), Nr. 1, S.37-49.

Berthel, J., Betriebliche Informations-Systeme, Stuttgart 1975.

Bettman, J.R., An Information Processing Theory of Consumer Choice, London u.a. 1979.

Bettman, J.R., Johnson, E.J., Payne, J.W., A Componential Analysis of Cognitive Effort in Choice, Organizational Behavior and Human Decision Processes, 45 (1990), S.111-139.

Bettman, J.R., Kakkar, P., Effects of Information Presentation Format on Consumer Information Acquisition Strategies, Journal of Consumer Research 1977, S.233-240.

Bettman, J.R., Zins, M., Information Format and Choice Task in Decision Making, Journal of Consumer Research, 6 (1979), S.141-153.

Biehal, G., Chakravarti, D., Information Presentation Format and Learning Goals as Determinants of Consumers' Memory Retrieval and Choice Processes 1982, Nr. 3, S.431-441.

Biehal, G., Chakravarti, D., Consumers' Use of Memory and External Information in Choice, Macro and Micro Processing Perspectives, Journal of Consumer Research 1986, S.382-405.

Biethahn, J., Muksch, H., Ruf, W., Ganzheitliches Informationsmanagement, Bd. I, München 1990.

Blalack, R.N., Analysis of the Effectiveness and Efficiency of Business Decision Making Using Computer-Graphics, Diss., University of Cincinnati (Ohio)1985.

Blocher, E., Moffie, R.P, Zmud, R.W., Report Formats and Task Complexity, Interaction in Risk Judgements, Accouting, Organizations and Society 1986, S.457-470.

Blumler, E., Information Overload, Is there a problem?, in: Witte, E.(Hrsg.), Telekommunikation für den Menschen-Kongreßvorträge München 29.-31.10.1979, Berlin 1980, S.229-236.

Böcker, D., Visualisierungstechniken, in: Fischer, G., Gunzenhäuser, R. (Hrsg.), Methoden und Werkzeuge zur Gestaltung benutzergerechter Computersysteme, Berlin u.a. 1986, S.151-175.

Böndel, B., Tradition und High-Tech-Tricks, TopBusiness 1992, S.128-134.

Börger, G., Die totale Illusion, DOS, 1993, Nr. 6, S.100-102.

Bormann, U., Bormann, C., Offene Bearbeitung multimedialer Dokumente, Normungsprojekte und Ergebnisse, Informatik-Spektrum 1991, Nr. 14, S.270-280.

Bower, G.H., Hilgard, E.R., Theorien des Lernens, Bd.1, 5.Aufl., Stuttgart 1983.

Bower, G.H., Hilgard, E.R., Theorien des Lernens, Bd.2, 3.Aufl., Stuttgart 1984.

Bransford, J.D., Johnson, M.K., Contextual Prerequisits for Understanding, Some Investigations of Comprehension and Recall, Journal of Verbal Learning and Verbal Behavior, 11 (1972), S.717-726.

Bransford, J.D., McCarrell, N.S., A Sketch of a Cognitive Approach to Comprehension, in: Weiner, W., Palermo, D.S.(Hrsg.), Cognition and the Symbolic Processes, Hillsdale (N.J.) 1975.

Braun, G., Grundlagen der visuellen Kommunikation, München 1987.

Bredenkamp, J., Wippich, W., Lern- und Gedächtnispsychologie, Bd.1 und Bd.2, Stuttgart 1977.

Breitmeyer, B.G., Ganz, L., Implications of Sustained and Transient Channels for Theories of Visual Pattern Masking Saccadic Suppresssion and Informations Processing, Psychological Review, 1976, Nr. 2, S.1-36.

Broadbent, D.E., The Magic Number Seven after Fifteen Years, in: Kennedy, A., Wilkes, A. (Hrsg.), Studies in Long Term Memory, London 1975, S.3-18.

Brockhaus (Hrsg.), Brockhaus-Enzyklopädie, Bd. 19, 17. Aufl., 1974.

Bromann, P., Erfolgreiches Strategisches Informationsmanagement, Landsberg 1987.

Brönimann, C., Aufbau und Beurteilung des Kommunikationssystems von Unternehmungen, Bern, Stuttgart 1970.

Brown, T.J., Schemata in Consumer Research, A Connectionist Approach, Advances in Consumer Research 19 (1992), S.787-794.

Bruckner, L., On Chernoff Faces, in: Wang, P. C. C. (Edt.), Graphical Representation of Multivariate Data, New York u.a. 1978, S.93-121.

Buja, A., McDonald, J. A., Michalek, J., Stuetzle, W., Interactive Visualization using Focusing and Linking, in: Proceedings Visualization '91, Institute of Electrical and Electronics Engineers (IEEE), Washington u.a. 1991, S.156-163.

Bullinger, H.-J., Gunzenhäuser, R., Software-Ergonomics, Chichester 1988.

Bullinger, H.-J., Shackel, D. (Hrsg.), Proceedings of the Second IFIP Conference - Human-Computer-Interaktion INTERACT'87, Amsterdam 1987.

Card, K., Moran P., Newell, A., The Psychology of Human-Computer-Interaction, Hillsdale 1983.

Carroll, J. M., Mack, R. L., Kellogg, K., Interface Metaphor and User Interface Design, in: Helander (Hrsg.), Handbook of Human-Computer Interaction, Elsevier Science Publishers 1988.

Carter, L.F., An Experiment on the Design of Tables and Graphs Used for Presenting Numerical Data, Journal of Applied Psychology 1947, S.640-650.

Carter, L.F., Relative Effectiveness of Presenting Numerical Data by the Use of Tables and Graphs, Washington D.C. 1948.

Castner, H.W., Robinson, A.H., Dot Area Symbols in Cartography, The Influence of Pattern on their Perception, American Congress on Surveying and Mapping, Washington D.C. 1969.

Chambers, J.M., Cleveland, W.S., Kleiner, B., Tukey, P.A., Graphical Representation of Multivariate Data, New York 1992.

Chang, S., Visual Languages - A Tutorial and Survey, in: Gorny, P., Tauber, M., Visualization in Programming, Berlin u.a. 1987, S.1 - 23.

Charwat, H.J., Lexikon der Mensch-Maschine-Kommunikation, München u.a. 1992.

Cheatham, P.G., Visual perceptual latency as a function of stimulus brightness and contour shape, Journal of Experimental Psychology 43 (1952), S.369f.

Chernoff, H., Using Faces to Represent Points in K-Dimensions Space Graphically, Journal of the American Statistical Association 1973, Nr. 342, S.361-368.

Chernoff, H., Graphical Representations as a Discipline, in: Wang, P. C. C. (Hrsg.), Graphical Representation of Multivariate Data, New York u.a. 1978, S.1-12.

Chervany, N.L., Dickson, G.W., An Experimental Evaluation of Information Overload in a Production Environment, Management Science, 20 (1974), S.1335-1344.

Christ, R.E., Review and Analysis of Color Coding Research for Visual Displays, Human Factors 1975, S.542-570.

Christ, R.E., Four Years of Color Research for Visual Displays, Proceedings of the Human Factors Society, 21st Annual Meeting, Santa Monica (Ca.) 1977.

Christ, R.E., The Effects of Extended Practice on the Evaluation of Visual Display Codes, Human Factors 1983, S.71-84.

Churchman, C.W., Schainblatt, A.H., The Researcher and the Manager, A Dialectic of Implementation, Management Science 11 (1965), S.69-87.

Coll, R., Thyagarajan, A., Chopra, S., An Experimental Study Comparing the Effectiveness of Computer Graphic Data versus Computer Tabular Data, IEEE Transactions on Systems, Man, and Cybernetics, 21 (1991), Nr. 4, S.897-900.

Cox, D.R., Some Remarks on the Role in Statistics of Graphical Methods, Applied Statistics, 27 (1978), S.4-9.

Craik F.I.M., Lockhardt, R.S., Levels of Processing, A Framework for Memory Research, Journal of Verbal Learning and Verbal Behavior, 11 (1972), S.671-684.

Croxton, F.E., Stein: H., Graphical Comparisons by Bars, Squares, Circles and Cubes, Journal of the American Statistical Association, 22 (1927), Nr. 54-60.

Culbertson, H.M., Powers, R.D., A Study of Graph Comprehension Difficulties, AV Communication Review, 7 (1959), S.97-100.

Cyert, R.M., March, J.G., A Behavioral Theory of the Firm, Englewood Cliffs (N.J.) 1963.

Czihak, H., Langer, K., Ziegler C., (Hrsg.), Biologie, 3.Aufl., Berlin 1984.

Davis, D.L., An Experimental Investigation of the Form of Information Presentation, Psychological Type of User, and Performance within the Context of a Management Information System, Diss., University of Florida 1981.

Davis, L.R., Report Format and the Decision Maker's Task, An Experimental Investigation, unveröffentlichtes Manuskript, Notre Dame 1987.

DeSanctis, G., Computer Graphics as Decision Aids, Directions for Research, Decision Sciences 1984, Nr. 4, S.463-487.

Dewey, J., How We Think, Boston 1910.

Diaper, D., Gilmore, D., Cockton, G., Shackel, B. (Hrsg.), Proceedings of the Third IFIP Conference - Human-Computer-Interaktion INTERACT´90, Amsterdam 1990.

Dickson, G.W., DeSanctis, G., McBride, D.J., Understanding The Effectiveness of Computer Graphics for Decision Support, A Cumulative Experimental Approach, Communications of the ACM, 29 (1986), Nr. 1, S.40-47.

Dickson, G.W., Senn, J.A., Chervany, N.L., Research in Management Information Systems, The Minnesota Experiments, Management Science 23 (1977), Nr. 9, S.913-923.

Dooley, R.P., Harkins, L.E., Functional and Attention-Getting Effects of Color on Graphic communication, Perceptual and Motor Skills, 31 (1970), S.851-854.

Dörner, D., Problemlösen als Informationsverarbeitung, 2.Aufl., Stuttgart 1979.

Downes-Martin: S., Long, M., Alexander, J., Virtual Reality as a Tool for Cross Cultural Communication, An Example from Military Training, in: Alexander, R. J. (Edt.), Visual Data Interpretation, Proc. SPIE (The International Society for Optical Engineering) 1668, San Jose 1992, S.28-38.

Duden-Redaktion (Hrsg.), Duden "Rechtschreibung der deutschen Sprache" - auf der Grundlage der amtlichen Rechtschreibregeln, 20. Aufl., Mannheim u.a. 1991.

Dworatschek, S., Management-Informations-Systeme, Berlin u.a. 1971.

Dwyer jr., F.M., The Effect of Knowledge of Objectives on Visualized Instruction, Journal of Psychology 1971, 219-221.

Dzida, W., Kognitive Ergonomie für Bildschirmarbeitsplätze, Humane Produktion, Humane Arbeitsplätze, 1980, Nr. 10, S.18-19.

Ebeling, A., Sperlich, T., Begegnungen der neuen Art, Computertechnik 1993, Nr. 5, S.46.

Eells, W.C., The Relative Merits of Circles and Bars for Represent Component Parts, 21 (1926), S.119-132.

Egan, D.D., Schwarz, B.J., Chunking in Recall of Symbolic Drawings, Memory and Cognition, 7 (1979), S.149-158.

Eggen, P., Kauchak, D., Kirk, S., The Effects of Generalizations as Cues on the Learning of Information from Graphs, Journal of Educational Research, 71 (1978), S.211-213.

Einhorn, H.J., Hogarth, R.K., Behavioral Decision Theory, Processes of Judgement and Choice, Annual Review of Psychology 1981, S.53-88.

Einhorn, H.J., Hogarth, R.K., Judging Probable Cause, Psychological Bulletin 1986, S.3-19.

Engelbart, D., Lehtman, H. Working Together, Byte 1988, Nr. 2, S.245-251.

Eysenck, M.W., A Handbook of Cognitive Psychology, London, Hillsdale (N.J.) 1984.

Fähnrich, K.-P., Softwareergonomie, München 1987.

Fähnrich, K.-P., Fauser A., Ziegler, J., Software-Ergonomie als neuer Forschungsschwerpunkt, Humane Produktion, Humane Arbeitsplätze 1982, Nr. 10, S.14-15.

Feeney, W. R., Gray Scale Diagramms as Business Charts, Proceedings Visualization '91, Institute of Electrical and Electronics Engineers (IEEE), Washington u.a. 1991, S.140-147.

Fehr, B., "Ein Fingerzeig - und mir ist als schwebte ich durchs Büro", FAZ, 25.11.1992.

Feliciano, G.D., Powers, R.D., Bryant, E.K., The Presentation of Statistical Information, Visual Communication Review, 1963, S.32-39.

Fienberg, S.G., Graphical Methods in Statistics, American Statistician, 33 (1979), S.165-178.

Fink, W.F., Kognitive Stile, Informationsverhalten und Effizienz in komplexen betrieblichen Beurteilungsprozessen, Frankfurt/M. u.a. 1987.

Firth, M., The Impact of Some MIS Design Variables on Managers' Evaluations of Subordinates' Performances, MIS Quaterly, 4 (1980), Nr. 1, S.45-54.

Fiske, S.T., Linville, P.W., What does the Schema Concept Buy Us?, Personality and Social Psychology Bulletin: 6 (1980), S.542-557.

Fleischmann, M., Virtuelle Räume der Kommunikation oder das Betreten faktisch nicht existenter Räume, in: Krüger, W. (Hrsg.), Reader zum Workshop "Visualisierung - Rolle von Interaktivität und Echtzeit, Gesellschaft für Mathematik und Datenverarbeitung, St. Augustin, Juni 1992.

Fleischmann, M., Strauss, W., A walk into a virtual world of images - is a walk through a timeless space. GMD Workshop Visualisierung - Rolle von Interakti-vität und Echtzeit, Sankt Augustin 1992.

Flury, B., Riedwyl, H., Graphical Representation of Multivariate Data by Means of Asymmetrical Faces, Journal of the American Statistical Association 1981, S.757-765.

Foppa, K., Lernen, Gedächtnis, Verhalten, 9.Aufl., Köln 1975.

Franck, E., Körperliche Entscheidungen und ihre Konsequenzen für die Entscheidungstheorie, Die Betriebswirtschaft, 1992, Nr. 5, S.631-647.

Franke, W., Welten aus Bits und Bytes, VDI nachrichten magazin Nr. 9 1992, S.12-17.

Frisby, J.P., Seeing, Illusion, Brain and Mind, Oxford 1979.

Gaines, B., From Time-Sharing to the Sixth Generation, The Development of Human Computer-Interaction, International Journal of Man-Machine-Studies 1986, Teil I, S.3-7.

Gaul, W., Both, M., Computergestütztes Marketing, Berlin u.a. 1990.

Gebert, U., Rendertechniken und Begriffe, Computertechnik, 1993, Nr. 8, S.141.

Geiser, G., Mensch-Maschine-Kommunikation, München u.a.1990.

Geldard, F.A., The Human Senses, 2.Aufl., New York 1972.

Gemünden, H.G., Informationsverhalten und Effizienz, Habilitationsschrift Universität Kiel 1986.

Gemünden, H.G., Der Einfluß der Ablauforganisation auf die Effizienz von Entscheidungen, Zeitschrift für Betriebswirtschaft, 1987, S.1063-1078.

Gemünden, H.G., The Impact of Information Presentation on Efficiency - A Meta-Analytic Critique of the State of the Art, Arbeitspapier Nr. 1, Institut für Angewandte Betriebswirtschaftlehre und Unternehmensführung, Universität Karlsruhe 1991.

Gemünden, H.G., Petersen, K., Informationsaktivitäten in komplexen Beurteilungsprozessen, unveröffentlichter Forschungsbericht, Institut für Betriebswirtschaftslehre, Universität Kiel 1985.

Ghani, J.A., The Effects of Information Presentation and Modification on Decision Performance, unveröffentlichte Diss., University of Pennsylvania 1981.

Ghani, J.A., Lusk, E.J., The Impact of a Change in Information Representation and a Change in the Amount of Information on Decision Performance, Human Systems Management 1982, S.270-278.

Glatthaar, W., Implementierung, in: Schneider, H.J. (Hrsg.), Lexikon der Informatik und Datenverarbeitung, 3. Aufl., München u.a. 1991, S.375.

Goldman-Rakic, P.S., Das Arbeitsgedächtnis, Spektrum der Wissenschaft - Spezial 1, Gehirn und Geist, Herbst 1993.

Gore, W.J., Decision-Making Research, Some Prospects and Limitations, in: Mailick, S., Van Ness, E. (Hrsg.), Concepts and Issues in Administrative Behavior, Englewood Cliffs (N.J.) 1962, S.49-65.

Grace, G.L., Application of Empirical Methods to Computer-Based System Design, Journal of Applied Psychology, 50 (1966), S.442-450.

Graesser, A.C., Nakamura, G.V., The Impact of a Schema in Comprehension and Memory, in: Bower (Hrsg.), The Psychology of Learning and Motivation, New York u.a. 1982.

Green, P.E., Rao, V.R., Conjoint Mesurement for Quantifying Judgement Data, in: Journal of Marketing Research, 1971,, S.355-363.

Grotz-Martin, S., Informations-Qualität und Informations-Akzeptanz, in: Hauschild, J., Gemünden, H.-G., Grotz-Martin, S., Haidle, U. (Hrsg.), Entscheidungen der Geschäftsführung, Tübingen 1983, S.144-173.

Haber, R.N., Hershenson, M., The Psychology of Visual Perception, London u.a.1973.

Haber, R.N., Hershenson, M., The Psychology of Visual Perception, 2. Aufl., New York u.a. 1980.

Haber R.N., The Power of Visual Perceiving, Journal of Mental Imagery 1981, S.1-40.

Habrecht, W., Bedürfnis, Bedarf, Gut, Nutzen, in: Wittmann, W., Kern, W., Köhler, R., Küpper, H.-U., von Wysocki, K., Handwörterbuch der Betriebswirtschaft, Bd. 1, 5. Aufl. Stuttgart 1993, Sp.266-280.

Hagerty, M., Multimedia Marketing, IEEE Computer Graphics & Applications, 1992, Nr. 4, S.15.

Hagge, K., Informationsdesign, Wiesbaden 1994.

Hajos, A., Wahrnehmungspsychologie, Stuttgart 1972.

Halbwachs, M., Das Kollektive Gedächtnis, Hamburg 1967.

Hall, R., Illumination and Color in Computer Generated Imagery, Monographs in visual computing, New York u.a. 1989.

Hämäläinen, R.P., Lauri, H., HIPRE3+ User's Guide, System Analysis Laboratory, University of Technology Helsinki 1992.

Hansen, F., Consumer Choice Behavior, A cognitive Theory, New York u.a. 1972.

Hanson, A. J., Heng, P. A., Visualizing the Fourth Dimension Using Geometra and Light, in: Proceedings Visualization '91, Institute of Electrical and Electronics Engineers (IEEE), Washington u.a. 1991, S.320-327.

Hanusch, H., Nutzen-Kosten-Analyse, 2. Aufl., München 1995.

Hauschildt, J., Entscheidungsziele, Tübingen 1977.

Hauschildt, J., Die Fragen dieses Forschungsprojektes, in: Hauschildt, J., Gemünden, H.G., Grotz-Martin: S., Haidle, U. (Hrsg.), Entscheidungen der Geschäftsführung, Typologie, Informationsverhalten, Effizienz, Tübingen 1983a, S.1-10.

Hauschildt, J., Die Effizienz von Führungsentscheidungen und Ihre Ursachen, in: Hauschild, J., Gemünden, H.-G., Grotz-Martin, S., Haidle, U. (Hrsg.), Entscheidungen der Geschäftsführung, Tübingen 1983b, S.211-261.

Hauschildt, J., Graphische Unterstützung der Informationssuche, Eine experimentelle Effizienzprüfung, in: Ballwieser, W., Berger, K.-H. (Hrsg.), Information und Wirtschaftlichkeit, Wiesbaden 1985, S.307-325.

Hauschildt, J., Erfolgs- und Finanzanalyse, 2.Aufl., Köln 1987.

Hauschildt, J., Promotoren und Champions - Die treibende Kraft hinter der Innovation, Technologie & Management 1989a, Nr.4, S.11-15.

Hauschildt, J., Informationsverhalten bei innovativen Problemstellungen - Nachlese zu einem Forschungsprojekt, Zeitschrift für Betriebswirtschaft 1989b, Nr. 4, S.377-396.

Hauschildt, J., Gemünden, H.G., Knorr, P., Krehl, H., Die Messung des Informationsverhaltens - dargestellt am Beispiel der Analyse von Jahresabschlüssen, Nr. 139 der Manuskripte aus dem Institut für Betriebswirtschaftslehre, Universität Kiel 1983.

Hauschildt, J., Grenz, T., Gemünden, H.G., Entschlüsselung von Unternehmenskrisen durch Erfolgsspaltung?, Der Betrieb 1985, S.877-885.

Hauschildt, J., Rösler, J., Gemünden, H.G., Der Cash-Flow - ein Krisensignalwert? Die Betriebswirtschaft 1984, S.353-370.

Hayes, J.R., Simon, H.A., Understanding Written Problem Instructions, in: Gregg, L.W. (Hrsg.), Knowledge and Cognition, Hillsdale (N.J.) 1974.

Hebb, D., Einführung in die moderne Psychologie, 8.Aufl., Weinheim u.a. 1975.

Heeg, F.J., Empirische Software-Ergonomie, Zur Gestaltung benutzergerechter Mensch-Computer-Dialoge, Berlin u.a. 1988.

Heiler, S., Michels, P., Abberger, K., Abiturzeugnisse und Studienwahl - ein Beispiel zur Anwendung graphischer Verfahren in der explorativen Datenanalyse, Diskussionspapier Serie I, Nr. 136, Universität Konstanz 1992.

Heinen, E., Das Zielsystem der Unternehmung, Wiesbaden 1966.

Heinen, E. (Hrsg.), Betriebswirtschaftliche Führungslehre - ein entscheidungsorientierter Ansatz, 2.Aufl., Wiesbaden 1978.

Heinrich, L.J., Burgholzer, P., Informationsmanagement, Planung, Überwachung und Steuerung der Informationsinfrastruktur, 2.Aufl., München 1988.

Helmholtz, H. von, Handbuch der physiologischen Optik, Leipzig 1866.

Helson, H., The Fundamental Propositions of Gestalt Psychologie, Psychological Review 1933, S.13-16.

Hemmje, M., Anschauliche Suche in Dokumentenbeständen. Der GMD-Spiegel 1993 Nr.4, 1993.

Hering, F.-J., Informationsbelastung in Entscheidungsprozessen, Frankfurt/M.1986.

Hershey, J.C., Shoemaker, P.J.H., Risk Taking and Problem Context in the Domain of Losses, An Expected Utility Analysis, Working Paper Nr. 78-03-11, University of Pennsylvania 1979.

Hildebrandt, L., Kausalmodelle in der Konsumverhaltensforschung, in: Irle, M. (Hrsg.), Handbuch der Psychologie - Teilband II, Göttingen 1983, S.271-336.

Hintzman, D.L., Human Learning and Memory, Connections and Dissociations, Annual Review of Psychology, 49 (1990), S.109-139.

Hirschberger-Vogel, M., Die Akzeptanz und die Effektivität von Standardsoftwaresystemen, Berlin 1990.

Hoffman, J.E., Search through a Sequentially Presented Visual Display, Perception and Psychophysics, 1978, S.1-11.

Hofstätter, P.R., Psychologie, Frankfurt 1973.

Hogarth, R.M., Judgement and Choice - the Psychlogy of Decision, Chichester u.a. 1987.

Horvath, P., Controlling, 3.Aufl., München 1990.

Howard, J.A., Sheth, J.N., The Theory of Buyer Behavior, New York u.a. 1969.

Huff, D L., Black, W., A Multivariate Graphic Display for Regional Analysis, in: Wang, P. C. C. (Hrsg.), Graphical Representation of Multivariate Data, New York u.a. 1978, S.199-218.

Huhn, R. von, Further Studies in Graphic Use of Circles and Bars, Journal of the American Statistical Association, 22 (1927), Nr. 31-36.

Inselberg, A., The Plane with Parallel Coordinates, The Visual Computer, 1 (1985), S.68-91.

Irle, M., Macht und Entscheidungen in Organisationen, Frankfurt 1971.

Irle, M., Lehrbuch der Sozialpsychologie, Göttingen 1975.

Irle, M. (Hrsg.), Studies in Decision Making - Socialpsychological and Socioeconomical Analyses, Berlin u.a. 1982.

Isaacs, D.L., The Effect on Learning of the Color Coding of Pictoral Stimuli, Dissertation Abstracts International, 1970, S.5257-5258.

Ives, B., Graphical User Interfaces for Business Information Systems, MIS Quarterly, Special Issue 1982, S.15-47.

Jacob, R. J. K., Facial Representation of Multivariate Data, in: Wang, P. (Hrsg.), Graphical Representation of Multivariate Data, New York u.a. 1978, S.143-168.

Jacoby, J., Speller H., Kohn, C., Brand Choice Behavior as a Function of Information Load, Journal of Marketing Research, 1974, S.63-69.

Janis, I.L., Mann, L., Decision Making, A Psychological Analysis of Conflict, Choice, and Commitment, New York u.a. 1977.

Jarvenpaa, S.L., Dickson, G.W., Graphics and Managerial Decision Making, Research Based Guidelines, Communications of the ACM, 31 (1988), Nr. 6, S.764-774.

Jarvenpaa, S.L., Dickson, G.W., DeSanctis, G., Methodological Issues in Experimental IS Research, Experiences and Recommendations, MIS Quarterly, 9 (1985), Nr. 2, S.141-156.

Jöreskog, K.G., A general method for estimation linear strutural equation system, in: Goldberger, A.S., Duncan, O.D. (Hrsg.), structural equation models in the sozial sciences, New York 1973, S.213 - 245.

Johnson, E., Payne, J.W., Bettman, J.R., Information Displays and Preference Reversals, Organizational Behavior and Human Decision Processes, 1988, S.1-21.

Julesz, B., Experiments in the Visual Perception of Texture, Scientific American, 232 (1975), S.34-43.

Jungermann, H., Entscheiden, in: Sarges, W. (Hrsg.), Management-Diagnostik, Göttingen 1990, S.200-206.

Kahle, E., Betriebswirtschaftliches Problemlöseverhalten, Wiesbaden 1973.

Kahneman, D., Henik, A., Perceptual Organization and Attention, in: Kubovy, M., Pomerantz, J.R. (Hrsg.), Perceptual Organization, Hillsdale (N.J.) 1981, S.181-211.

Kahneman, D., Slovic, P., Tversky, A. (Hrsg.), Judgement under Uncertainty, Heuristics and Biases, Cambridge 1982.

Kahneman, D., Snell, J., Predicting Utility, in: Hogarth, R.M. (Hrsg.), Insigths in Decision Making, A Tribute to Hillel J. Einhorn, Chicago 1990, S.295-310.

Kahneman, D., Tversky, A., On the Psychology of Prediction, Psychological Review, 80 (1973), S.237-251.

Kahneman, D., Tversky, A., Value Theory, An Analysis of Choices under Risk, vorgestellt anläßl. Konferenz in Jerusalem, Israel 1975.

Kahneman, D., Tversky, A., Prospect Theory, An Analysis of Decision Making Under Risk, Econometrica 1979, S.262-291.

Kandel, E.R., Hawkins, R.D., Molekulare Grundlagen des Lernens, in: Spektrum der Wissenschaft - Spezial1, Gehirn und Geist, 1993.

Karsten, K.G., Charts and Graphs, An Introduction to Graphic Methods in the Control and Analysis of Statistics, Englewood Cliffs (N.J.) 1923.

Kasanen, E., Östermark, R., Zeleny, M., Gestalt System of Holistic Graphics, New Management Support View of MCDM, Computers and Operations Research, 18 (1991), S.233-239.

Katona, G., Das Verhalten der Verbraucher und Unternehmer, Tübingen 1960.

Katona, G., Rational and Economic Behaviour, in: Gore, W., Dyson, J. (Hrsg.), The Making of Decisions, Glencoe 1964, S.51-63.

Katona, G., Das Verhalten der Verbraucher und Unternehmer, Tübingen 1960.

Katona, G., Über das rationale Verhalten der Verbraucher, in: Kroeber-Riel, W. (Hrsg.), Marketingtheorie - Verhaltensorientierte Erklärungen von Marktreaktionen, Köln 1972, S.61-77.

Kaufman, L., Sight and Mind, New York 1974.

Keppler, M., Differenzierungschance im PC-Markt, Farbe als Differenzierungsmerkmal, Planung und Analyse 1990, Nr. 9, S.337-338.

Kirsch, W., Die Handhabung von Entscheidungsproblemen, München 1978.

Klix, F., Streitz, N.A., Wandke, H., Wearn, Y., Man-Computer-Interaction Research, MACINTER II, Amsterdam 1988.

Klotz, M., Structured Systems Analysis (SSA), in: Vorlesungsskript zur Lehrveranstaltung Systemanalyse I an der Technischen Universität Berlin: 5. Aufl. 1988.

Kluge, F., Forum und Festival synthetischer Bilder, Horizont, 1992, Nr.6, S.37.

Knight, F.H., Risk, Uncertainty and Profit, Boston u.a. 1921.

Knorr, P., Meßwerte der Informationsnachfrage in komplexen Beurteilungsprozessen, Kiel 1986.

Koffka, K., Principles of Gestalt Psychology, New York 1935.

Kopp, B., Zwei Varianten der graphischen Ausgabe bei der multidimensionalen Skalierung, Planung & Analyse, 1991, Nr. 5, S.183-189.

Kopka, U., Konstruktionen zu Visionen, Vier PC-Renderer für Graphik und Animationen, Computertechnik, 1993, Nr.8, S.136-143

Kosslyn, S.M., Graphics and Human Information Processing, Journal of the American Statistical Association, 1985, S.499-512.

Kosslyn, S.M., Understanding Charts and Graphs, Applied Cognitive Psychology 1989, S.185-225.

Kotovsky, K., Hayes, J.R., Simon, H.A., Why are Some Problems Hard?, Evidence from Tower of Hanoi, Cognitive Psychology, 17 (1985), S.248-294.

Kramer, R., Information und Kommunikation, Betriebswirtschaftliche Bedeutung und Einordnung in die Organisation der Unternehmung, Berlin 1965.

Krehl, H., Der Informationsbedarf der Bilanzanalyse, Kiel 1985.

Kroeber-Riel, W., Activation Research - Psychobiological Approaches in Consumer Research, 1979a, Nr. 4, S.240-250.

Kroeber-Riel, W., Empirische Entscheidungsforschung - Informationsverarbeitung bei individuellen Entscheidungen - dargestellt am Beispiel von Konsumentenentscheidungen, Marketing ZFP, 1979b, Nr.4, S.267-274.

Kroeber-Riel, W., Marketing im nächsten Jahrzehnt, Teil1, Marketing ZFP, 1980a, Nr. 1, S.5-11.

Kroeber-Riel, W., Marketing im nächsten Jahrzehnt, Teil2, Marketing ZFP, 1980b, Nr. 2, S.81-86.

Kroeber-Riel, W., Konsumentenverhalten, 2.Aufl., München 1980c.

Kroeber-Riel, W., Wirkung von Bildern auf das Konsumentenverhalten - Neue Wege der Marketingforschung, Marketing ZFP, 1983, Nr. 3, S.153-160.

Kroeber-Riel, W., Konsumentenverhalten, 3. Aufl., München 1984a.

Kroeber-Riel, W., Zentrale Probleme auf gesättigten Märkten, Marketing ZFP, 1984b, Nr. 3, S.210-214.

Kroeber-Riel, W., Vorteile der bildbetonten Werbung, Werbeforschung & Praxis, 1985a, Nr. 4, S.122-132.

Kroeber-Riel, W., Weniger Information, mehr Erlebnis, mehr Bild, Absatzwirtschaft, 1985b, Nr. 3, S.84-97.

Kroeber-Riel, W., Die inneren Bilder der Konsumenten. Messung, Verhaltenswirkung, Konsequenzen für das Marketing, Marketing ZFP, 1986a, Nr. 2, S.81-96.

Kroeber-Riel, W., Innere Bilder: Signale für das Kaufverhalten, Absatzwirtschaft, 1986b, Nr. 1, S.50-57.

Kroeber-Riel, W., Vorteile der Business Graphik: Zu den Wirkungen von Bild und Graphik auf das Entscheidungsverhalten, Information Management, 1986c, Nr.3, S.17-23.

Kroeber-Riel, W., Weniger Informationsüberlastung durch Bildkommunikation, Wirtschaftswissenschaftliches Studium 1987a, Nr. 10, S.485-489.

Kroeber-Riel, W., Informationsüberlastung durch Massenmedien und Werbung in Deutschland - Messung, Interpretation, Folgen, Die Betriebswirtschaft 1987b, Nr. 3, S.257-264.

Kroeber-Riel, W., Kommunikation im Zeitalter der Informationsüberlastung, Marketing ZFP 1988, Nr. 3, S.182-189.

Kroeber-Riel, W., Strategien und Technik der Werbung, 2.Aufl., Stuttgart 1990a.

Kroeber-Riel, W., Konsumentenverhalten, 4.Aufl., München 1990b.

Kroeber-Riel, W., Marktpsychologie, in: Hoyos, C.G. (Hrsg.), Wirtschaftspsychologie in Grundbegriffen, 2. Aufl., München 1990c, S.29-40.

Kroeber-Riel, W., Zukünftige Strategien und Techniken der Werbung, Zeitschrift für Betriebswirtschaft, 1990d, Nr. 6, S.481-491.

Kroeber-Riel, W., Computer Aided Advertising System (CAAS), Broschüre zum Forschungsprojekt an der Universität des Saarlandes, Institut für Konsum- und Verhaltensforschung, Saarbrücken 1990e.

Kroeber-Riel, W., Strategien und Technik der Werbung, 3. Aufl., Stuttgart u.a. 1991a.

Kroeber-Riel, W., In der Informationsflut überleben. Umfang, Wirkung und Bewältigung der steigenden Informationsüberflutung, Technologie & Management, 1991b, Nr. 2, S.14-19.

Kroeber-Riel, W., Konsumentenverhalten, 5. Aufl., München 1992a.

Kroeber-Riel, W., Bildkommunikation-Strategien und Techniken der Werbung, Werbeforschung & Praxis, 1992b, Nr. 3, S.78-80.

Kroeber-Riel, W., Bildkommunikation - Strategien und Techniken der Werbung, DWG-Jahrestagung 1992, Viertel-Jahreshefte für Media- und Werbewirkung, 1992c, Nr. 4, S.14.

Kroeber-Riel, W., Bildkommunikation – Strategien und Techniken der Werbung, DWG-Jahrestagung 1992 – Bildkommuniaktion, Werbeforschung & Praxis, 1992d, Nr.3, S.78-80.

Kroeber-Riel, W., Bildkommunikation, München 1993.

Kroeber-Riel, W., Esch, F.-R., Expertensysteme im Marketing, in: Hermanns, A., Flegel, V. (Hrsg.), Handbuch des Electronic Marketing - Funktionen und Anwendungen der Informations- und Kommunikationstechnik im Marketing, München 1992, S.249-269.

Kroeber-Riel, W., Meyer-Hentschel, G., Werbung - Steuerung des Konsumentenverhaltens, Würzburg 1982.

Krömker, D., Visualisierungssysteme, Berlin u.a. 1992.

Krüger, W. (Hrsg.), Reader zum Workshop "Visualisierung - Rolle von Interaktivität und Echtzeit, Gesellschaft für Mathematik und Datenverarbeitung, St. Augustin, Juni 1992.

Kuhlen, R., A Functional Understanding of Information Linguistics within the Framework of Information Science, in: Kuhlen, R. (Hrsg.), Informationslinguistik, Tübingen 1986, S.1-11.

Kuhlmann, E., Akzeptanzforschung, in: Schneider, H.J. (Hrsg.), Lexikon der Informatik und Datenverarbeitung, 3. Aufl., München 1991, S.24.

Kuhlmann, E., Brünne, M., Sowarka, B., Interaktive Informationssysteme in der Marktkommunikation - Entwicklung und experimentelle Untersuchung eines bildorientierten Informationssystems für nicht-professionelle Anwender, Heidelberg 1992.

Kummerow, Th., Möglichkeiten der Multimedia-Kommunikation, Office Management, 1993, Nr. 6, S.47-54.

Kuß, A., Silberer, G., Informationsverhalten, in: Diller, H. (Hrsg.), Vahlens großes Marketinglexikon, München 1992, S.453ff.

Lachman, R., Lachman, J.L., Butterfield, E.G., Cognitive Psychology and Information Processing, An Introduction, Hillsdale (N.J.) 1979.

Laudon, K.C., Laudon, J.P., Management Information Systems - A Contemporary Perspective, 2.Aufl., New York u.a. 1991.

Lauter, B., Softwareergonomie, München 1987.

Leven, W., Blickverhalten von Konsumenten, Heidelberg 1991.

Levkowitz, H., Merging Color and Texture Perception for integrated Visualization of Multiple Parameters, in: Proceedings Visualization '91, Institute of Electrical and Electronics Engineers (IEEE), Washington u.a., 1991, S.164-170.

Lindsay, P.H., Norman, D.A., Human Information Processing, New York u.a.1972.

Linsmeier, K. D., Der Einkauf im Cyberspace, FAZ vom 15.5.93.

Lohse, J., Rueter, H., Biolsi, K., Walker, N., Classifying Visual Knowledge Representations, A Foundation for Visualization Research, in: Proceedings Visualization '92, Institute of Electrical and Electronics Engineers (IEEE), Washington, u.a. 1992, S.131-138.

Long, M., Alexander, J., Downes-Martin, S., Morrison, J., Virtual environment debriefing room for naval figher pilots, phase I, in: Alexander, R. J. (Hrsg.), Visual Data Interpretation, Proc. SPIE (The International Society for Optical Engineering), San Jose 1992, S.49-60.

Lord, R.G., Maher, K.J., Alternative Information-processing Models and their Implications for Theory, Research and Practice, Academy of Management Review, 1990.

Lucas, H.C., An Experimental Investigation of the Use of Computer-Based Graphics in Decision Making, Management Science 1981, Nr. 7, S.757-768.

Lucas, H.C., Nielsen, N.R., The Impact of the Mode of Information Presentation on Learning and Performance, Management Science 1980, Nr. 10, S.982-993.

Luhmann, N., Ökologische Kommunikation, Kann sich die moderne Gesellschaft auf ökologische Gefahren einstellen?, Opladen 1986.

Lukat, A., Ausrichtungen von Nutzen-Kosten-Untersuchungen bei Einführung neuer DV-Geräte, Verfahren oder Organisations-Infrastrukturen, Bonn 1983.

Lusk, E.J., A Test of Differential Performance Peaking for a Disembedding Task, Journal of Accounting Research, 1979, S.286-294.

MacDonald-Ross, M., How Numbers are Shown, AV Communication Review, 24 (1977), Nr. 4, S.359-409.

MacKay, D.B., Villarreal, A., Performance Differences in the Use of Graphic and Tabular Displays of Multivariate Data, Decision Sciences, 18 (1987), Nr. 6, S.535-546.

Mag, W., Entscheidung und Information, München 1977.

Mandl, H., Friedrich, F.H., Hron, A., Theoretische Ansätze zum Wissenserwerb, in: Mandl, H., Spada, H. (Hrsg.), Wissenspsychologie, München u.a. 1988, S.123-160.

Manz, U., Zur Einordnung der Akzeptanzforschung in das Programm sozialwissenschaftlicher Begleitforschung - Ein Beitrag zur Anwenderforschung im technisch-organisatorischen Wandel, Hochschulschriften zur Betriebswirtschaftslehre, Band 19, München 1983.

March, J.G., Bounded Rationality, Ambiguity, and the Engineering of Choice, Bell Journal of Economics, 1978, S.587-608.

March, J.G., Simon, H.A., Organizations, New York u.a.1958.

Mason, R.O., Mitroff, J.J., A Program for Research on Management Information Systems, Management Science 19 (1973), S.475-487.

Maurer, H., Carlson, P. A., Computervisualisierung, Die Krücke für ein fehlendes Organ?, technologie&management, 1992, Nr. 2, S.22-26.

McCann, J., Gallagher, J., Expert Systems in Marketing, From Information to Knowledge Systems. Vorabdruck zum Abschlußbericht des Marketing-Workbench-Projektes 1989 (Bericht 1990).

McCarthy, J., The Inversion of Functions Defined by Turing Machines, in: Shannon, D.E., McCarthy, J. (Hrsg.), Automata Studies, 34. Annals of Mathemetical Studies, Princeton (N.J.) 1956, S.177-181.

McClelland, J.L., Rumelhart, D.E., Hinton, G.E., The Appeal of Parallel Distributed Processing, in: McClelland, J.L., Rumelhart, D.E. and the PDP Research Group (Hrsg.), Parallel Distributed Processing, Cambridge (Mass.) 1986, S.3-44.

McCormick, B. H., DeFanti, T. A., Brown, M. D. (Hrsg.), Visualization in Scientific Computing, ACM Computer Graphics, Vol. 21., Nr. 6 1987.

McDonald, G. C., Ayers, J. A., Some Application of "Chernoff Faces", in: Wang, P. (Hrsg.), Graphical Representation of Multivariate Data, New York u.a. 1978.

Metzger, W., Figurale Wahrnehmung, in: Metzger, W. (Hrsg.), Handbuch der Psychologie, Band I, Göttingen 1966.

Meyer, J.-A., Die Bewältigung der Marketinginformationsflut - Wege zu einem Informations-Management im Marketing, Werbeforschung & Praxis, 1991a, Nr. 5, S.192-196.

Meyer, J.-A., Marketinginformatik, Grundlagen und Perspektiven der Computerintegration, Wiesbaden 1991b.

Meyer, J.-A., Veränderungstrends im Marketing und Potentiale für den zukünftigen Einsatz moderner Informations- und Kommunikationstechnologien, technologie & management 1992a, Nr. 3, S.18-23.

Meyer, J.-A., Computer Integrated Marketing, München 1992b.

Meyer, J.-A., Semiindividuelle Softwarekonzeptionen, Ein Weg zur schnellen Umsetzung wissenschaftlicher Erkenntnisse in die Praxis, Diskussionspapier Nr. 159, TU Berlin 1992c.

Meyer, J.-A., Kreativitätstechniken - Grundlagen, Überblick und Computerunterstützung, Wirtschaftswissenschaftliches Studium, 1993, Nr. 9, S.446-450.

Meyer, J.-A., Multimedia in der Konsumenten- und Werbeforschung, in: Forschungsgruppe Konsum&Verhalten (Hrsg.), Konsumentenforschung, Wiesbaden 1994, S.305-320.

Mezzich, J.E., Worthigton, D.R.L., A Comparison of Graphical Representations of Multidimensional Phychiatric Diagnostic Data, in: Wang, P. (Hrsg.), Graphical Representation of Multivariate Data, New York u.a. 1978, S.123-141.

Michel, C., Novak, F., Kleines Psychologisches Wörterbuch, 3. Aufl., Freiburg u.a. 1977.

Mihalisin: T., Timlin: J., Schwelger, J., Visualization and Analysis of Multi-variate Data, A Technique for All Fields, in: Proceedings Visualization '91, Institute of Electrical and Electronics Engineers (IEEE), Washington u.a. 1991, S.171-178.

Miller, F., Einstieg in virtuelle Welten, Der Fraunhofer,1993b, Nr. 1, S.10-12.

Miller, G.A., The Magical Number Seven, Plus or Minus Two, Some Limits on Our Capacity for Processing Information, Psychological Review, 1956, S.81-97.

Minsky, M., A Framework for Representing Knowledge, in: Haugeland, J. (Hrsg.), Mind Design, Cambridge (Mass.) 1981, S.95-129.

Mishan, E. J., Cost-Benefit Analysis, 3. Aufl., London 1982.

Möhrle, M. G., Die technologische Dynamik des computergestützten Lernens, technologie & management, 1993, Nr. 2, S.59-64.

Monz, J., Hohwieler, E., Traub-IPS - das werkstattorientierte Programmierverfahren, Reichenbach 1987.

Moriarity, S., Communicating Financial Information through Multidimensional Graphics, Journal of Accounting Research, 17 (1979), Nr. 1, S.205-234.

Moritz, H., Umsetzung wahrnehmungspsychologischer Erkenntnisse für die Informationsgestaltung am Bildschirm, Stuttgart 1983.

Mühlenkamp, H., Kosten-Nutzen-Analyse, München 1994.

Mühlhäuser, M., Hypermedia-Konzepte zur Verarbeitung multimedialer Informationen, Informatik-Spektrum, Nr. 14 1991, S.281-290.

Müller, K., Symbole - Statistik - Computer - Design, Wien 1991.

Müller-Böling, D., Akzeptanz der Computerunterstützung durch den Manager, Handbuch der modernen Datenverarbeitung 1987, S.19-27.

Müller-Merbach, H., Entwurf zweidimensionaler Wirtschaftsgraphiken, technologie & management, 1991a, Nr. 2, S.24-33.

Murch, G.M., Visual and Auditory Perception, Indianapolis 1973.

Murch, G.M., Woodworth, G.L., Wahrnehmung, Stuttgart u.a. 1978.

Nawrocki, L.H., Alphanumeric versus Graphic Displays in a Problem-Solving Task, Research Note 227, Arlington (VA) 1972.

Neisser, U., Cognitive Psychology, New York 1967 (Deutsche Ausgabe, Kognitive Psychologie, Stuttgart 1974).

Nelson, T.O., Metzler, J., Reed, D.A., Role of Details in the Long-term Recognition of Pictures and Verbal Descriptions, Journal of Experimental Psychology, 102 (1974), S.184-186.

Neuman, K., Graphen und Netzwerke, in: Gal, T. (Hrsg.), Grundlagen des Operations Research, Berlin u.a. 1987, S.1-164.

Neurath, O., Bildstatistik nach Wiener Methode in der Schule, Wien 1933.

Newell, A., Simon, H.A., Human Problem Solving, Englewood Cliffs (N.J.) 1972.

Nickerson, R.S., Short-term Memory for Complex Meaningful Visual Configurations, A Demonstration of Capacity, Canadian Journal of Psychology, 1965, S.155-160.

Nisbett, R., Ross, L., Human Inference, Englewood Cliffs (N.J.) 1980.

Obermeier, G., Nutzen-Kosten-Analysen zur Gestaltung computergestützter Informationssysteme, Diss., Technische Universität München, München 1977.

Oppermann, R., Softwareergonomische Evaluationsverfahren, in: Hoppe, H., Oppermann, R., Peschke, H., Rohr, G., Streitz, N. (Hrsg.), Einführung in die Softwareergonomie, Berlin u.a. 1988, S.323-342.

Oppermann, R., Muchner, B., Paetau, M., Pieper, M., Simm, H., Stellmacher, I., Evaluation von Dialogsystemen, Berlin u.a. 1988.

Paivio, A., Imagery and Verbal Process, New York u.a. 1971.

Paivio, A., Mental Representations - A Dual Coading Approach, New York 1986.

Paivio, A., Images in Mind, New York 1991.

Paschen, H., Wingert, B., Rader, M., Overview and Discussion of Current Strategies for Technology Assessment, Vortrag gehalten anläßlich des BIFOA-Symposiums "Research on Impacts of Information Technology - Hope for Escaping the Negative Effects of an Information Society", Köln 1981.

Payne, J.W., Alternative Approaches to Decision Making under Risk, Moments versus Risk Dimensions, Psychological Bulletins 1973, S.439-453.

Payne, J.W., Informations Processing Theory, in: Wallsten, T.S.(Hrsg.), Cognitive Processes in Choice and Decision Behavior, Hillsdale 1980, S.95-115.

Payne, J.W., Contingent Decision Behavior, Psychological Bulletin 1982, S.382-402.

Payne, J.W., Bettman, J.R., Johnson, E.J., Adaptive Strategy Selection in Decision Making, Journal of Experimental Psychology, Learning, Memory and Cognition 1988, S.534-552.

Payne, J.W., Bettman, J.R., Johnson, E.J., The Adaptive Decision Maker - Effort and Accuracy in Choice, in: Hogarth, R.M. (Hrsg.), Insigths in Decision Making, A Tribute to Hillel J. Einhorn, Chicago 1990, S.129-153.

Payne, J.W., Bettman, J.R., Johnson, E.J., Behavioral Decision Research, A Constructive Processing Perspective, Annual Review of Psychology 1992, S.87-113.

Petersen, K., Der Verlauf von Informationsprozessen, Eine empirische Untersuchung am Beispiel der Bilanzanalyse, Diss., Universität Kiel, Kiel 1986.

Peterson, L.V., Schramm, W., How Accurately are Different Kinds of Graphs Read, AV Communication Review, 1954, S.178-189.

Petri, C., Die Entstehung und Entwicklung kreativer Werbemedien, Heidelberg 1992.

Pflaumer, G., Akzeptanzprobleme bei der Einführung moderner Bürotechnologie, in: Kuhlen, R. (Hrsg.), Koordination von Information, die Bedeutung von Informations-

und Kommunikationstechnologien in privaten und öffentlichen Verwaltungen, 9. Verwaltungsseminar Konstanz, Berlin 1983, S.180-189.

Pfohl, H.-C., Problemorientierte Entscheidungsfindung in Organisationen, Berlin u.a. 1977.

Picot, A., Reichwald, R., Untersuchungen der Auswirkungen neuer Kommunikationstechnologien auf Organisationsstruktur und Arbeitsinhalte - Phase 1, Entwicklung einer Untersuchungskonzeption, Forschungsbericht T 79-64 des BMFT, 1978.

Pinker, S., A Theory of Graph Comprehension, in: Feedle, R. (Hrsg.), Artifical Intelligence and the Future of Testing, Hillsdale (N.J.) 1990, S.73-126.

Polanyi, M., Personal Knowledge, Towards a Post-Critical Philosophy, New York 1964.

Pothast, A., Kwok, S., 3D-Simulationssystem für die Bohr- und Fräsbearbeitung. Zeitschrift für Werkzeuge und FertigungF, 1991, Nr. 86, S.286-290.

Poswig, J., Visuelle Sprachen, Technologie & Management, 1995, Nr. 1, S.23-30.

Rahbar, M., Prozeßkontrolle, CAV, 1993, Nr. 8, S.92-95.

Rapoport, S.M., Medizinische Biochemie, 7.Aufl., Berlin 1977.

Rasmussen, J., Cognitive Engineering, in: Bullinger, H., Shackel, B. (Hrsg.), Proceedings of the Conference INTERACT'87 - Human-Computer-Interaction, Amsterdam 1987, S.25-30.

Rauscheder, W., Froitzheim, U., Multimedia, High Tech , 1991, Nr. 8.

Reimann, H., Informationsreichtum und (Aus-)Lesearmut, Die Betriebswirtschaft, 1987, Nr.4, S.514-516.

Reiss, S.-P., Visual Languages and the Garden System, in: Gorny, P., Tauber, M., Visualization in Programming, Berlin u.a. 1987, S.178-198.

Remus, W., An Empirical Investigation of the Impact of Graphical and Tabular Data Presentations on Decision Making, Management Science, 1984, Nr. 5, S.533-542.

Rescher, N., Rationality, Oxford 1988.

Rigney, J.W., Lutz, K.A., Effect of Graphic Analogies of Concepts in Chemistry on Learning and Attitude, Journal of Educational Psychology, 68 (1976), S.305-311.

Ritchey, K. J., Image based panoramic virtual reality system, in: Alexander, R. J. (Editor), Visual Data Interpretation, Proc. SPIE (The International Society for Optical Engineering), San Jose 1992, S.2-14.

Roberts, D.J., Efficiencies of Computer Graphic Presentations versus Tabular Reports in Decision Making in a Production Control Environment, Diss., Utha State University, Utha 1982.

Roberts, T.L., Moran, T.P., The Evaluation of Text Editors - Methodology and Empirical Resuts, Communications of the ACM 1983, Nr. 4, S.265-283.

Robey, D., Cognitive Style and DSS Design, A Comment on Huber's paper, Management Science, 1983, S.580-582.

Rock, I., An Introduction to Perception, New York 1975.

Rödiger, K.-H., Arbeitsorientierte Gestaltung von Dialogsystemen im Büro- und Verwaltungsbereich, Diss., Technische Universität Berlin, Berlin 1987.

Rödiger, K.-H. (Hrsg.), Softwareergonomie´93: Mensch-Computer-Interaktion, Stuttgart 1993.

Rohr, G., Grundlagen menschlicher Informationsverarbeitung, in: Balzert, H., Hoppe, H., Oppermann, R., Peschke, H., Rohr, G., Streitz, N. (Hrsg.), Einführung in die Softwareergonomie, Berlin u.a. 1988, S.27-48.

Rosen, L.D., Rosenkoetter, P., An Eye Fixation Analysis of Choice and Judgement with Multiattribute Stimuli, Memory and Cognition, 4 (1976), S.747-752.

Rosenblum, L.J., Brown B.E., Visualization, IEEE Computer Graphics & Applications, 12 (1992), Nr. 4, S.18-20.

Rosenblum, L.J., Nielson, G.M., Visualization Comes of Age, IEEE Computer Graphics & Applications, 11 (1991), Nr. 3, S.15-17.

Rudolph, H.J., Attention and Intersest Factors in Advertising, New York 1947.

Ruf, W., Ein Software-Entwicklungssystem auf der Basis des Schnittstellen-Management-Ansatzes, Für Klein- und Mittelbetriebe, Berlin u.a. 1988.

Ruge, H.-D., Das Imagery-Differential- Ein neues Meßinstrument für die bildbetonte Marketing-Kommunikation, Forschungsgruppe Konsum und Verhalten, Arbeitspapier Nr. 2, Paderborn 1988a.

Ruge, H.-D., Die Messung bildhafter Konsumerlebnisse. Entwicklung und Tests einer neuen Meßmethode, Heidelberg 1988b.

Ruge, H.-D., Das Imagery-Differential - Ein neues Instrument für das bildorientierte Marketing, Werbeforschung & Praxis 1988c, Nr. 1, S.9-18.

Ruge, H.-D., Schlüsselbilder in der integrierten Kommunikation, Werbeforschung & Praxis 1992, Nr. 3, S.96-100.

Rumelhart, N., Schemata, The Building Blocks of Cognition, in: Spiro, B., Bruce, W., Brewer, D. (Hrsg.), Theoretical Issues in Reading and Comprehension, Hillsdale (N.J.) 1980.

Russo, J.E., Dosher, B.A., Cognitive Processes in Binary Choice, Journal of Experimental Choice, Learning, Memory and Cognition 1983, S.676-696.

Russo, J.E., Krieser, G., Miyashita, S., An Effective Display of Unit Price Information, Journal of Marketing, 39 (1975), S.11-19.

Ryan, T.A., Schwartz, C.B., Speed of Perception as a Function of Mode of Representation, American Journal of Psychology, 69 (1956), S.60-69.

Sahakian, W.S. (Hrsg.), Psychology of Learning, 2.Aufl., Chicago 1976.

Saradeth, S., Daten und Karten, Das geographische Informationssystem Idrisi auf dem PC, Computertechnik, 1991, Nr.8.

Saradeth, S., Siebert, A., Info-Karten hausgemacht, Thematische Landkarten vereinen Statistik und Kartographie, Computertechnik, 1993, Nr.8.

Sawatzke, F., MDS, Correspondence Analysis und Biplot, Drei Verfahren zur räumlichen Darstellung von Kreuztabellen, Planung & Analyse 1991, Nr. 3, S.89-92.

Schank, R., Abelson, R., Scripts, Goals, Plans and Understanding, An Inquiry into Human Knowledge Structures, Hilsdale 1977.

Schilling, D.A., McGarity, A., ReVelle, C., Hidden Attribute and the Display of Information in Multiobjective Analysis, Management Science, 1982, S.236-242.

Schkade, D.A., Johnson, E.J., Cognitive Processes in Preference Reversals, unveröffentlichtes Manuskript, Universität Texas 1988.

Schluetter, B., Akzeptanz von Informations- und Kommunikationstechnologien und Akzeptanzforschung, Wissenschaftliche Zeitschrift der Technischen Hochschule Ilmenau, 1990, Nr.6, S.137-144.

Schmid, C. F., Handbook of Graphic Presentation, New York 1954.

Schmidt, W., Graphikunterstütztes Simulationssystem für komplexe Bearbeitungsvorgänge in numerischen Steuerungen, Berlin u.a. 1988.

Schneeweiß, C., Kostenbegriffe aus der entscheidungstheoretischen Sicht, Zeitschrift für betriebswirtschaftliche Forschung, 1993, S.1025-1039.

Schneider, M., Software-Dokumentationssysteme, in: Fischer, G., Gunzenhäuser, R. (Hrsg.), Methoden und Werkzeuge zur Gestaltung benutzergerechter Computersysteme, Berlin u.a. 1986, S.177-200.

Schön, W., Schaubildtechnik, Die Möglichkeiten bildlicher Darstellung von Zahlen- und Sachbeziehungen, Stuttgart 1969.

Schönflug, W., Wittstock, M. (Hrsg.), Softwareergonomie'87: Mensch-Computer Interaktion, Stuttgart 1987.

Schroeder, R.G., Benbasat, I., An Experimental Evaluation of the Relations of Uncertainty in the Environment to Information Used by Decision Makers, Decision Sciences, 1975, Nr. 3, S.556-567.

Schumann, R., Komplette Systemlösung - Prozeßvisualisierung für kleinere und mittlere Automatisierungsanlagen. CAV, 1993, Nr. 9, S.21-22.

Schwarz, N., Theorien konzeptgesteuerter Informationsverarbeitung in der Sozialpsychologie, in: Frey, D., Irle, M. (Hrsg.), Theorien der Sozialpsychologie, Bd. III, Motivations- und Informationsverarbeitungstheorien, Bern u.a. 1985, S.269-291.

Schweiger, G., Nonverbale Imagemessung, Werbeforschung & Praxis, 1985a, Nr. 4, S.126-134.

Schweiger, G., Visuelle Imagemessung - angewandt auf Länder, Werbeforschung und Praxis, 1985b, Nr. 6, S.248-254.

Sell, R., Angewandtes Problemlöseverhalten, 2.Aufl., Berlin 1989.

Senders, J.W., Fisher, D.F., Monty, R.A. (Hrsg.), Eye Movements and the Higher Psychological Functions, Hillsdale (N.J.) 1978.

Senn, J.A., Dickson, G.W., Information System Structure and Purchasing Decision Effectiveness, Journal of Purchasing and Materials Management, 10 (1974), S.52-64.

Shanteau, J., Psychological Characteristics and Strategies of Expert Decision Makers, Acta Psychologica, 1988, S.203-215.

Shedler, J., Manis, M., Can the Availability Heuristic Explain Vividness Effects?, Journal of Personality and Social Psychology, 1986, S.26-36.

Simcox, W., Cognitive Considerations in Display Design, Washington D.C. 1981.

Simkin, D., Hastie, R., An Information-processing Analysis of Graph Perception, Journal of the American Statistical Association, 1987, Nr. 398, S.454-465.

Simon, H.A., Models of Man, New York 1947.

Simon, H.A., A Behavioral Model of Rational Choice, Quarterly Journal of Economics 1955, S.99-108.

Simon, H.A., Rational Choice and the Structure of Environment, Psychological Review 1956, S.129-138.

Simon, H.A., Models of Man, 2. Aufl., New York 1957.

Simon, H.A., The New Science of Management Decision, New York 1960.

Simon, H.A., The Science of the Artificial, Cambridge (Mass.)1969.

Simon, H.A., Hayes, J.R., The Understanding Process, Problem Isomorphs, Cognitive Psychology 1976, S.165-190.

Slovic, P., From Shakespeare to Simon, Speculations and some Evidence about Man's Ability to Process Information, Oregon Research Institute Bulletin: 1972, Nr. 12.

Slovic, P., Griffin: D., Tversky, A., Compatability Effects in Judgement and Choice 1990.

Slovic, P., Lichtenstein, S., Preference Reversals, A Broader Perspective, American Economic Review, 1983, S.596-605.

Slovic, P., Lichtenstein: S., Fischhoff, B., Decision Making, in: Atkinson, R.D., Herrnstein: R.J., Lindzey, G., Luce, R.D. (Hrsg.), Stevens' Handbook of Experimental Psychology, Bd.2, Learning and Cognition, New York 1988, S.673-738.

Smith, S., Scarff, L. A., Combining visual and IR images for sensor fusion - two approaches, in: Alexander, R. J. (Hrsg.), Visual Data Interpretation, Proc. SPIE (The International Society for Optical Engineering), San Jose 1992, S.102-112.

Sobol, M.G., Klein: G., New Graphics as Computerized Displays for Human Information Processing, IEEE Transactions on Systems, Man, and Cybernetics, 1989, Nr. 4, S.893-898.

Spaulding, S., Communication Potential of Pictorial Illustrations, AV Communication Review, 1956, S.31-41.

Sperlich, T., Elektronische Welten, DOS, 1993, Nr. 6, S.82-84.

Stadler, M., Seeger, F., Raeithel, A., Psychologie der Wahrnehmung, 2. Aufl., München 1977.

Staehle, H., Management, eine verhaltenswissenschaftliche Perspektive, 7.Aufl., München 1995.

Stahlknecht, P., Einführung in die Wirtschaftsinformatik, 4. Aufl., Berlin u.a. 1989.

Stark, L., Ellis, S.R., Scanpaths Revisited, Cognitive Models Direct Active Looking, in: Fisher, D.F., Monty, R.A., Senders, J.W. (Hrsg.), Eye Movements, Cognition and Visual Perception, Hillsdale 1981.

Stary, J., Visualisierungstechniken, Skriptum der Arbeitsstelle Hochschuldidaktik an der Freien Universität Berlin, Berlin 1993.

Staufer, M. J., Pictogramme für Computer, Kognitive Verarbeitung, Methoden zur Produktion und Evaluation, Berlin u.a. 1987.

Steinle, C., Zur Implementation partizpativer Führungsmodelle, in: Grunwald, W., Lilge, H.-G. (Hrsg.), Partizipative Führung, betriebwirtschaftliche und sozialpsychologische Aspekte, Bern u.a. 1980, S.286-314.

Stock, D., Watson, C.J., Human Judgement Accuracy, Multidimensional Graphics, and Humans versus Models, Journal of Accounting Research, 1984, S.192-206.

Streitz, N.A., Die Rolle von mentalen und konzeptuellen Modellen in der Mensch-Computer-Interaktion, Konsequenzen für die Softwareergonomie?, in: Bullinger H. (Hrsg.), Softwareergonomie´85, Mensch-Computer-Interaktion, Stuttgart 1985, S.280-292.

Streitz, N.A., Fragestellungen und Forschungsstrategien der Software-Ergonomie. in: Balzert, H., Hoppe, H., Oppermann, R., Peschke, H., Rohr, G., Streitz, N. (Hrsg.), Einführung in die Software-Ergonomie, Berlin u.a. 1988, S.3-24.

Suhr, R., Frank, H., Structured Analysis and Design Technique (SADT), in: Vorlesungsskript zur Lehrveranstaltung Systemanalyse I an der Technischen Universität Berlin: 5. Aufl., 1988, S.4-36.

Szyperski, N., Informationsbedarf, in Grochla, E. (Hrsg.), Handwörterbuch der Organisation, 2. Aufl., Stuttgart 1980, Sp. 904-913.

Tai, T., Daten-Lotsen, in CHIP, 1990, Nr. 11, S.247-254.

Taylor, A., Slukin, H., Introducing Psychology, 2.Aufl., Harmondsworth 1982.

Taylor, S.E., Fiske, S.T., Salience Attention, and Top of the Head Phenomena, Advances in Social Psychology, 1978, S.249-288.

Taylor, S.E., Thompson, S.C., Stalking the Elusive "Vividness Effect", Psychological Review, 89 (1982), Nr. 2, S.155-181.

Thomae, H., Konflikt, Entscheidung, Verantwortung, ein Beitrag zur Psychologie der Entscheidung, Stuttgart 1974.

Thomas, K.C., The Ability of Children to Interpret Graphs, The Teaching of Geography, 32nd Yearbook, Chicago (Illinois) 1933.

Thome, R., Hypermedia als Basis für Selbstlernsysteme, technologie & management, 1991, Nr. 2, S.20-23

Thompson, P., Visual Perception, An Intelligent System with Limited Bandwidth, in: Monk, A. (Hrsg.), Fundamentals of Human-Computer-Interaction, London 1984, S.5-34.

Thorp, M.T., Studies of the Ability of Pupils in Grades Four to Eight to Use Graphic Tools, in: The Teaching of Geography, 32nd Yearbook, Chicago (Illinois) 1933.

Todd, P., Benbasat, I., Process Tracing Methods in Decision Support Systems Research, Exploring the Black Box, Working Paper Nr. 1140, Vancouver 1985.

Treisman, A., Perceptual Grouping and Attention in Visual Search for Features and for Objects, Journal of Experimental Psychology, Human Perception and Performance, 8 (1982), S.194-214.

Treisman, A., Search Assymmetry, A Diagnostic for Pre-Attentive Processing of Separable Features, Journal of Experimental Psychology, General, 114 (1985), S.285-310.

Trommsdorff, V., Konsumentenverhalten, 2.Aufl., Stuttgart 1993.

Trommsdorff, V., Bleicker, U., Hildebrandt, L., Nutzen und Einstellung, Wirtschaftswissenschaftliches Studium, 1980, S.269-276.

Trommsdorff, V., Hildebrandt, L., Konfirmatorische Analysen in der empirischen Forschung, in: Forschungsgruppe Konsum & Verhalten (Hrsg.), Innovative Marktforschung, Würzburg u.a. 1983, S.139-160.

Tufte, E., The Visual Display of Quantitative Information, Cheshire 1983.

Tufte, E., Envisioning Information, 2. Aufl., Cheshire 1991.

Tukey, J.W., Some Graphic and Semigraphic Displays Displays, in: Bancroft, T.A. (Hrsg.), Statistical Papers in Honor of George W. Snedecor, Ames 1972.

Tukey, J.W., Exploratory Data Analysis, Reading (MA) 1977.

Tullis, T.S., An Evaluation of Alphanumeric, Graphic and Color Displays, Human Factors 1981, Nr. 5, S.541-550.

Tullis, T.S., Screen Design, in: Helander, M. (Hrsg.), Handbook of Human-Computer Interaction, Amsterdam 1988, S.377-412.

Turban, E., Decision Support and Expert Systems, Management Support Systems. 3.Aufl., New York 1993.

Tversky, A., Kahneman, D., The Belief in the "Law of Small Numbers", Psychological Bulletin, 1971, S.105-110.

Tversky, A., Kahneman, D., Availability, A Heuristic for Judging Frequency and Probability, Cognitive Psychology, 1973, S.207-232.

Tversky, A., Kahneman, D., Judgement under Uncertainty and Probability, Sciences, 1974, S.1124-1131.

Tversky, A., Sattath, S., Slovic, P., Contingent Weighting in Judgement and Choice, Psychological Review, 1988, Nr.4, S.371-384.

van der Veer, G. C., Wijk, R., Teaching a spreadsheet application - visual-spatial metaphors in relation to spatial ability, and the effect on mental models, in: Gorny, P., Tauber, M.J. (Hrsg.), Visualization in Human-Computer Interaction, Schärding 1988, S.194-208.

Vernon, M.D., The Use and Value of Graphical Material in Presenting Quantitative Data, Occupational Psychology, 1952, S.22-34.

Vershofer, W., Handbuch der Verbraucherforschung, Bd. 1, 1940.

Vessey, I., Cognitive Fit, A Theory-Based Analysis of the Graph Versus Tables Literature, Decision Sciences, 1991, S.219-240.

Vessey, I., Weber, R., Structured Tools and Conditional Logic, An Empirical Investigation, Communications of the ACM, 1986, Nr. 1, S.48-57.

Vetschera, R., Entscheidungstheorie in Lehre und Forschung, Die Betriebswirtschaft, 1992, Nr. 3, S.397-410.

Vetschera, R., Visualisierungstechniken in Entscheidungsproblemen, Diskussionspapier, Serie I, Nr. 267, Konstanz 1993.

Voßbein: R., Management der Bürokommunikation - Strategische und konzeptionelle Gestaltung von Bürokommunikationssystemen, Braunschweig u.a. 1990.

Wagner, T.A., Kognitive Problemlösungsbarrieren bei Entscheidungsprozessen in der Unternehmung, Eine Analyse der kognitiv bedingten Schwachstellen des individuellen Entscheidungsverhaltens anhand des Kaufentscheidungsmodells von Howard und Sheth, Frankfurt u.a. 1982.

Wainer, H., Reiser, M., Assessing the Efficiency of Visual Displays, Proceedings of the American Statistical Association, Social Statistics Section (Vol.1), Washington D.C. 1976.

Walker, J., Hinter den Spiegeln, in: Waffender, M. (Hrsg.), Cyberspace - Ausflüge in virtuelle Wirklichkeiten, Reinbeck 1991, S.20-31.

Wang, P., Lake, G. E., Application of Graphical Multivariate Techniques in Policy Sciences, in: Wang, P. (Hrsg.), Graphical Representation of Multivariate Data, New York, u.a. 1978, S.13-58.

Wasburne, J.N., An Experimental Study of Various Graphic, Tabular, and Textural Methods of Presenting Quantitative Material, Journal of Educational Psychology, 1927, S.361-376.

Weber, M., Wirtschaft und Gesellschaft, 5. Aufl., Tübingen 1980.

Weber, M., Nutzwertanalyse, in: Frese, E., Handwörterbuch der Organisation, 3. Aufl., Stuttgart 1992, Sp. 1437-1448.

Weinberg, P., Die nonverbale Marktkommunikation, Heidelberg 1986.

Wender, K.F., Semantische Netzwerke als Bestandteil gedächtnispsychologischer Theorien, in: Mandl, H., Spada, H. (Hrsg.), Wissenspsychologie, München u.a. 1988, S.123-160.

Werder, A. v., Unternehmensführung und Argumentationsrationalität, Habil., Universität Köln, 1993.

Wertheimer, M., Untersuchungen zur Lehre von der Gestalt, Psychologische Forschung 1922, Nr. 1, S.47-58.

Wertheimer, M., Untersuchungen zur Lehre von der Gestalt, Psychologische Forschung 1923, Nr. 4, S.301-350.

Wessels, M.G., Kognitive Psychologie, New York 1984.

Westphal, H., Nutzen, in: mi-Verlag (Hrsg.), Management Enzyklopädie, Landsberg 1984, S.261-265.

Willim, B., Leitfaden der Computergraphik - Visuelle Informationsdarstellung mit dem Computer, Berlin 1989.

Winograd, T., Flores, F., Understanding Computer and Cognition, A New Foundation for Design, Norwood 1986.

Wiswede, G., Eine Lerntheorie des Konsumverhaltens, Die Betriebswirtschaft, 1985, S.544-557.

Wiswede, G., Konsum- und Kaufverhalten, in: Frey, D., Hoyos, C. Graf, Stahlberg, D. (Hrsg.), Angewandte Psychologie, München 1988, S.229-241.

Witkin, H.A., Oltman, P.K., Raskin, E., Karp, S.A., A Manual for the Embedded Figures Test, Palo Alto (Ca.) 1971.

Witte, E., Entscheidungsprozesse, in: Grochla, E. (Hrsg.), Handwörterbuch der Organisation, Stuttgart 1969, Sp. 497-506.

Witte, E., Das Informationsverhalten in Entscheidungsprozessen, in: Witte, E. (Hrsg.), Das Informationsverhalten in Entscheidungsprozessen, Tübingen 1972, S.1-88.

Witte, E., Informationsverhalten, in: Grochla, E., Wittmann, E. (Hrsg.), Handwörterbuch der Betriebswirtschaft, Bd.2, Stuttgart 1975, Sp. 1915-1924.

Wittmann, W., Unternehmung und unvollkommene Information, Köln u.a. 1959, S.14.

Wittwer, K., CBT, Computer Based Training - Spiel oder Ernst?, VM international 1991, Nr.9, S.17-19.

Wright, P.L., Consumer Choice Strategies, Simplifying vs. Optimizing, Journal of Marketing, 1975, S.60-67.

Wright, P.L., Barbour, F., The Relevance of Decision Process Models in Structuring Persuasive Messages, Communication Research, 1975, S.246-259..

Wrightstone, J.W., Conventional Versus Pictorial Graphs, Progressive Education, 1936, S.460-462.

Zahn, E., Technology Assessment, Zeitschrift für Betriebswirtschaft, 1981, S.798-804.

Zangemeister, C., Grundzüge der Nutzwertanalyse von Projektalternativen, Berlin 1985.

Zeki, S.M., Das geistige Abbild der Welt, in: Spektrum der Wissenschaft - Spezial 1, Gehirn und Geist, 1993.

Zelasny, G., Wie aus Zahlen Bilder werden, Wirtschaftsdaten überzeugend präsentiert, Wiesbaden 1986.

Ziegler, J., Aufgabenanalyse und Funktionsentwurf, in: Balzert, H., Hoppe, H., Oppermann, R., Peschke, H., Rohr, G., Streitz, N. (Hrsg.), Einführung in die Softwareergonomie, Berlin u.a. 1988, S.231-252.

Zimolong, B., Rohrmann, B., Entscheidungshilfetechnologien, in: Frey, D., Hoyos, C. Graf, Stahlberg, D. (Hrsg.), Angewandte Psychologie, München 1988, S.624-648.

Zmud, R.W., An Experimental Investigation of the Dimensionality of the Concept of Information, Decision Sciences, 1978, S.187-195.

Zmud, R.W., Individual Differences and MIS Success, A Review of the Empirical Research, Management Science, 1979, S.966-979.

Zmud, R.W., Blocher, E., Moffie, R.P., The Impact of Color Graphic Report Format on Decision Performance and Learning, in: Proceedings of the Fourth International Conference on Information Systems, Chicago 1983.

Zwerina, H., Benz, C., Haubner, P., Kommunikations-Ergonomie, Arbeitspapier Siemens AG, München 1983.

Sachverzeichnis

1D 29
2½D 29; 43
2D 28; 29; 43
3D 28; 29
3D-kartographische Systeme 154
Abbildung 64
Ablaufdarstellung 61
Akzeptanzforschung 115; 116
Animation 66
Authentizitätsprinzip 133; 177
Balkendiagramm 42
Bewegungsdimension 29
Bild 22; 31; 33; 34; 37; 41
Bildinformation 22
Bildinformationsaufnahme 92
Bildstatistik 53
CAD 73
Chernoff Faces 56; 109
Cognitive Fit 113; 114; 115
Comic 62
Computer 13; 19; 31; 147; 148; 149
computer-aided design 31
Computeranimation 155; 157
Computerfilm 68
Contingency-Ansatz 111; 112
Cyberspace 71
Datavisualizer 155
Daten 19; 20; 22; 23; 32; 36
Desk-Top-Application 72
dispositiven Ebene 21
Drei-Speicher-Modell 88
Dual-Code-Theorie 32
Dynamische Graphik 66
Eigenschaftsdimensionen 29; 33; 37
Entity-Relationship-Diagramm 73

Entity-Relationship-Modell 79
Entscheidung 79; 102
  Arten 104; 105
  Aufgaben 106
Entscheidungsbaum 60
Entscheidungsdurchsetzung 19
Entscheidungseffizienz 26; 27
Entscheidungsfindung 19
Entscheidungsprozeß 19; 27; 102
Entscheidungstheorie
  deskriptive 87; 101
  normative 87; 99; 100; 101
Entscheidungsverhalten 87; 98; 113
Entscheidungsverhaltensforschung ... 85
Erkenntnis 21
Faktorenanalyse 47
Farbdimension 29
Film 69
Flußdiagramm 73
FooScapes 73
Formdimension 29
Ganttdiagramm 42
Graphik 34; 41; 109; 110
Graphiksoftware 29
Graphik-Tabellen-Dilemma 111
Gray Scale Charts 50
Histogramm 43
Hologramm 65
Hyperbox 57
Hyperkolumnentheorie 91
Iconographic techniques 50
Imagery-Forschung 119
Immersive Virtual Environment
  .... 72; 153; 154
Implementierungsforschung ... 116; 117

221

Information. 18; 19; 20; 21; 22; 23; 24;
... 26; 27; 31; 32; 33; 34; 36; 37; 48;
.. 50; 55; 63; 70; 73; 75; 78; 79; 80;
.. 82; 83; 84; 85; 86; 87; 88; 89; 90;
..... 92; 93; 94; 95; 96; 97; 102; 104;
105; 106; 107; 108; 109; 110; 115;
. 116; 117; 118; 119; 120; 121; 122;
. 123; 124; 126; 131; 132; 133; 134;
. 135; 136; 137; 138; 141; 143; 144;
. 145; 147; 148; 149; 150; 151; 152;
. 153; 154; 155; 157; 159; 162; 164;
. 166; 167; 168; 170; 177; 180; 181;
....182; 183
Informationen 21; 23; 34; 36; 183
Informationsangebot 24; 36
Informationsaufnahme 89
Informationsbedarf 24; 36
Informationsbedürfnis 24; 36
Informationsbelastung 26; 36
Informationsflut 25; 27
Informationskonsum 25; 36
Informationskonsument 25
Informationsnachfrage 25; 36
Informationsprozeß 85
Informationsselektion 93
Informationsspeicherung 95
Informationssysteme 157
Informationsüberlastung 26; 27; 36; 120
Informationsüberschuß 26; 36
Informationsverarbeitung ....
.... 89; 94; 98; 113; 114
Informationsverarbeitungskapazität .. 26
Informationsverhalten 85; 88; 113
Informationsverhaltensforschung 85
Inkonsistenzstrategie 135; 136; 177
Interaktivität 30
Kausalnetzmodell 59

Kieler Experimente 112
Kodierung 19
Kommunikation 18
Konsistenzstrategie 134; 177
Konsumentenforschung .. 119; 120; 121
Konsumentenverhalten 115
Kosten 26
Kreisdiagramm 47
Kuchendiagramm 29
Kurvendiagramm 44
Lerntheorie 95; 96
Linguistik 18
LISREL 60
LyberWorld 155
Man-Machine-Communication 118
Market-Metrics-Knowledge-System 159
Medien 30
Mengeninformation 19
Mengeninformationen 19
Minimalprinzip 132; 177
Minnesota Experimente 107
Morphologischer Kasten 60
Multidimensionale Skalierung 47
multidimensionale Werte 54
Multimedia 28; 30; 69
Multimediale Darstellung 69
Multiple 61
Musik 22
Nachricht 18; 36
Nachrichten 23
Netzdiagramm 55
Netzplantechnik 63
Netzwerk-Metapher 59
Neurobiologie 91
Ordnungsinformation 19; 20
Organigramm 58
Perzept 90

Photo 64
Photorealistische Abbildung 64
Photos 64
Pictogramm 51; 53; 61; 63
Pixel 29
Pixelbindung 29
Portfolio-Darstellung 53
Pragmatik 18
Problemlösungsprozeß 102
Problemlösungsverhalten 106
Process Tracing 113
Process-Tracing 112
Profildarstellung 49; 55
Programmbaum 73
Prozeßbild 75
Prozeßfilm 76
Prozeßstatistik 75
Prozeßvisualisierung 61; 73
pseudo-3D 29; 44
Punktediagramm 45
Rating 49
rationale und begrenzt rationale Wahl,
    Theorie der 103
Reiz 90
Repräsentation 22
Sankey-Diagramm 61
Säulendiagramm 43
Schemata-Theorie 98
Sehprozeß 91
Selektion 26; 27
Semantik 18; 32
Semiotik 18
Signal 18; 36
Signale 18
Sinne 89
Softwareergonomieforschung 118
S-O-R-Paradigma 111

Sprache 18; 22
Steuerungsinformation 19
Strukturdarstellung 57
Strukturdiagramm 47
Symplex-Graphik 50
Syntaktik 18
Tabelle 109; 110
Text 23; 34
Tolomeo-System 158
Ton 22
Toninformation 22
Tracing 73
Vektor 29
Vektorbindung 29
vektorgebundene Darstellungen 68
Verarbeitungskapazität 27
Verbunddiagramm 52
Video 69
Virtuelle Realität 28; 30; 71
Visualisierung 28; 29; 31; 34;
    .... 37; 73; 74; 75; 90
    angewandte Psychologie 108
    Arbeitswissenschaft 108
    Bedingungen, aufgabenspezifische ...
    .... 139; 140; 141; 181; 182; 183
    Bedingungen, personenbezogene
    .... 138; 181
    Bedingungen, situative 138; 181
    Erziehungs- u.
        Kommunikationswissenschaft . 108
    experimentelle Psychologie 108
    Gefahren ... 167; 168; 169; 170; 171;
    .... 172; 174
    Grundnutzenziele 81
    Grundregeln u. -strategien 132
    Kartographie 108
    kognitive Psychologie 108

Kosten 162	Geschichte 109
Management- u. Organisationsforschung 108	Visualisierungsgrad 37
	Visualisierungsgrad 33
Marketing/Werbung 108	Visualisierungsprozeß .... 143; 145; 146; 176
Nutzen 164; 165	
Parameter 83	Visualisierungssysteme 149
Regeln, technische .... 126; 178; 179; 180	Anwendungsbeispiele 155; 161
	visuell 28; 31; 32; 34; 37
Regeln, Trend 138; 139; 140	Visuelles Stepping 74
Regeln, verhaltenswissenschaftliche 131; 181	VR-System 71; 72
	Wahrnehmung 22; 32; 90
Statistik 108	Wahrnehmungsprozeß 119
Ziele 78	Wertedarstellungen 42
Zielsystem 80	Wertheimersches Gestaltgesetz 85
Zusatznutzenziele 81	Wiener Methode 54
Visualisierung i.e.S. 34; 37	Wissen 18; 21; 22; 23
Visualisierung i.w.S. 34; 37	Repräsentation 96
Visualisierungsforschung .... 107; 121; 123; 124	Zeichen 19

If you have any concerns about our products,
you can contact us on
ProductSafety@springernature.com

In case Publisher is established outside the EU,
the EU authorized representative is:
**Springer Nature Customer Service Center GmbH
Europaplatz 3, 69115 Heidelberg, Germany**

Printed by Libri Plureos GmbH
in Hamburg, Germany